AF827810

Gestaltungsmodell für kollaborative Wertschöpfung im industriellen Werkzeugbau

Von der Fakultät für Maschinenwesen
der Rheinisch-Westfälischen Technischen Hochschule Aachen
zur Erlangung des akademischen Grades eines
Doktors der Ingenieurwissenschaften
genehmigte Dissertation

vorgelegt von

Nicolas Johannes Komorek

Berichter:

Univ.-Prof. Dr.-Ing. Dipl.-Wirt.Ing. Günther Schuh
Univ.-Prof. Dr.-Ing. Dr.-Ing. E.h. Dr. h.c. Dr. h.c. Fritz Klocke

Tag der mündlichen Prüfung: 19. August 2014

ERGEBNISSE AUS DER PRODUKTIONSTECHNIK

Nicolas Johannes Komorek

Gestaltungsmodell für kollaborative Wertschöpfung im industriellen Werkzeugbau

Herausgeber:
Prof. Dr.-Ing. Dr.-Ing. E.h. Dr. h.c. Dr. h.c. F. Klocke
Prof. Dr.-Ing. Dipl.-Wirt.Ing. G. Schuh
Prof. Dr.-Ing. C. Brecher
Prof. Dr.-Ing. R. H. Schmitt

Band 31/2014

WZL RWTHAACHEN

Fraunhofer IPT

Bibliografische Information der Deutschen Nationalbibliothek
Die Deutsche Nationalbibliothek verzeichnet diese Publikation in der Deutschen Nationalbibliografie; detaillierte bibliografische Daten sind im Internet über http://dnb.ddb.de abrufbar.

Nicolas Johannes Komorek:

Gestaltungsmodell für kollaborative Wertschöpfung im industriellen Werkzeugbau

1. Auflage, 2014

Gedruckt auf holz- und säurefreiem Papier, 100% chlorfrei gebleicht.

Apprimus Verlag, Aachen, 2014
Wissenschaftsverlag des Instituts für Industriekommunikation und Fachmedien an der RWTH Aachen
Steinbachstr. 25, 52074 Aachen
Internet: www.apprimus-verlag.de, E-Mail: info@apprimus-verlag.de

Druck: KN Digital Printforce GmbH, Stuttgart

ISBN 978-3-86359-234-9

D 82 (Diss. RWTH Aachen University, 2014)

Vorwort

Diese Arbeit ist zentrales Ergebnis meiner Tätigkeit als wissenschaftlicher Mitarbeiter in der Abteilung Unternehmensentwicklung am Lehrstuhl für Produktionssystematik des Werkzeugmaschinenlabors WZL der Rheinisch-Westfälischen Technischen Hochschule (RWTH) Aachen. Sie ist mit der Unterstützung vieler Personen entstanden, denen ich danken möchte.

Mein Dank an Herrn Professor Schuh, Inhaber des Lehrstuhls für Produktionssystematik, für die Betreuung meiner Dissertation sowie für das praxisnahe und herausfordernde Umfeld. Mein weiterer Dank gilt Herrn Professor Fritz Klocke für die Übernahme des Koreferats, Herrn Professor Dirk Abel für die Übernahme des Vorsitzes in der Prüfungskommission sowie Herrn Professor Peter Jeschke für die Übernahme des Beisitzes.

Während meiner Tätigkeit konnte ich durch die Bearbeitung von Projekten in interessanten Unternehmen und an spannenden Orten Erfahrungen sammeln und das in dieser Arbeit entwickelte Gestaltungsmodell validieren. In der Abteilung Unternehmensentwicklung hatte ich gemeinsam mit meinen Kollegen dabei stets die Möglichkeit, vielfältigste Themen weiterzuentwickeln und neu zu gestalten. Allen Mitarbeitern der Abteilung Unternehmensentwicklung danke ich für die Kollegialität und die fröhlichen Jahre an einem tollen Arbeitsplatz. Den Projektpartnern danke ich für die sehr gute Zusammenarbeit.

Mein großer Dank an meinen Oberingenieur Martin Pitsch, der unsere Abteilung prägt und mich immer als Kollege, meist als Chef und irgendwann als Freund seit 2011 begleitet hat. Kristian Kuhlmann danke ich für die frühe Übertragung von Verantwortung und die Lehre in Struktur. Ein großer Dank gilt Thomas Kuhlmann für wissenschaftliche Präzision, viele Stunden Einsatz und eine entstandene Freundschaft. David Eggerath und Felix Rittstieg danke ich für ihre Hilfe zur Fertigstellung dieser Arbeit. Vielen Dank an Saša Aleksic, Abassin Aryobsei und Michael Salmen für eine herrliche Dienstreise, angenehme Arbeitsunterbrechungen und meinungsstarken Austausch. Für einzigartige Unterstützung und eine wunderbare Freundschaft bedanke ich mich bei Maximilian Stark.

Mein größter Dank gilt meiner Freundin Magdalena, meinen Eltern Dörte und Christian und meinen Geschwistern Malvine und Julius. Die Liebe, der bedingungslosen Rückhalt und die Rücksichtnahme haben für mich die Erstellung dieser Arbeit möglich gemacht – vielen, vielen Dank!

Aachen, August 2014 — Nicolas Johannes Komorek

Inhaltsübersicht

Inhaltsverzeichnis

Abbildungsverzeichnis

Abkürzungsverzeichnis

a, b, .., i	Auftragsindex
AG	Aktiengesellschaft
Aufl.	Auflage
AWFM	Aachener Werkzeug- und Formenbau Management
AWK	Aachener Werkzeugmaschinen Kolloquium
BMBF	Bundesministerium für Bildung und Forschung
BMW	Bayrische Motoren Werke
bspw.	beispielsweise
bzw.	beziehungsweise
CAD	Computer Aided Design
CAM	Computer Aided Manufacturing
CFK	Carbonfaserverstärkter Kunststoff
CAx	Computer Aided x
CIM	Computer Integrated Manufacturing
ca.	circa
CPS	Cyber-Physical-System
Destatis	Statistisches Bundesamt
DFM	Design for Manufacture
DFMA	Design for Manufacture and Assembly
dt.	deutsch
EFQM	European Foundation for Quality Management
EG	Europäische Gemeinschaft
EiP	Excellence-in-Production
ERP	Enterprise Resource Planning
et al.	et alii
EU	Europäische Union
f.	folgende
ff.	fortfolgende

ggf.	gegebenenfalls
GmbH	Gesellschaft mit beschränkter Haftung
GTAI	Germany Trade and Invest
Hrsg.	Herausgeber
IAB	Institut für Arbeitsmarkt- und Berufsforschung
i.A.a.	in Anlehnung an
IPT	Fraunhofer-Institut für Produktionstechnologie
IKT	Informations- und Kommunikationstechnologien
IT	Informationstechnologie
Jhdt.	Jahrhundert
KMU	Kleine und mittlere Unternehmen
Mrd.	Milliarde
NC	Numeric Control
Nr.	Nummer
OEE	Overall Equipment Effectiveness
OEM	Original Equipment Manufacturer
o.V.	ohne Verfasser
PPS	Produktionsplanung und -steuerung
pp	Prozentpunkte
RWTH	Rheinisch-Westfälische Technische Hochschule
s.	siehe
S.	Seite
SCOR	Supply Chain Operations Reference
Sp.	Spalte
ST	Sealing Technologies
VDMA	Verband deutscher Maschinen- und Anlagenbauer
vgl.	vergleiche
Jg.	Jahrgang
WZL	Werkzeugmaschinenlabor WZL der RWTH Aachen
z.B.	zum Beispiel

1 Einleitung

Der Megatrend Globalisierung hat den Wettbewerb in der produzierenden Industrie in den vergangenen Jahren maßgeblich verändert.[1] Neue Anbieter aus Ost-Europa und Asien konnten insbesondere bedingt durch geringe Löhne den Preiskampf gegen den Wettbewerb aus Hochlohnländern erfolgreich bestreiten. Damit ging eine wirtschaftliche und gesellschaftliche Entwicklung in diesen Niedriglohnländern einher, die dazu führte, dass Niedriglohnländer heute auch als Absatzmärkte eine zunehmend große Relevanz haben.[2]

Nach der Finanz- und Wirtschaftskrise hat sich die produzierende Industrie im Hochlohnland Deutschland wieder erholt und das Vorkrisenniveau aus dem Jahr 2008 übertreffen können. In Deutschland soll die Wirtschaft im Jahr 2014 mit 1,7% mehr als viermal so stark wachsen wie noch im Vorjahr. Das Wachstum in Niedriglohnländern übertrifft das Wachstum in Hochlohnländern jedoch um ein Vielfaches. In China ist die Wirtschaft seit den 1990er Jahren jährlich um mindestens 7,7% gewachsen.[3] Gleichzeitig sind die Lohnkosten in der produzierenden Industrie in großen Niedriglohnländern wie China oder Indien zwischen 2010 und 2012 allein um 28% bzw. 51,6% gestiegen.[4] Dies verdeutlicht, dass sich einerseits mit dem Lohnniveau die wettbewerblichen Rahmenbedingungen für die produzierende Industrie aus Hoch- und Niedriglohnländern annähern werden. Andererseits zeigt dies, dass ehemals neue Anbieter sich erfolgreich im Wettbewerb etabliert haben.

Diese Entwicklung im weltweiten Wettbewerb wird aktuell in der Theorie und in der Praxis adressiert, um die Wettbewerbsfähigkeit der mittelständisch geprägten produzierenden Industrie in Deutschland zu steigern. Das BUNDESMINISTERIUM FÜR BILDUNG UND FORSCHUNG (BMBF) hat dazu die Initiative Industrie 4.0 vorgestellt.[5] Zentraler Bestandteil von Industrie 4.0 ist die Zusammenarbeit in Wertschöpfungsnetzwerken.[6] Einige Unternehmen aus der Serienproduktion setzen heute Wertschöpfungsnetzwerke ein, um die Effizienz der Wertschöpfung sowie die Nähe zu neuen Absatzmärkten steigern zu können. Als Zulieferer der Serienproduktion befähigt der mittelständisch geprägte Werkzeugbau die Serienproduktion. Auch der Werkzeugbau ist gefordert, zukünftig die Effizienz seiner Wertschöpfung sowie die Nähe zu seinen Kunden zu erhöhen, um wettbewerbsfähig zu bleiben. Dazu muss im Werkzeugbau Wertschöpfung zukünftig anders gestaltet werden. Anstelle der traditionellen Konzentration der Wertschöpfung auf einen Betrieb müssen für Wertschöpfung im Werkzeugbau zukünftig Wertschöpfungsnetzwer-

---

1 Vgl. Eurostat (2012): EU in the World, S. 18.

2 Vgl. Tamura et al. (2012): Economic Growth, S. 4.

3 Vgl. Krämer (2014): Konjunktur, S. 3ff.

4 Vgl. GTAI (2013): Wirtschaftsdaten China; GTAI (2013): Wirtschaftsdaten Indien.

5 Vgl. BMBF (2014): Industrie 4.0.

6 Vgl. Kagermann et al. (2013): Industrie 4.0, S. 39ff.

ke genutzt werden. Werkzeugbaubetriebe können damit die Effizienz ihrer Wertschöpfung sowie die Nähe zu ihren Kunden erhöhen und ihre Wettbewerbsfähigkeit durch die Weiterentwicklung eigener Kompetenzen steigern.

Mit dieser Arbeit soll ein Lösungsansatz erarbeitet werden, der den Werkzeugbau in dieser Entwicklung unterstützen kann. Dazu wird in diesem Kapitel auf der Grundlage der Problemstellung die Zielsetzung der Arbeit beschrieben. Nach der Vorstellung des gewählten Forschungsansatzes wird das Kapitel mit der Beschreibung des Aufbaus der Arbeit beendet.

1.1 Problemstellung

Der Werkzeugbau war traditionell handwerklich geprägt. In Hochlohnländern wurden Werkzeuge in hoher Qualität mit einer hohen Wertschöpfungstiefe in einem Werkzeugbaubetrieb hergestellt.[7] Heute sind Werkzeugbaubetriebe gefordert, ihre betriebsinterne Wertschöpfung für den Kunden schneller und zuverlässiger zu realisieren, um die Serienproduktion einer zunehmenden Menge und Vielfalt an Bauteilen ermöglichen zu können. Mit einer durchgängigen Prozessorientierung kann dieser Herausforderung durch den Wandel vom handwerklichen zum industriellen Werkzeugbau begegnet werden.[8] Gleichzeitig treten bedingt durch die Globalisierung neue Anbieter aus Niedriglohnländern in den Markt ein und erhöhen die Wettbewerbsintensität für den industriellen Werkzeugbau. Durch Investitionen in moderne Technologien haben Anbieter aus Niedriglohnländern heute den Qualitätsvorsprung der Hochlohnländer weitgehend aufgeholt.[9] Daher benötigt der industrielle Werkzeugbau an Hochlohnstandorten wie Deutschland einen neuen Lösungsansatz, um seine Wettbewerbsfähigkeit nachhaltig steigern zu können.

Zur Steigerung der Wettbewerbsfähigkeit in Hochlohnländern müssen Werkzeugbaubetriebe ihre Kompetenzen gezielt weiterentwickeln und die Effizienz der Wertschöpfung verbessern. Dazu sollten Werkzeugbaubetriebe eine Fokussierung auf die eigenen Kompetenzen vornehmen und eine intensive Zusammenarbeit mit Partnern in Wertschöpfungsnetzwerken anstreben, um globalen Kunden ein umfassendes Leistungsangebot zur Verfügung stellen zu können. Der industrielle Werkzeugbau muss dazu vier zentrale Herausforderungen adressieren. Auf Basis einer industriellen Auftragsabwicklung (1) sollte eine gezielte Vernetzung mit Kunden (2) und Lieferanten (3) vorgenommen werden. Gleichzeitig sollten Werkzeugbaubetriebe mit mehreren Standorten ihre Standorte vernetzen und dies zur Steigerung der Effizienz der Wertschöpfung sowie der Nähe zum Kunden nutzen (4).[10]

---

[7] Vgl. Schuh et al. (2013): Wertschöpfungsnetzwerke, S. 23.

[8] Vgl. Schuh et al. (2010): Operative Exzellenz, S. 1ff.

[9] Vgl. Schuh et al. (2013): Wertschöpfungsnetzwerke, S. 1.

[10] Vgl. Schuh et al. (2014): Globaler industrieller Werkzeugbau, S. 232f.

Die Zusammenarbeit in Wertschöpfungsnetzwerken stellt eine Abkehr vom traditionellen Verständnis der Wertschöpfung im Werkzeugbau dar, nach welchem die Wertschöpfung vornehmlich intern in einem Betrieb vorgenommen wurde. Vielmehr ist ein Werkzeugbaubetrieb zukünftig Teil eines Wertschöpfungsnetzwerks mit Kunden und Lieferanten.[11] Mit der Kollaboration eines Werkzeugbaubetriebs mit Kunden und Lieferanten kann dabei die Effizienz der Wertschöpfung gesteigert und der Kundennutzen erhöht werden.[12] Um diese Potenziale realisieren zu können, sollte die Kollaboration als eine intensive Zusammenarbeit gleichberechtigter Partner interpretiert werden. Der industrielle Werkzeugbau muss zukünftig in der Lage sein, kollaborative Wertschöpfung zu gestalten, um die Effizienz der Wertschöpfung und damit seine Wettbewerbsfähigkeit nachhaltig steigern zu können.

1.2 Zielsetzung

Als **übergeordnete Zielsetzung** soll mit dieser Arbeit ein Lösungsansatz zur Steigerung der Effizienz der Wertschöpfung für den industriellen Werkzeugbau entwickelt werden, mit dessen Anwendung die Wettbewerbsfähigkeit von Werkzeugbaubetrieben an Hochlohnstandorten nachhaltig gesteigert werden kann.

Der industrielle Werkzeugbau in Hochlohnländern steht aktuell vor den Herausforderungen der industriellen Auftragsabwicklung, der Vernetzung mit Kunden, der Vernetzung mit Lieferanten sowie der Vernetzung von Standorten.[13] Es ist kein Lösungsansatz vorhanden, der die Gestaltung der Wertschöpfung im Werkzeugbau adressiert und dabei diese vier Herausforderungen berücksichtigt. Aufbauend darauf können vorhandene Lösungsansätze nicht genutzt werden, um die Wertschöpfung mit der strategischen Ausrichtung eines Werkzeugbaubetriebs abzustimmen und dabei die Eigenschaften der Unikat- und Kleinstserienherstellung im Werkzeugbau zu berücksichtigen. Es ist im industriellen Werkzeugbau daher bisher nicht möglich, die Potenziale von Wertschöpfungsnetzwerken durch die Gestaltung von kollaborativer Wertschöpfung zu nutzen.

Die **konkrete Zielsetzung** dieser Arbeit ist die Entwicklung eines Modells zur Gestaltung von kollaborativer Wertschöpfung im industriellen Werkzeugbau, welches die Herausforderungen für die Gestaltung der Wertschöpfung im industriellen Werkzeugbau aufgreift.

---

[11] Vgl. Schuh et al. (2013): Wertschöpfungsnetzwerke, S. 4.

[12] Vgl. Schuh et al. (2013): Werkzeugbau 4.0, S. 4.

[13] Vgl. Schuh et al. (2014): Globaler industrieller Werkzeugbau, S. 232f.

Nach KUBICEK sollte zur Orientierung eines zielgerichteten Forschungsprozesses eine Forschungsfrage definiert werden.[14] Aus der konkreten Zielsetzung wird für die Arbeit die **handlungsleitende Forschungsfrage** abgeleitet:

Wie muss ein Modell zur Gestaltung von kollaborativer Wertschöpfung im industriellen Werkzeugbau aufgebaut sein?

1.3 Forschungsansatz

Wissenschaftliche Forschung ist ein Erkenntnisprozess, mit dem neue Lösungen entwickelt und neues Wissen entdeckt werden können, welche der Wissenschaft zur Verfügung gestellt werden. Die Entwicklung neuer Lösungen und die Entdeckung neuen Wissens baut auf einer Erkenntnisperspektive auf und nutzt eine methodologische Vorgehensweise.[15] Die Erkenntnisperspektive und die methodologische Vorgehensweise stellen dabei die Ausgangssituation für den Erkenntnisprozess dar. Die Erkenntnisperspektive enthält das Vorverständnis des Forschenden und hat damit Einfluss auf den Erkenntnisprozess sowie die entwickelten Lösungen und das entdeckte Wissen. Die Spezifikation der Erkenntnisperspektive sowie der methodologischen Vorgehensweise sollte deshalb vorgenommen werden, um die zielgerichtete Lektüre und Interpretation dieser Arbeit zu ermöglichen und damit das Subjektivitätskriterium zu überwinden.[16]

Mit dem Forschungsansatz dieser Arbeit soll festgelegt werden, für welche Wissenschaften die Ergebnisse dieser Arbeit einen Lösungsansatz darstellen sollen und auf welche Art und Weise der Forschungsprozess zur Gewinnung dieser Ergebnisse gestaltet wird. Aufbauend auf der erforderlichen wissenstheoretischen Einordnung werden die Erkenntnisperspektive sowie die methodologische Vorgehensweise als Forschungsmethodologie beschrieben.

1.3.1 Wissenstheoretische Einordnung

Zur wissenstheoretischen Einordnung dieser Arbeit wird die Untergliederung der Wissenschaften nach ULRICH & HILL in Formalwissenschaften und Realwissenschaften verwendet (s. Abbildung 1).[17]

[14] Vgl. Kubicek (1977): Heuristischer Bezugsrahmen, S. 24ff.

[15] Vgl. Binder & Kantowsky (1996): Technologiepotenziale, S. 3f.

[16] Vgl. Ulrich & Hill (1976): Betriebswirtschaftslehre, S. 306. Die Erkenntnisperspektive stellt für den Forschungsprozess eine Vorüberlegung dar, die als Eingangsgröße für den Forschungsprozess zu akzeptieren ist (vgl. Guba & Lincoln (1994): Qualitative Research, S. 107).

[17] Vgl. Ulrich & Hill (1976): Betriebswirtschaftslehre, S. 305.

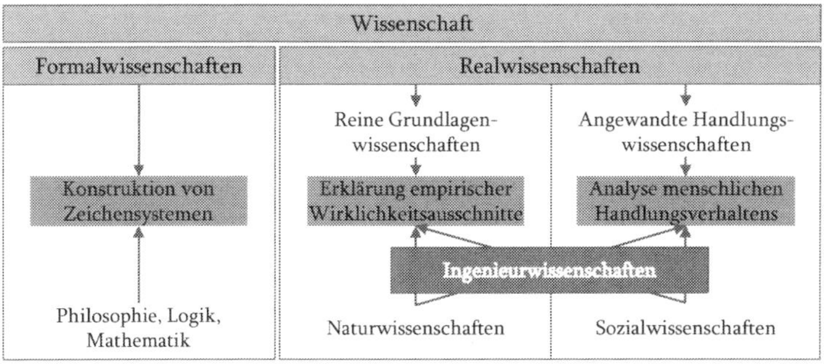

Abbildung 1: Wissenschaftssystematik [18]

Mit Formalwissenschaften sollen Zeichensysteme entwickelt und Regeln zur Nutzung dieser erarbeitet werden. Die Logik, die Mathematik oder die Philosophie sind Wissenschaften, die den Formalwissenschaften zugeordnet werden.[19] Die entwickelten Zeichensysteme und erarbeiteten Regeln sind analytische Ergebnisse, die keinen Bezug zu realen Objekten haben. Die Richtigkeit der Ergebnisse kann damit nur durch die Untersuchung ihrer logischen Konsistenz geprüft werden.[20]

Mit Realwissenschaften sollen Teile der mit menschlichen Sinnen wahrgenommenen Realität empirisch beschrieben, erklärt oder gestaltet werden.[21] Die empirisch beschriebenen, erklärten oder gestalteten Ergebnisse sind synthetisch und im Gegensatz zu den Ergebnissen der Formalwissenschaften von Faktoren abhängig, die empirisch untersucht werden können. Die Richtigkeit der Ergebnisse kann durch eine Faktenanalyse geprüft werden.[22] Die Realwissenschaften sind wiederum in die reinen Grundlagenwissenschaften und die angewandten Handlungswissenschaften unterteilt. Die reinen Grundlagenwissenschaften sind Naturwissenschaften wie die Biologie, die Chemie oder die Physik.[23] Mit diesen sollen Unterschiede zwischen der Theorie und der Beobachtung erklärt werden, wobei die Neuheit der Lösung oder des Wissens im Vordergrund steht.[24] Die angewandten Handlungswissenschaften sind Sozialwissenschaften wie die Betriebswirtschaftslehre, die Soziologie oder die Volkswirtschaftslehre.[25] Mit den Handlungswissenschaften sollen Lösungen für Probleme entwickelt werden, die einen Praxisbezug haben und bisher nicht ausreichend gelöst worden sind.[26]

---

[18] I.A.a. Ulrich & Hill (1976): Betriebswirtschaftslehre, S. 305.

[19] Vgl. Ulrich & Hill (1976): Betriebswirtschaftslehre, S. 305.

[20] Vgl. Schanz (1987): Führungsforschung, S. 2039.

[21] Vgl. Ulrich & Hill (1976): Betriebswirtschaftslehre, S. 305.

[22] Vgl. Schanz (1987): Führungsforschung, S. 2039.

[23] Vgl. Ulrich & Hill (1976): Betriebswirtschaftslehre, S. 305.

[24] Vgl. Schanz (1987): Führungsforschung, S. 2041.

[25] Vgl. Ulrich & Hill (1976): Betriebswirtschaftslehre, S. 305.

[26] Vgl. Popper (1975): Sozialwissenschaften, S. 104; Ulrich (1984): Management, S. 172.

Die Ingenieurwissenschaften sind Teil der Realwissenschaften und können dabei sowohl den reinen Grundlagenwissenschaften als auch den angewandten Handlungswissenschaften zugeordnet werden.[27] Diese ingenieurwissenschaftliche Arbeit hat auch Bezug zur Betriebswirtschaftslehre und soll praktische Probleme des Werkzeugbaus adressieren. Deshalb wird diese Arbeit den angewandten Handlungswissenschaften zugeordnet.

Aufbauend auf dieser Zuordnung soll ein Ansatz ausgewählt werden, der eine Grundlage für den Erkenntnisprozess in dieser Arbeit darstellen soll. Für die Betriebswirtschaftslehre sind dazu der entscheidungstheoretische Ansatz nach HEINEN, der faktortheoretische Ansatz nach GUTENBERG oder der systemtheoretische Ansatz nach ULRICH vorhanden. Der systemtheoretische Ansatz nach ULRICH weist Praxisnähe sowie einen hohen Bezug zu den Ingenieurwissenschaften auf.[28] Er wird deshalb für diese Arbeit verwendet.

1.3.2 Forschungsmethodologie

Die Forschungsmethodologie beschreibt die Art und Weise der Gestaltung des Erkenntnisprozesses zur Entwicklung neuer Lösungen und zur Entdeckung neuen Wissens. Die Entwicklung neuer Erkenntnisse und die Entdeckung neuen Wissens sollten nach POPPER mit Problemen beginnen. Diese Probleme sind eine Basis der angewandten Handlungswissenschaften, mit welchen Probleme für die keine Lösung vorhanden ist, gelöst werden sollen.

Die explorative Forschung kann für Handlungswissenschaften als Forschungsmethodologie eingesetzt werden. Im Rahmen der explorativen Forschung sollen auf der Grundlage von vorhandenem Erfahrungswissen analytische Lösungen erarbeitet werden.[29] Auf Basis der Einordnung in die Handlungswissenschaften sowie des Systemansatzes nach ULRICH wird für diese Arbeit die Forschungsmethodologie der explorativen Forschung genutzt (s. Abbildung 2).

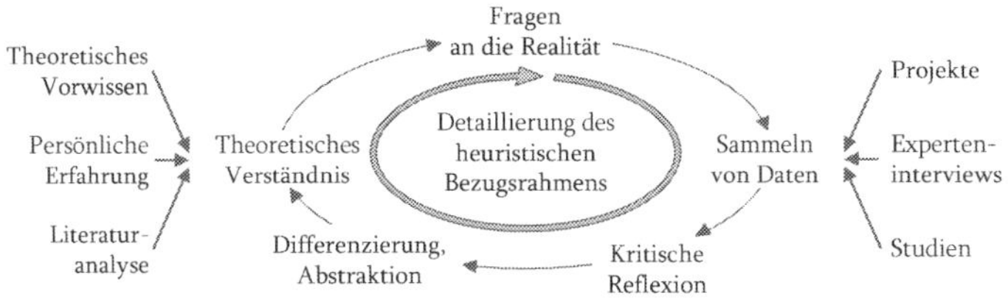

Abbildung 2: Forschungsmethodologie[30]

[27] Vgl. Ulrich & Hill (1976): Betriebswirtschaftslehre, S. 305.

[28] Vgl. Ulrich & Hill (1976): Betriebswirtschaftslehre, S. 307f.

[29] Vgl. Kubicek (1977): Heuristischer Bezugsrahmen, S. 13.

[30] I.A.a. Kubicek (1977): Heuristischer Bezugsrahmen, S. 14; Tomczak (1992): Forschungsmethoden, S. 84.

In der explorativen Forschung kann in einem heuristischen Bezugsrahmen das Vorverständnis des Autors erläutert werden. Durch einen heuristischen Bezugsrahmen soll eine Problemstellung aufgegriffen werden, welche aktuell noch nicht beherrscht wird.[31] Dazu wird die in Kapitel 1.1 beschriebene Problemstellung aufgegriffen. Im Anschluss an die Vorstellung des heuristischen Bezugsrahmens wird das Erfahrungswissen als Grundlage der explorativen Forschung vorgestellt.

1.3.2.1 Heuristischer Bezugsrahmen

Der heuristische Bezugsrahmen dieser Arbeit setzt sich aus sechs Teilen zusammen und bildet den industriellen Werkzeugbau sowie die kollaborative Wertschöpfung und ihren Zusammenhang ab (s. Abbildung 3).

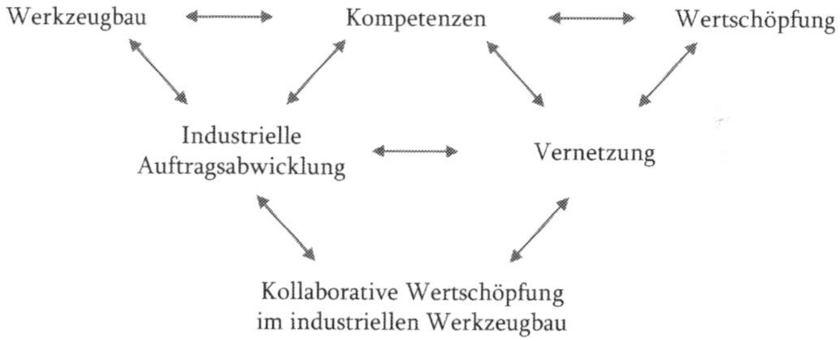

Abbildung 3: Heuristischer Bezugsrahmen dieser Arbeit

Der Ausgangspunkt wird durch den Werkzeugbau selbst dargestellt. Der Werkzeugbau verfügt über eine Wertschöpfung sowie über eigene Kompetenzen, die besondere Fähigkeiten darstellen.[32] Die Kompetenzen sind dabei in der industriellen Auftragsabwicklung sowie der Vernetzung verankert, indem sie für die Herstellung von Leistungen gezielt eingesetzt werden. Die industrielle Auftragsabwicklung und die Vernetzung sind beide Bestandteile der Wertschöpfung im Werkzeugbau. Vernetzung umfasst einerseits betriebsübergreifende Vernetzung mit Kunden und Lieferanten, andererseits betriebsinterne Vernetzung zwischen unterschiedlichen Standorten. Die Zusammenführung aus industrieller Auftragsabwicklung und der Vernetzung der Wertschöpfung mit Kunden, Lieferanten und Standorten führt zur kollaborativen Wertschöpfung im industriellen Werkzeugbau.

1.3.2.2 Erfahrungswissen

Grundlage für diese Arbeit stellt das Erfahrungswissen des Autors dar. Das Erfahrungswissen wurde im Rahmen der Tätigkeit als wissenschaftlicher Mitarbeiter am Lehrstuhl für

[31] Vgl. Tomczak (1992): Forschungsmethoden, S. 84.

[32] Die Beschreibung aus der Theorie sowie die Definition von Kompetenzen für diese Arbeit wird in Kapitel 2.1.3.3 vorgenommen.

Produktionssystematik in der Abteilung Unternehmensentwicklung am Werkzeugmaschinenlabor WZL der RWTH Aachen seit 2011 entwickelt. Sowohl die Wertschöpfung als Gestaltungsrahmen als auch der Werkzeugbau als Betrachtungsrahmen dieser Arbeit wurden dabei in Industrieberatungsprojekten, Forschungsprojekten sowie Lehr- und Weiterbildungsveranstaltungen als Schwerpunkte der Tätigkeit adressiert und vertieft. Zusätzlich wurde durch das Studium der Theorie das Verständnis zu Wertschöpfung, der Gestaltung der Wertschöpfung und dem Werkzeugbau ergänzt.

Durch nationale und internationale Industrieberatungsprojekte in internen und externen Werkzeugbaubetrieben wurde ein umfassendes Verständnis für den Status Quo der Wertschöpfung im Werkzeugbau erworben.[33] Während der Fokus zwischen den unterschiedlichen Industrieberatungsprojekten variierte, konnten in Bezug auf die Wertschöpfung dabei grundsätzliche potenzielle Lösungsansätze zur Adressierung vorhandener Probleme und Herausforderungen identifiziert werden. Mit der Erstellung einer Studie zu Wertschöpfungsnetzwerken im Werkzeugbau wurden weitere Erkenntnisse zum Status Quo sowie zu potenziellen Lösungsansätzen für die Zukunft mit 110 Werkzeugbaubetrieben vertieft.[34]

Mit Vorträgen und Workshops im Rahmen von Forschungsprojekten, Vorlesungen, Seminaren und Kolloquien konnten potenzielle Lösungsansätze vorgestellt und diskutiert werden. Durch den damit einhergehenden Austausch mit Experten aus der Praxis und aus der Theorie wurden Forschungsergebnisse gezielt verbessert, um mit diesen den Handlungsbedarf aus der Praxis und aus der Theorie beantworten zu können. Durch das Erfahrungswissen des Autors und die damit verbundene Vernetzung im Werkzeugbau konnte auch die Verifizierung des in dieser Arbeit beschriebenen Gestaltungsmodells für kollaborative Wertschöpfung im industriellen Werkzeugbau vorgenommen werden.

Das Erfahrungswissen des Autors wurde für die Erarbeitung des Gestaltungsmodells sowie aller folgenden Kapitel dieser Arbeit eingesetzt. Damit konnte ein Lösungsansatz für die Gestaltung von kollaborativer Wertschöpfung im industriellen Werkzeugbau entwickelt werden, welcher den Handlungsbedarf aus der Theorie, den Handlungsbedarf aus der Praxis und damit auch die Forschungsfragen dieser Arbeit beantwortet.[35]

1.4 Aufbau der Arbeit

Diese Arbeit ist das Ergebnis explorativer Forschung, die nach den von ULRICH definierten Phasen der angewandten Forschung aufgebaut ist.[36] Basierend auf in der Praxis identifi-

---

[33] Auf die Unterschiede zwischen einem internen Werkzeugbaubetrieb und einem externen Werkzeugbaubetrieb wird in Kapitel 2.2.1.2 eingegangen.

[34] Vgl. Schuh et al. (2013): Wertschöpfungsnetzwerke.

[35] Die in Kapitel 1.2 beschriebene handlungsleitende Forschungsfrage wird in Kapitel 3.5 basierend auf dem Handlungsbedarf aus der Praxis und dem Handlungsbedarf aus der Theorie detailliert.

[36] Vgl. Ulrich & Hill (1976): Grundlagen der Betriebswirtschaftslehre, S. 305ff.

zierten Problemen werden dabei analytisch Modelle und Regeln als Lösungsansatz entwickelt. Um diesen in der Praxis einsetzen zu können, soll der Lösungsansatz für seine praktische Implementierung verifiziert werden.[37] In Abbildung 4 sind die Phasen der anangewandten Forschung mit dem in sieben Kapitel untergliederten Aufbau dieser Arbeit verknüpft.

Abbildung 4: Aufbau der Arbeit nach den Phasen der angewandten Forschung nach ULRICH[38]

Im **ersten Kapitel** wird die aktuelle Situation als Problemstellung für diese Arbeit beschrieben. Aufbauend auf der Zielsetzung dieser Arbeit mit der Definition der übergeordneten Forschungsfrage wurde der angewendete Forschungsansatz vorgestellt. Abschließend wird der Aufbau dieser Arbeit vorgestellt.

Im **zweiten Kapitel** werden die für diese Arbeit relevanten Grundlagen des Gestaltungsbereichs Wertschöpfung und des Betrachtungsbereichs Werkzeugbau vorgestellt. In Bezug auf die Wertschöpfung wird diese zunächst definiert, eingeordnet und abgegrenzt. Daraufhin werden die Struktur, die Gestaltung und die historische Entwicklung der Wertschöpfung in der Praxis beschrieben. Es wird zunächst die grundlegende Definition und die Einordnung vorgenommen. Daraufhin wird Wertschöpfung im Werkzeugbau erläutert. Aufbauend auf der folgenden Beschreibung der Herausforderungen der Wertschöpfung im Werkzeugbau wird der Handlungsbedarf aus der Praxis aufgezeigt.

Auf der Basis des zweiten Kapitels werden im **dritten Kapitel** die Anforderungen an die Gestaltung der kollaborativen Wertschöpfung im Werkzeugbau definiert. Daraufhin wer-

[37] Vgl. Ulrich (1984): Management, S. 193.

[38] I.A.a. Ulrich (1984): Management, S. 193.

den vorhandene Modelle als potenzielle Lösungsansätze analysiert. Damit kann der Handlungsbedarf aus der Theorie definiert und die handlungsleitende Forschungsfrage für die Entwicklung des Gestaltungsmodells detailliert werden.

Zur Entwicklung des Gestaltungsmodells im **vierten Kapitel** werden zunächst die Grundlagen aus der Theorie eingeführt. Für das Gestaltungsmodell für kollaborative Wertschöpfung im industriellen Werkzeugbau werden daraufhin die Merkmale definiert. Im Rahmen der folgenden Konzeption werden erforderliche Funktionen im Gestaltungsmodell zunächst beschrieben und in acht Elementen und zwei Paradigmen ausgeführt. Das Ergebnis des vierten Kapitels ist das Gestaltungsmodell für kollaborative Wertschöpfung im industriellen Werkzeugbau.

Im **fünften Kapitel** werden die acht Elemente des Gestaltungsmodells detailliert. Dazu werden zunächst die Aufgaben jedes Elements beschrieben. Für jedes Element wird zusätzlich die Interpretation der beiden Paradigmen beschrieben. Das Fazit beendet die Beschreibung des Gestaltungsmodells als zentrales Forschungsergebnis dieser Arbeit.

Die Verifizierung des Gestaltungsmodells wird im **sechsten Kapitel** vorgenommen. Dazu wird die Anwendung des Gestaltungsmodells in drei Werkzeugbaubetrieben beschrieben. Für jeden Werkzeugbaubetrieb wird die Betriebssituation vorgestellt und die Anwendung des Gestaltungsmodells und ihre Ergebnisse erläutert. Das Kapitel wird mit der kritischen Reflexion der Ergebnisse abgeschlossen.

Im **siebten Kapitel** erfolgt die Zusammenfassung der Inhalte dieser Arbeit sowie der Ausblick. Im Ausblick wird der Bedarf für zukünftige Forschungsaktivitäten zur kollaborativen Wertschöpfung sowie dem industriellen Werkzeugbau beschrieben.

2 Grundlagen des Gestaltungs- und Betrachtungsbereichs

Im zweiten Kapitel werden die Grundlagen des Gestaltungs- und Betrachtungsbereichs eingeführt. Damit werden die ersten beiden Phasen der angewandten Forschung nach ULRICH zur Erfassung und Typisierung von Problemen aus der Praxis und zur Erfassung und Interpretation relevanter Theorien aus der Wissenschaft adressiert (vgl. Kapitel 1.4).

Zunächst wird dazu Wertschöpfung als Gestaltungsrahmen dieser Arbeit eingeführt. Neben der allgemeinen Vorstellung des Werkzeugbaus können so im zweiten Teil des Kapitels auch Grundlagen sowie aktuelle Entwicklungen von Wertschöpfung im Werkzeugbau beschrieben werden. Von den aktuellen Entwicklungen in Bezug auf Wertschöpfung und Werkzeugbau wird im dritten Teil des zweiten Kapitels der Handlungsbedarf aus der Praxis für diese Arbeit abgeleitet.

2.1 Wertschöpfung

Die folgende Beschreibung der Grundlagen des Gestaltungsbereichs Wertschöpfung ist in sechs Teile untergliedert. Basierend auf der Definition und der Einordnung von Wertschöpfung wird der Aufbau der Wertschöpfung in einem Betrieb beschrieben. Schließlich werden die Dimensionen zur Gestaltung der Wertschöpfung erklärt und die Entwicklung der Wertschöpfung in der produzierenden Industrie vorgestellt.

2.1.1 Der Begriff Wertschöpfung

Ausgehend von der Wortzusammensetzung beschreibt Wertschöpfung in einem Betrieb den Vorgang des Schaffens von Wert.[39] Eine der ersten Definitionen für Wertschöpfung geht auf COX um das Jahr 1790 zurück, der Wertschöpfung als „value of production in the economy minus the cost of bought-in materials and services“[40] beschreibt. Die ursprüngliche Darstellung nach COX beschreibt Wertschöpfung aus volkswirtschaftlicher Perspektive. Heute wird Wertschöpfung auch als Kennzahl der volkswirtschaftlichen Gesamtrechnung genutzt.[41] Dabei wird zwischen Brutto- und Nettowertschöpfung unterschieden. Die Bruttowertschöpfung eines Landes entspricht der Differenz zwischen dem am Markt erzielten Preis und den Kosten für Material und Fremdleistungen. Mögliche Subventionen werden berücksichtigt. Steuern werden nicht einbezogen.[42] Die Bruttowertschöpfung stellt so auch eine Grundlage zur Berechnung des Bruttoinlandsproduktes

---

[39] Vgl. Thommen & Achleitner (2006): Betriebswirtschaftslehre, S. 705.

[40] Zitat von COX in Haller (1997): Wertschöpfungsrechnung, S.77. Eigene Übersetzung: Wert des am Markt erzielten Preises abzüglich der Kosten für eingekaufte Materialien und Leistungen.

[41] Vgl. Frenkel & John (2011): Volkswirtschaftliche Gesamtrechnung, S. 77.

[42] Vgl. Destatis (2013): Definition Bruttowertschöpfung.

dar.[43] Die Nettowertschöpfung wird durch die Bruttowertschöpfung abzüglich von Abschreibungen errechnet.[44] In der Praxis wird insbesondere die Bruttowertschöpfung verwendet, um die wirtschaftliche Leistung eines Landes messen zu können.[45] Indem der steuerliche Einfluss unberücksichtigt bleibt, ist der Vergleich der wirtschaftlichen Leistung zwischen unterschiedlichen Ländern oder über einen längeren Zeitraum möglich. Aus der volkswirtschaftlichen Perspektive ist die Wertschöpfung damit ein quantitatives Ergebnis eines Landes über einen definierten Zeitraum.

Heute existieren unterschiedliche Definitionen für Wertschöpfung, die in der Wissenschaft und der Praxis angewendet werden. Dazu werden im Folgenden unterschiedliche Perspektiven für die Beschreibung von Wertschöpfung vorgestellt. Nach WUNDERER & JARITZ können diese Definitionen den drei übergeordneten Perspektiven volkswirtschaftliche Wertschöpfung, betriebswirtschaftliche Wertschöpfung sowie Verwendung von Wertschöpfung in der Managementlehre zugeordnet werden (s. Abbildung 5). Die Perspektive der Verwendung von Wertschöpfung in der Managementlehre wird in vier weitere Interpretationen unterteilt.[46]

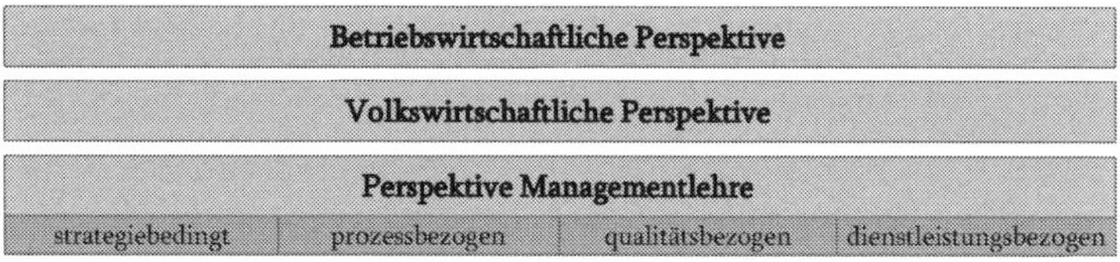

Abbildung 5: Perspektiven und Interpretationen der Wertschöpfung nach WUNDERER & JARITZ[47]

Die Wertschöpfung wird aus der betriebswirtschaftlichen Perspektive für eine Bewertung der wirtschaftlichen Leistung eines spezifischen Betriebs verwendet. Auch betriebswirtschaftlich wird zwischen Brutto- und Nettowertschöpfung unterschieden. Die Bruttowertschöpfung ist dabei der Wert, den ein Betrieb den Kosten für Material sowie für die von ihm in Anspruch genommenen Fremdleistungen hinzufügen kann.[48] Sie ist die Summe des erzielten Umsatzes, der Bestandsveränderungen und der selbsterstellten Anlagen des Betriebs. Für die Berechnung der Nettowertschöpfung sind Abschreibungen abzuziehen.[49] Die Nettowertschöpfung ist identisch mit dem Rohertrag, der in der Gewinn- und Verlustrechnung eines Betriebs als Saldo ausgegeben wird.[50] Aus der betriebswirtschaftli-

[43] Vgl. Behrens (2004): Makroökonomie, S. 34.

[44] Vgl. Destatis (2013): Definition Nettowertschöpfung.

[45] Vgl. Graf (2002): Volkswirtschaftslehre, S. 123; Brümmerhoff (2011): Volkswirtschaftliche Gesamtrechnung, S. 56ff.

[46] Vgl. Wunderer & Jaritz (2006): Evaluation der Wertschöpfung, S. 30ff.

[47] I.A.a. Wunderer & Jaritz (2006): Evaluation der Wertschöpfung, S. 30ff.

[48] Vgl. Wunderer & Jaritz (2006): Evaluation der Wertschöpfung, S. 30ff.

[49] Vgl. Destatis (2007): Bruttowertschöpfung, S. 2.

[50] Vgl. Heesen & Gruber (2009): Bilanzanalyse, S. 56.

chen Perspektive ist die Wertschöpfung damit ein quantitatives Ergebnis, welches für einen Betrieb über einen definierten Zeitraum errechnet werden kann.

Die Verwendung von Wertschöpfung in der Managementlehre bezieht sich auf die operative Verwendung in einem Betrieb mit unterschiedlichen Interpretationen. Es wird zwischen der strategiebedingten sowie der prozess-, der qualitäts- und der dienstleistungsbezogenen Wertschöpfung unterschieden.[51] Diese Interpretationen stellen Wertschöpfung in Bezug auf verschiedene Anspruchsgruppen eines Betriebs dar. Diese setzen sich aus sieben einzelnen Gruppen zusammen:[52]

- Kunden
- Lieferanten
- Mitarbeiter
- Konkurrenten
- Kapitalgeber
- Staat
- Öffentlichkeit/Non-Governmental Organizations

In Bezug auf die strategiebedingte Interpretation ist die Wertschöpfung die erzielte Wertsteigerung eines Betriebs gegenüber seinen Kapitalgebern. Die Wertsteigerung bezieht sich auf die zuvor festgelegte Geschäftsstrategie und kann sich damit auch auf eine nichtfinanzielle Wertsteigerung beziehen. Die strategiebedingte Interpretation dient der Darstellung der Leistungsfähigkeit eines Betriebs und ist wie die volks- und die betriebswirtschaftliche Perspektive ein quantitatives Ergebnis.[53]

In weiteren Interpretationen wird Wertschöpfung im Gegensatz zu den bisher vorgestellten Definitionen als Vorgang oder Prozess interpretiert. Dieses Verständnis wird insbesondere für produzierende Betriebe eingesetzt. MÜLLER-STEWENS & LECHNER bspw. definieren Wertschöpfung als „Prozess des Schaffens von Mehrwert durch Bearbeitung“[54].

Die prozessbezogene Wertschöpfung findet in definierten Bereichen eines Betriebs statt. Die Summe der Kosten dieser Wertschöpfung und des erzielten Gewinns ist der den Kundennutzen beschreibende Marktpreis.[55] Kosteneffiziente Wertschöpfung, die den Kundennutzen nicht mindert, kann so den Gewinn eines Betriebs steigern. Die qualitätsbezogene Wertschöpfung bezieht sich auf Steigerungen des Kundennutzens sowie der Fehlerreduktion im Betrieb als Teil eines ganzheitlichen Qualitätsmanagements. Die dienstleistungsbezogene Wertschöpfung bezieht sich direkt auf den wahrgenommenen Kundennutzen einer von einem Betrieb erbrachten Leistung.[56]

---

51 Vgl. Wunderer & Jaritz (2006): Evaluation der Wertschöpfung, S. 30ff.

52 Vgl. Rüegg-Stürm (2003): St. Galler Management-Modell, S. 22.

53 Vgl. Wunderer & Jaritz (2006): Evaluation der Wertschöpfung, S. 30ff.

54 Müller-Stewens & Lechner (2003): Strategisches Management, S. 287.

55 Vgl. Wunderer & Jaritz (2006): Evaluation der Wertschöpfung, S. 30ff.

56 Vgl. Wunderer & Jaritz (2006): Evaluation der Wertschöpfung, S. 49ff.

Das Verständnis von Wertschöpfung kann unter Berücksichtigung der beschriebenen unterschiedlichen Definitionen nicht einheitlich festgelegt werden. Es wird jedoch deutlich, dass sich Wertschöpfung unabhängig von der konkreten Definition am Nutzen für die Anspruchsgruppen eines Betriebs orientiert. Im Fall der strategiebedingten Wertschöpfung sind dies die Anteilseigner. Alle anderen Definitionen nehmen Bezug auf den Kundennutzen. Dieser wird meist durch den Preis beschrieben, den der Kunde für Leistungen eines Betriebs zu zahlen bereit ist. Weiterhin berücksichtigt Wertschöpfung auch Aktivitäten, die für die Generierung von Wert unterstützend erforderlich sind. Damit ist eine Auseinandersetzung mit der Wertschöpfung für die nachhaltige Wettbewerbsfähigkeit eines Betriebs notwendig.[57] Für diese Arbeit wird das Verständnis von Wertschöpfung in Anlehnung an die Definition nach MÜLLER-STEWENS & LECHNER als Vorgang zur Schaffung eines Werts aufgegriffen und wie folgt definiert: Wertschöpfung ist die Gesamtheit der Aktivitäten in einem Betrieb, die unmittelbar oder unterstützend zur nachhaltigen Erfüllung der Betriebsziele führt.

2.1.2 Einordnung der Wertschöpfung

Die Beschreibung des Begriffs Wertschöpfung hat gezeigt, dass Wertschöpfung unterschiedlich interpretiert werden kann. Nach der Definition von Wertschöpfung für diese Arbeit findet deshalb die Einordnung und Abgrenzung der Wertschöpfung statt.

Wertschöpfung ist nach MÜLLER-STEWENS & LECHNER ein Aspekt der Strategie- und Wandelarbeit zur nachhaltigen Betriebsentwicklung, die im in Abbildung 6 dargestellten General Management Navigator beschrieben wird.[58] Grundlage für den General Management Navigator stellt das St. Galler Management Konzept nach BLEICHER dar. Darin werden die für eine Betriebsentwicklung erforderlichen Aufgaben und Inhalte der Führung eines Betriebs beschrieben.[59] Im General Management Navigator wird dies durch die Darstellung der Aspekte zur Bearbeitung von strategischen Initiativen konkretisiert. Strategische Initiativen sind Handlungen zur Veränderung der Aktivitäten in einem Betrieb.[60] Der General Management Navigator eignet sich damit auch zur Einordnung der Wertschöpfung für den Werkzeugbau in dieser Arbeit und wurde in unterschiedlichen wissenschaftlichen Arbeiten zum Werkzeugbau bereits verwendet.[61]

[57] Vgl. Schleyer (2006): Kooperationsmanagement, S. 133; Wunderer & Jaritz (2006). Evaluation der Wertschöpfung S. 30ff.

[58] Vgl. Müller-Stewens & Lechner (2011): Strategisches Management, S. 24ff.

[59] Vgl. Bleicher (2011): Integriertes Management, S. 85ff.

[60] Vgl. Müller-Stewens & Lechner (2011): Strategisches Management, S. 25ff.

[61] Vgl. Fricker (2005): Strategische Stringenz, S. 2; Gaus (2010): Logik im Werkzeugbau, S. 56; Kozielski (2010): Kennzahlensystem, S. 36f.

Die vier zentralen Aspekte Initiierung, Positionierung, Veränderung und Wertschöpfung werden im Zentrum durch den Aspekt der Performance Messung ergänzt. Die Aspekte werden durch zwei Achsen unterteilt.[62]

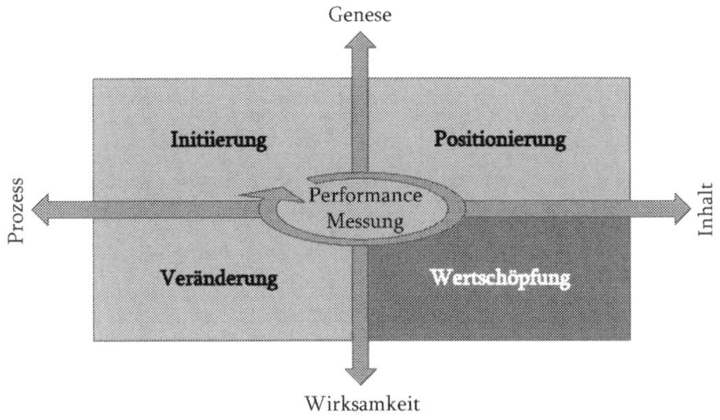

Abbildung 6: Einordnung der Wertschöpfung in den St. Galler Management Navigator nach MÜLLER-STEWENS & LECHNER[63]

Die zentralen Aspekte im General Management Navigator folgen keiner festgelegten Reihenfolge. Nach MÜLLER-STEWENS & LECHNER existieren sechs unterschiedliche Pfade durch den General Management Navigator. Eine strategische Initiative durchläuft dabei stets die vier zentralen Aspekte.[64]

Im Rahmen der Initiierung entstehen strategische Initiativen. Neben der Entstehung wird untersucht, wie der Einfluss einer strategischen Initiative gesteigert werden kann und in der Praxis eines Betriebs Wirksamkeit erreicht. Die Positionierung umfasst die Ausrichtung eines Betriebs gegenüber seinen Anspruchsgruppen in Bezug auf eine strategische Initiative. Die Positionierung des Betriebs nach außen muss mit seinem „Innenleben"[65] verbunden werden. Im Rahmen der Wertschöpfung soll dies durch die Gestaltung von Ressourcen und Aktivitäten erzielt werden. Der Aspekt der Veränderung umfasst die operative Umsetzung der zuvor festgelegten und gestalteten Veränderung. Die Performance Messung begleitet die vier zentralen Aspekte. Sie dient der Kontrolle dieser zentralen Aspekte und ermöglicht damit ein frühzeitiges und zielgerichtetes Einschreiten bei Abweichungen.[66]

---

[62] Vgl. Müller-Stewens & Lechner (2011): Strategisches Management, S. 24ff.

[63] I.A.a. Müller-Stewens & Lechner (2011): Strategisches Management, S. 24.

[64] Vgl. Müller-Stewens & Lechner (2011): Strategisches Management, S. 35ff.

[65] Vgl. Müller-Stewens & Lechner (2005): Strategisches Management, S. 29.

[66] Vgl. Müller-Stewens & Lechner (2011): Strategisches Management, S. 25ff.

Die vertikale Achse im General Management Navigator wird durch Genese und Wirksamkeit beschrieben. Mit dem Begriff Genese wird die Entstehung von strategischen Initiativen beschrieben. Strategische Initiativen können in einem Betrieb sowohl bewusst als auch unbewusst entstehen. Damit wird die Vorstellung, dass operativ umgesetzte strategische Initiativen in einem Betrieb immer auf einem bewusst gestalteten und verabschiedeten Konzept dieser Initiativen beruhen, erweitert. Bei der Initiierung und Positionierung steht die Genese im Vordergrund. Das Ergebnis der Implementierung einer strategischen Initiative ist die Wirksamkeit, die durch die Aspekte Wertschöpfung und Veränderung erreicht werden kann. Die horizontale Achse wird durch Prozess und Inhalt beschrieben. Der Prozess des Wandels in Bezug auf eine strategische Initiative wird durch die Aspekte Initiierung und Veränderung adressiert. Der Inhalt der strategischen Initiative wird durch die Positionierung sowie die Wertschöpfung bestimmt.[67]

Der Schnittstelle zwischen Positionierung und Wertschöpfung kommt eine besondere Bedeutung zu. Der Inhalt der strategischen Initiative muss in diesen beiden Aspekten konsistent miteinander verbunden werden, um Wirksamkeit erzielen zu können.[68] Beide Aspekte können sich dabei gegenseitig beeinflussen. Damit ein erforderlicher Fit zwischen beiden Aspekten erzielt werden kann, ist die Positionierung für die Gestaltung der Wertschöpfung zu berücksichtigen.[69] Im Folgenden wird deshalb weiter auf die Positionierung eines Betriebs eingegangen.

Die Positionierung ist Teil der Strategie eines Betriebs. Zielsetzung der Strategie ist die Schaffung von Rahmenbedingungen für den Erfolg eines Betriebs.[70] Die Strategie wird ursprünglich auf VON CLAUSEWITZ zurückgeführt. Dieser beschreibt im 19. Jhdt., wie die bewusste Strategie einer Partei im Krieg zum Erfolg in militärischen Auseinandersetzungen führen kann.[71] Dieser Ansatz wurde im 20. Jhdt. wissenschaftlich auf die Wirtschaft übertragen.[72] Auf CHANDLER geht eine Definition zurück, die Strategie als „the determination of the basic long-term goals and objectives of an enterprise, and the adaption of courses of action and allocation of resources necessary for carrying out these goals“[73] definiert. Heute wird zwischen verschiedenen Interpretationen von Strategie unterschieden. Die Arbeiten von PORTER und MINTZBERG dazu sind weit verbreitet und in der Wissenschaft als grundlegend anerkannt.[74] Nach PORTER dient Strategie der Festlegung von

[67] Vgl. Müller-Stewens & Lechner (2011): Strategisches Management, S. 29ff.

[68] Vgl. Müller-Stewens & Lechner (2011): Strategisches Management, S. 357ff.

[69] Vgl. Müller-Stewens & Lechner (2011): Strategisches Management, S. 358f.

[70] Vgl. Hitt et al. (2012): Strategic Management, S. 104f.

[71] Vgl. von Clausewitz (1869): Vom Kriege, S. 22ff.

[72] Vgl. Chandler (1962): Strategy and Structure; Ansoff (1965): Corporate Strategy.

[73] Vgl. Chandler (1962): Strategy and Structure, S. 23. Eigene Übersetzung: Die Definition langfristiger Perspektiven und Ziele für einen Betrieb sowie die Anpassung von Aktivitäten und Verteilung von Ressourcen, um diese Perspektiven zu erreichen.

[74] Vgl. Mintzberg (1987): Five Ps for Strategy; Porter (1992): Wettbewerbsvorteile; Mintzberg & Lampel (1999): Strategy Process. Für die Beschreibung von PORTER und MINTZBERG als Begründer der grundlegenden wissenschaftlichen Interpretationen der Strategie vgl. Moore (2011): Porter or Mintzberg.

Wettbewerbsvorteilen eines Betriebs für die Zukunft.[75] Erweiternd dazu beschreibt MINTZBERG emergente Strategien, die nicht explizit geplant wurden, sondern aus der Praxis eines Betriebs entstehen.[76] Unabhängig von der konkreten Interpretation ist die Positionierung ein Hauptbestandteil der Strategie und ausschlaggebend für den Erfolg eines Betriebs.[77]

Neben der Zielsetzung der Positionierung ist ihr Inhalt konkret zu beschreiben. Auf Basis eines konkreten Inhalts kann die Positionierung für die Gestaltung der Wertschöpfung berücksichtigt werden. Nach PORTER wird durch die Positionierung festgelegt, wie ein Betrieb Wettbewerbsvorteile erzielen kann. Es existieren die drei Optionen Kostenführerschaft, Differenzierung und Fokussierung für die Positionierung eines Betriebs (s. Abbildung 7).[78]

Kostenführerschaft	Differenzierung
Ziel ▪ Niedrigste Kosten im Vergleich zum Wettbewerb in der Branche, wodurch dem Kunden ein günstigerer Preis für Leistungen angeboten werden kann	**Ziel** ▪ Adressierung eines anderen Kundennutzens als der Wettbewerb in der Branche, womit dem Kunden ein höherer Preis angeboten werden kann

Fokussierung
Ziel ▪ Fokussierung auf einen Teil an Leistungen einer Branche, für die wiederum entweder die Kostenführerschaft oder die Differenzierung angestrebt werden soll

Abbildung 7: Optionen der Positionierung nach PORTER[79]

Mit der Entscheidung für die Kostenführerschaft verfolgt ein Betrieb das Ziel, kostengünstigster Anbieter seiner Branche am Markt zu sein. Eine Kostenführerschaft kann bspw. durch die Nutzung von Skaleneffekten oder durch den Einsatz von effizienten Prozessen erzielt werden.[80]

Durch Differenzierung wird für einen Betrieb die Entscheidung getroffen, einen anderen Kundennutzen zu adressieren als der Wettbewerb in seiner Branche. Damit können am Markt höhere Preise realisiert werden. Trotz möglicher Investitionen oder höherer Kosten kann Differenzierung so den Erfolg eines Betriebs steigern. Während die Kostenführerschaft in einer Branche nur von einem Betrieb erreicht werden kann, können mehrere Betriebe erfolgreich die Differenzierung verfolgen.[81]

[75] Vgl. Porter (1992): Wettbewerbsvorteile, S. 19.

[76] Vgl. Mintzberg & Waters (1985): Of Strategies, S. 257ff.

[77] Vgl. Mintzberg & Waters (1985): Of Strategies, S. 257ff.; Porter (1992): Wettbewerbsvorteile, S. 19.

[78] Vgl. Porter (1992): Wettbewerbsvorteile, S. 31ff.

[79] I.A.a. Porter (1992): Wettbewerbsvorteile, S. 31ff.

[80] Vgl. Porter (1992): Wettbewerbsvorteile, S. 31ff.

[81] Vgl. Porter (1992): Wettbewerbsvorteile, S. 31ff.

Betriebe, die nicht die Besetzung eines grundsätzlichen Wettbewerbsvorteils anstreben, können durch die Fokussierung am Markt erfolgreich sein. Dazu müssen sie sich auf einen definierten Teil an Leistungen in ihrer Branche fokussieren. In diesem fokussierten Bereich sind wiederum niedrigste Kosten oder eine Differenzierung anzustreben.[82]

Die drei vorgestellten Optionen nach PORTER verdeutlichen den möglichen Inhalt des Aspekts Positionierung. Mit der Positionierung eines Betriebs ändern sich folglich die Rahmenbedingungen für die Gestaltung der Wertschöpfung. Auch im Werkzeugbau müssen Positionierung und Wertschöpfung logisch miteinander verknüpft werden.[83]

2.1.3 Inhalte der Wertschöpfung

Aufbauend auf der Einordnung der Wertschöpfung im General Management Navigator werden die Inhalte der Wertschöpfung beschrieben. Nach MÜLLER-STEWENS & LECHNER sind für die Wertschöpfung in einem Betrieb Aktivitäten und Ressourcen erforderlich.[84] Im Folgenden werden diese erläutert und für diese Arbeit definiert. Zusätzlich werden in diesem Zusammenhang Kompetenzen eingeführt.

2.1.3.1 Aktivitäten

Aktivitäten beschreiben in dieser Arbeit Vorgänge in einem Betrieb, die Bestandteile der Wertschöpfung darstellen. Prozesse sind eine Zusammensetzung aus Aktivitäten, mit denen ein definiertes Ziel erreicht werden soll.[85] Die Aktivitäten eines Betriebs werden grundlegend durch die Wertekette nach PORTER beschrieben (s. Abbildung 8).

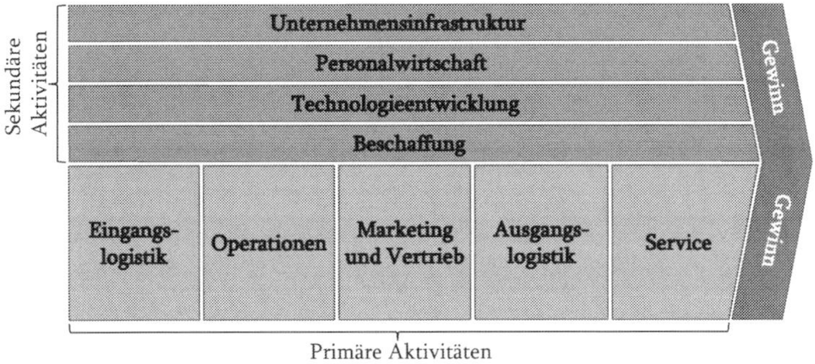

Abbildung 8: Die Wertekette nach PORTER[86]

[82] Vgl. Porter (1992): Wettbewerbsvorteile, S. 31ff.

[83] Vgl. Fricker (2005): Strategische Stringenz, S. 165f.

[84] Vgl. Müller-Stewens & Lechner (2011): Strategisches Management, S. 26.

[85] Vgl. Rüegg-Stürm (2003): St. Galler Management-Modell, S. 23.

[86] I.A.a. Porter (1992): Wettbewerbsvorteile, S: 62.

Nach PORTER werden mit der Wertekette Aktivitäten dargestellt, mit denen ein Betrieb „ein für seine Abnehmer wertvolles Produkt schafft“[87]. Die Aktivitäten werden für die Erreichung von Gewinn eingesetzt und in die beiden Gruppen primäre und sekundäre Aktivitäten unterteilt. Primäre Aktivitäten umfassen die physische Herstellung von Produkten sowie deren Absatz und Übermittlung zum Kunden. Die sekundären Aktivitäten dienen der Befähigung und Stabilisierung der primären Aktivitäten.[88] Im Verständnis produzierender Betriebe findet die Wertschöpfung zu einem großen Teil im Sinne der physischen Herstellung von Leistungen in den Operationen statt. Da jedoch auch die unterstützenden Aktivitäten für die Wertschöpfung in dieser Arbeit relevant sind, müssen diese Berücksichtigung finden. Zur Konkretisierung der für die Wertschöpfung relevanten Aktivitäten wird der Begriff der Auftragsabwicklung eingeführt. Die Auftragsabwicklung eines Betriebs umfasst alle Aktivitäten, die von der Bearbeitung einer Anfrage des Kunden bis zur Übergabe der Leistung an den Kunden erforderlich sind.[89] Es kann zusätzlich zwischen der technischen und kaufmännischen Auftragsabwicklung differenziert werden.[90] Die Auftragsabwicklung in einem Betrieb wird durch Leistungen von anderen Entitäten unterstützt. Die Auftragsabwicklung ist von der Leistungserstellung abzugrenzen, die lediglich die Aktivitäten zur physischen Herstellung von Leistungen sowie die zur Planung und Steuerung der Herstellung erforderlichen Aktivitäten umfasst.[91] In dieser Arbeit umfasst die Auftragsabwicklung die für die Gestaltung der Wertschöpfung relevanten Aktivitäten.

Eine eindeutige Beschreibung der Wertschöpfung wird mittels der Detaillierung der vier Eigenschaften relevante Personen, relevante Aktivitäten, Wertinhalt und Wertmaßstab erzielt.[92] Mit den ersten beiden Eigenschaften wird der Wert als Zielsetzung der Wertschöpfung definiert. Mit der dritten und der vierten Eigenschaft wird die Schöpfung des Wertes definiert. Aufbauend auf die Definition soll Wertschöpfung zur Abgrenzung auch eindeutig beschrieben werden. Mit der Beschreibung der relevanten Personen soll der Betrachtungsbereich der Wertschöpfung festgelegt werden.[93] Anhand dieser Eigenschaften wird Wertschöpfung im Werkzeugbau in Kapitel 2.2.2 eindeutig beschrieben.

2.1.3.2 Ressourcen

Ressourcen werden in der Literatur nicht einheitlich definiert.[94] Unabhängig von der konkreten Definition sind Ressourcen „Mittel, die in die Produktion von Gütern und

---

[87] Vgl. Porter (1992): Wettbewerbsvorteile, S. 64.

[88] Vgl. Porter (1992): Wettbewerbsvorteile, S. 65.

[89] Vgl. Bär (1977): Produktionsplanung, S. 14.

[90] Vgl. Eversheim (1996): Grundlagen, S. 227.

[91] Vgl. Eversheim (1992): Produktionssysteme, S. 2058ff.

[92] Vgl. Wunderer & Jaritz (2006): Evaluation der Wertschöpfung, S. 30ff.

[93] Vgl. Wunderer & Jaritz (2006): Evaluation der Wertschöpfung, S. 30ff.

[94] Vgl. Freiling (2001): Resource-Based View, S. 13

Dienstleistungen eingehen“[95]. Eine betriebswirtschaftliche Beschreibung von Ressourcen geht auf GUTENBERG zurück, für den sich die Ressourcen eines Betriebs aus den Produktionsfaktoren Arbeitsleistung, Betriebsmittel und Werkstoff zusammensetzen.[96] Diese Abgrenzung wurde aufgrund ihres Fokus auf materielle Ressourcen kritisiert.[97] BARNEY unterscheidet zwischen finanziellen, organisationellen und physischen Ressourcen sowie Humanressourcen.[98] GRANT hat diese Beschreibung um technologische Ressourcen und die Reputation eines Betriebs erweitert.[99] Zusätzlich führt HALL die Unterteilung zwischen handelbaren und nicht handelbaren Ressourcen ein.[100] Die genannten Definitionen sind Grundlage für die Definition nach MÜLLER-STEWENS & LECHNER, die sich aus materiellen und immateriellen Ressourcen zusammensetzt. Die materiellen Ressourcen sind in finanzielle, physische und IT-basierte Ressourcen untergliedert. Immaterielle Ressourcen bestehen aus Bestands-, Human-, strukturellen und kulturellen Ressourcen.[101] Für den Werkzeugbau wiederum wurde von FRICK eine Definition entwickelt, die speziell materielle Ressourcen umfasst. Danach sind Ressourcen Finanzmittel, Mitarbeiter, Maschinen und IT-Systeme.[102] Die Definition von Ressourcen kann deshalb nicht allgemein vorgenommen werden. Für die Gestaltung der kollaborativen Wertschöpfung in dieser Arbeit erfolgt diese erst in Kapitel 4 auf Basis der in Kapitel 2 und 3 identifizierten Handlungsbedarfe.

2.1.3.3 Kompetenzen

Eine Fähigkeit wird allgemein als eine „geistige oder praktische Anlage“[103] definiert. In der Literatur werden Fähigkeiten auch als „Bündelung und Verknüpfung“[104] von Ressourcen beschrieben und damit den Ressourcen zugeordnet. Durch die Verwendung des Begriffs wird keine Wertung hinsichtlich des Nutzens einer Fähigkeit für einen Betrieb vorgenommen.[105] Eine wissenschaftliche Auseinandersetzung mit dem Einsatz von Fähigkeiten in Betrieben findet in der Literatur unter dem von PRAHALAD & HAMEL geprägten Begriff der Kernkompetenzen statt. Sie definieren Kernkompetenzen als technische Fähigkeiten, durch die Vorteile im Wettbewerb erzielt werden können, und fordern, einen Betrieb als eine Zusammensetzung aus Fähigkeiten zu betrachten.[106] Aufbauend auf dieser Definition

---

[95] Vgl. o.V. (2013): Ressource.

[96] Vgl. Gutenberg (1971): Grundlagen der Betriebswirtschaftslehre, S. 3ff

[97] Vgl. Müller-Stewens & Lechner (2011): Strategisches Management, S. 198.

[98] Vgl. Barney (1991): Firm Resources, S. 101.

[99] Vgl. Grant (1991): Resource-Based View, S. 191.

[100] Vgl. Hall (1992): Intangible Resources, S. 136; Hall (1993): Resources and Capabilities, S. 608.

[101] Vgl. Müller-Stewens & Lechner (2011): Strategisches Management, S. 197ff.

[102] Vgl. Frick (2006): Geschäftsmodelle, S. 51.

[103] Vgl. o.V. (2013): Fähigkeit.

[104] Vgl. Schmelzer & Sesselmann (2008): Geschäftsprozessmanagement.

[105] Vgl. Müller-Stewens & Lechner (2011): Strategisches Management, S. 209.

[106] Vgl. Prahalad & Hamel (1990): Core Competence, S. 31ff.

wurde der Begriff von unterschiedlichen Autoren weiterentwickelt. BOOS & JARMAI, KRÜGER & HOMP, SCHMELZER & SESSELMANN sowie MÜLLER-STEWENS & LECHNER haben die Definition von Kernkompetenzen erweitert und führen die folgenden Merkmale für Kernkompetenzen an:[107]

- Kernkompetenzen haben einen direkten Einfluss auf den Kundennutzen oder auf die Effizienz eines Betriebs
- Kernkompetenzen basieren auf spezifischem Wissen
- Kernkompetenzen sind übertragbar auf andere Märkte
- Kernkompetenzen sind nicht imitierbar
- Kernkompetenzen sind nicht substituierbar
- Kernkompetenzen sind im Betrieb verankert
- Kernkompetenzen müssen nachhaltig Bestand haben

Wenn eine Fähigkeit alle diese Merkmale erfüllt, kann sie als Kernkompetenz bezeichnet werden und stellt damit für einen Betrieb einen nachhaltigen Vorteil im Wettbewerb dar. Die Erfüllung aller Merkmale ist in der Praxis jedoch nicht erreichbar. Vielmehr sollten Betriebe die Erreichung möglichst vieler Merkmale anstreben.[108] Weder die Entwicklung von Fähigkeiten noch die Entwicklung von Kernkompetenzen kann eine praktische Zielsetzung für einen Betrieb sein. Fähigkeiten haben nicht zwingend Einfluss auf den Kundennutzen oder die Effizienz eines Betriebs. Kernkompetenzen stellen zwar einen nachhaltigen Wettbewerbsvorteil dar, sind jedoch in der Praxis kaum erreichbar. Für Fähigkeiten, welche direkten Einfluss auf den Kundennutzen oder auf die Effizienz eines Betriebs haben, wird dazu der Begriff Kompetenz eingeführt. In Abbildung 9 sind Fähigkeiten, Kompetenzen und Kernkompetenzen zur Abgrenzung einander gegenübergestellt.

Fähigkeiten	**Kompetenzen**	**Kernkompetenzen**
▪ Materielle oder immaterielle Anlage eines Betriebs	▪ Materielle oder immaterielle Anlage eines Betriebs ▪ Ermöglicht die Steigerung des Kundennutzens oder der Effizienz eines Betriebs	▪ Materielle oder immaterielle Anlage eines Betriebs ▪ Selten, schwer zu imitieren, nicht substituierbar etc. ▪ Praktisch nicht erreichbar

Abbildung 9: Abgrenzung von Fähigkeiten, Kompetenzen und Kernkompetenzen [109]

Während der Begriff Kompetenz ursprünglich zur Beschreibung der Befugnisse von Personen genutzt wurde, wird er heute auch zur Beschreibung von Fähigkeiten eines Be-

[107] Vgl. Boos & Jarmai (1994): Kernkompetenzen, S. 19; Krüger & Homp (1997): Kernkompetenzen, S. 83f.; Schmelzer & Sesselmann (2008): Geschäftsprozessmanagement, S. 98; Müller-Stewens & Lechner (2011): Strategisches Management, S. 205.

[108] Vgl. Müller-Stewens & Lechner (2011): Strategisches Management, S. 209.

[109] I.A.a. Müller-Stewens & Lechner (2011): Strategisches Management, S. 205.

triebs verwendet, die den Kundennutzen oder die Effizienz steigern.[110] Durch die Begriffswahl wird zusätzlich der Zusammenhang mit Kernkompetenzen verdeutlicht.

Für diese Arbeit sollen Ressourcen und Kompetenzen gesondert voneinander berücksichtigt werden. Der beschriebene inhaltliche Zusammenhang zwischen Ressourcen, Fähigkeiten, Kompetenzen und Kernkompetenzen bleibt davon unberührt.

2.1.4 Aufbau der Wertschöpfung

Nach der Abgrenzung der Gestaltung der Wertschöpfung wird der Aufbau der Wertschöpfung beschrieben. Zunächst werden dazu unterschiedliche Formen der Darstellung von Wertschöpfung eingeführt. Im Anschluss wird auf die Zusammensetzung der Wertschöpfung, die Wertschöpfungsarchitektur, eingegangen.

Die Wertschöpfung für eine Leistung wird in der Regel nicht von einem einzelnen Betrieb ausgeführt. Vielmehr nutzt der Betrieb, welcher die Leistungen verkauft, Lieferanten, die die Wertschöpfung dieses Betriebs ergänzen, wodurch eine vollständige Leistung entsteht. Dieser Ansatz greift die These von SMITH aus dem 18. Jhdt. auf, nach der jeweils die Aktivitäten von der Person durchgeführt werden sollen, die diese am besten beherrscht.[111] Eine wissenschaftliche Erklärung stellt die Transaktionskostentheorie nach COASE dar.[112] Transaktionskosten sind die Gesamtheit der Kosten, die durch den Austausch von Leistungen entstehen.[113] Nach WILLIAMSON kann die Berücksichtigung von Lieferanten genutzt werden, um die Transaktionskosten eines Betriebs zu beherrschen und seine Effizienz damit zu steigern.[114] In diesem Zusammenhang wird die Wertschöpfungstiefe als das Verhältnis der intern in einem Betrieb verrichteten Wertschöpfung zur gesamten Wertschöpfung definiert.[115] Die Aktivitäten zur Anbahnung und Umsetzung der Zusammenarbeit mit einem Lieferanten sind damit auch die Wertschöpfung unterstützende Aktivitäten. Auf Basis der für diese Arbeit vorgenommenen Definition von Wertschöpfung sollen alle Aktivitäten eines Betriebs berücksichtigt werden, die zur Abwicklung von Aufträgen vorgenommen werden. Der Aufwand für eine Aktivität muss dazu einem spezifischen Auftrag zugeordnet werden können.

2.1.4.1 Wertschöpfungsstruktur

Bisher wurde die Wertschöpfung eines Betriebs definiert und abgegrenzt. Ein Betrieb ist dabei ein Teil einer Kette aus unterschiedlichen Betrieben, die jeweils Kunde bzw. Liefe-

---

[110] Vgl. North & Reinhardt (2005): Kompetenzmanagement, S. 29; Kampker (2004): Kompetenzbasierte Geschäftsausweitung; Prahalad & Hamel (1990): Core Competence.

[111] Vgl. Hermes & Schwarz (2005): Outsourcing, S. 16; Smith & Sutherland (2008): Wealth of Nations.

[112] Vgl. Coase (1988): Nature of the Firm.

[113] Vgl. Picot (1986): Transaktionskosten, S. 3.

[114] Vgl. Williamson (1981): Economics of Organizations, S. 556f.

[115] Vgl. Müller-Stewens & Lechner (2011): Strategisches Management, S. 364.

rant für einander sind. Ein Betrieb kann Teile der Wertschöpfung seiner Leistungen für den Kunden an Lieferanten abgeben. Für die Gestaltung der Wertschöpfung eines Betriebs ist deshalb auch die Struktur der Wertschöpfung einer Branche zu berücksichtigen.

Grundsätzlich existieren für die Darstellung der Wertschöpfungsstruktur die drei Typen Wertschöpfungskette, Wertschöpfungspyramide und Wertschöpfungsnetzwerk (s. Abbildung 10). Mit allen drei Typen werden Strukturen zwischen Aktivitäten und Betrieben dargestellt, deren Wertschöpfung voneinander abhängig ist.[116]

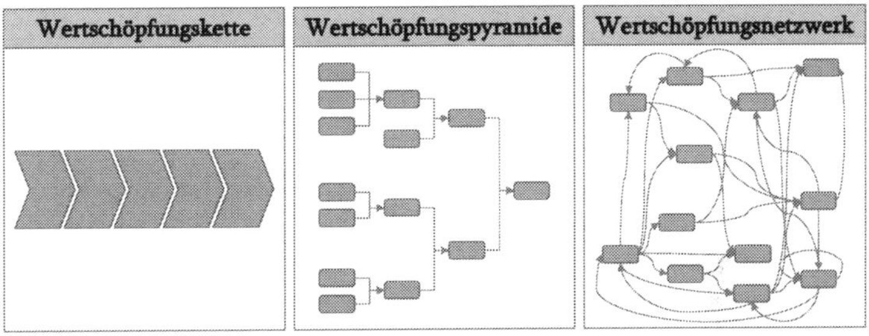

Abbildung 10: Strukturen der Wertschöpfung nach KNECHT[117]

Eine Wertschöpfungskette kann als Darstellung verstanden werden, die die sequenzielle Verkettung der Aktivitäten der Wertschöpfung abbildet. Unterschiedliche Betriebe sind darin jeweils Kunde bzw. Lieferant voneinander. In Bezug auf produzierende Betriebe ist nicht eindeutig definiert, welche Aktivitäten eine Wertschöpfungskette umfasst.[118] Aufbauend auf der Definition der für die Wertschöpfung relevanten Aktivitäten soll eine Wertschöpfungskette im Rahmen dieser Arbeit die Auftragsabwicklung umfassen. Mit einer Wertschöpfungskette wird damit eine sequenzielle Abfolge von Aktivitäten, den Stufen der Wertschöpfung, in einer Branche beschrieben. Eine Wertschöpfungskette kann folglich auch eine sequenzielle Abfolge von den von PORTER definierten Wertketten einzelner Betriebe darstellen.[119]

Eine Wertschöpfungskette ist für eine Branche oder einen Betrieb relevant. Parallele Wertschöpfungsketten stellen Wertschöpfungsketten unterschiedlicher Branchen oder Lieferanten dar. Einzelne Stufen der Wertschöpfung können in diesen Wertschöpfungsketten vergleichbar sein. In Bezug auf eine betriebsübergreifende Zusammenarbeit wird dabei zwischen Betrieben aus einer Wertschöpfungskette und zwischen Betrieben aus unterschiedlichen Wertschöpfungsketten differenziert.[120] In dieser Arbeit wird das Ver-

---

[116] Vgl. Knecht (2003): Wertschöpfungsnetze, S. 16.

[117] I.A.a. Knecht (2003): Wertschöpfungsnetze, S. 16.

[118] Vgl. Fricker (2005): Strategische Stringenz, S. 151; Klotzbach (2007): Industrieller Werkzeugbau, S. 115f.; Schleyer (2006): Kooperationsmanagement, S. 136f.

[119] Vgl. Porter (1992): Wettbewerbsvorteile, S. 62.

[120] Vgl. Porter (1986): Competition, S. 336ff.; Schleyer (2006): Kooperationsmanagement, S. 140f.; Dussauge & Garrette (1995): Strategic Alliances, S. 526.

ständnis von PORTER ET AL. aufgegriffen, das die Zusammenarbeit in einer Wertschöpfungskette horizontal bzw. die Zusammenarbeit von Betrieben aus unterschiedlichen Wertschöpfungsketten vertikal darstellt.[121] In der Literatur werden die horizontale und die vertikale Richtung teilweise auch gegenüber dieser Definition vertauscht.[122]

Die Wertschöpfungspyramide stellt nicht die Aktivitäten zur Wertschöpfung in einer Branche in den Vordergrund. Vielmehr werden durch eine Wertschöpfungspyramide einzelne Betriebe dargestellt, die Aktivitäten zur abschließenden Erstellung einer Leistung in aufeinander aufbauenden Stufen verrichten. Nach der Zulieferpyramide werden in einer Stufe meist in einem Betrieb Leistungen aus mehreren anderen Betrieben zusammengeführt. Die Wertschöpfungskette und die Wertschöpfungspyramide stellen die Verbindungen zwischen Betrieben als hierarchische Abfolge dar. Die Leistungen eines Betriebs werden von einem folgenden Betrieb als Input für die eigenen Aktivitäten verwendet.

Nach KNECHT besteht ein Wertschöpfungsnetzwerk aus betriebsübergreifenden Wertschöpfungsaktivitäten.[123] Auf Basis dieser Definition kann die Wertschöpfungskette als vereinfachte Darstellung für ein Wertschöpfungsnetzwerk verstanden werden. Ein Wertschöpfungsnetzwerk interpretiert Beziehungen zwischen Betrieben als gegenseitig sowie ohne hierarchische Abgrenzung zwischen den einzelnen Betrieben und Stufen der Wertschöpfung. Weiterhin können Beziehungen nicht nur der Wertschöpfung in einem Betrieb vor- oder nachgelagert stattfinden, sondern auch während der Wertschöpfung eines Betriebs stattfinden. Neben der Wertschöpfung in einer Branche bildet das Wertschöpfungsnetzwerk damit auch eine betriebsübergreifende Zusammenarbeit zwischen unterschiedlichen Branchen ab. Ein Wertschöpfungsnetzwerk stellt Beziehungen zwischen Betrieben zur Wertschöpfung damit umfassender dar als eine Wertschöpfungskette oder eine Wertschöpfungspyramide.[124] In dieser Arbeit soll daher für das grundsätzliche Verständnis betriebsübergreifender Beziehungen das Verständnis eines Wertschöpfungsnetzwerks angewendet werden. Für Abbildungen wird zur besseren Übersichtlichkeit die Wertschöpfungskette vereinfachend verwendet.

2.1.4.2 Wertschöpfungsarchitektur

Mit der Wertschöpfungsarchitektur wird die Wertschöpfung eines Betriebs statisch dargestellt. Nach HEUSKEL nimmt die Relevanz der Wertschöpfungsarchitektur eines Betriebs im Wettbewerb zu. Der Wettbewerb zwischen unterschiedlichen Branchen wird durch einen Wettbewerb zwischen Wertschöpfungsarchitekturen ersetzt. Es kann dabei zwi-

[121] PORTER ET AL. sprechen in diesem Zusammenhang von „x-coalitions“ und „y-coalitions“ (vgl. Porter (1986): Competition, S. 336ff.).

[122] Vgl. Bronder & Pritzl (1992): Strategische Allianzen, S. 132; Dussauge & Garrette (1995): Strategic Alliances, S. 526; Schleyer (2006): Kooperationsmanagement, 71f.

[123] Vgl. Knecht (2003): Wertschöpfungsnetze, S. 17.

[124] Vgl. Schuh et al. (2011): Vernetzte Wertschöpfung, S. 477.

schen vier unterschiedlichen Typen der Wertschöpfungsarchitektur unterschieden werden (s. Abbildung 11).[125]

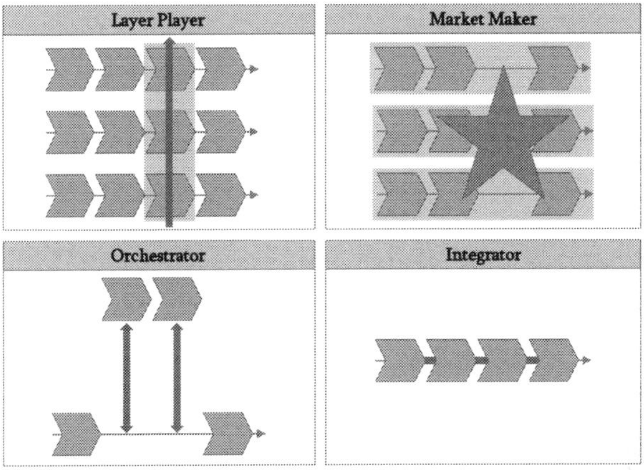

Abbildung 11: Typen der Wertschöpfungsarchitektur nach HEUSKEL[126]

Der Layer Player ist auf spezifische Stufen der Wertschöpfung fokussiert. Er kann seine Leistungen in unterschiedlichen Branchen anbieten. Der Market Maker fügt neue Teile zu bestehenden Stufen der Wertschöpfung einer Branche hinzu. Der Market Maker kann so einen Kundennutzen schaffen, der bisher nicht adressiert wurde. Während der Layer Player und der Market Maker jeweils eine Differenzierung mit für unterschiedliche Branche relevanten Prozessen anstreben, bearbeiten der Orchestrator und der Integrator einen größeren Teil der Stufen der Wertschöpfung einer Branche. Der Orchestrator fokussiert in seinen betriebsinternen Aktivitäten einzelne Stufen. Andererseits kann er seinen Kunden umfassende Leistungen anbieten, indem er betriebsinterne Aktivitäten mit Aktivitäten von Lieferanten koordiniert. Der Integrator führt alle Stufen der Wertschöpfung betriebsintern aus. Die Transaktionskosten sind damit gering und die Wertschöpfung kann durchgängig vom Betrieb kontrolliert werden.[127]

2.1.5 Gestaltung der Wertschöpfung

Der Aufbau der Wertschöpfung stellt jeweils statische Situationen dar. Die Gestaltung der Wertschöpfung wird unter Einbezug von Manövern vorgenommen, die die Wertschöpfung eines Betriebs verändern.[128] Betrieben stehen sechs generische Manöver zur Verfü-

[125] Vgl. Heuskel (1999): Wettbewerb, S. 56f.

[126] I.A.a. Heuskel (1999): Wettbewerb, S. 56.

[127] Vgl. Heuskel (1999): Wettbewerb, S. 56ff.

[128] Vgl. Müller-Stewens & Lechner (2011): Strategisches Management, S. 372.

gung (s. Abbildung 12). Mittels dieser wird eine Veränderung der Wertschöpfung eines Betriebs sowie ggf. auch der Wertschöpfung einer Branche vorgenommen.[129]

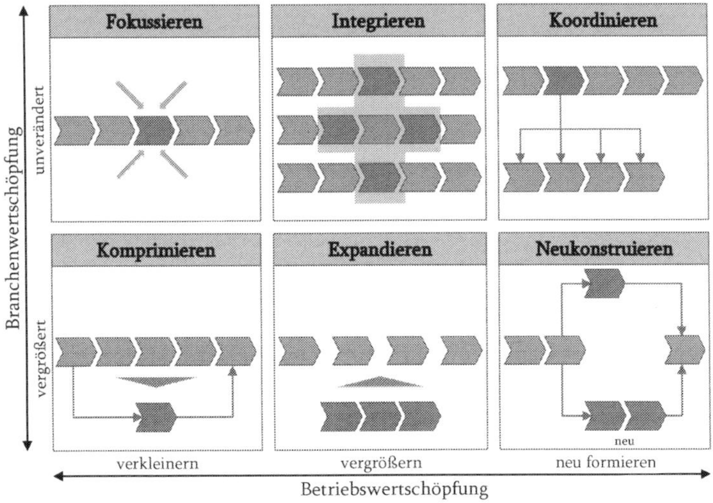

Abbildung 12: Wertschöpfungsmanöver nach MÜLLER-STEWENS & FONTIN[130]

Mittels Fokussieren wird die Wertschöpfungstiefe eines Betriebs verringert und damit ein gezielter Fokus auf bestimmte Prozesse oder Kompetenzen erreicht. Ein Betrieb kann die Wertschöpfung seiner Kunden und Lieferanten integrieren und bietet dadurch weitere Leistungen an. In Bezug auf vor- bzw. nachgelagerte Betriebe in einem Wertschöpfungsnetzwerk werden in diesem Zusammenhang die Begriffe Vorwärts- bzw. Rückwärtsintegration verwendet. Gleichermaßen können Aktivitäten einer anderen Branche integriert werden. Koordinieren setzt sich aus dem Fokussieren der Auftragsabwicklung eines Betriebs und dem Abstimmen mit Lieferanten zusammen. Mittels Koordinieren können gegenüber den Kunden so die gleichen Leistungen angeboten werden. Die Wertschöpfung für diese Leistungen wird jedoch zwischen einem Betrieb und seinen Lieferanten aufgeteilt. Durch das Komprimieren wird die Wertschöpfung in einer Branche verringert, indem ein Betrieb den Zwischen- und Einzelhandel auslässt. Die Wertschöpfung eines Betriebs wird so gesteigert. Mittels Expandieren wird die Wertschöpfung eines Betriebs durch Übernahme von Aktivitäten von Wettbewerbern vergrößert. Das sechste Manöver ist das Neukonstruieren, wodurch die Anordnung der Aktivitäten verändert wird.[131]

Die vorgestellten Manöver der Wertschöpfung zeigen, dass sich Wertschöpfung aus einer betriebsinternen sowie einer betriebsübergreifenden Dimension zusammensetzt. Zur Be-

[129] Vgl. Müller-Stewens & Fontin (2003): Innovation des Geschäftsmodells.

[130] I.A.a. Müller-Stewens & Fontin (2003): Innovation des Geschäftsmodells.

[131] Vgl. Müller-Stewens & Fontin (2003): Innovation des Geschäftsmodells.

rücksichtigung beider Dimensionen für die Gestaltung der Wertschöpfung existieren jeweils Ansätze, mittels derer eine Verbesserung in Bezug auf die betriebsinterne bzw. die betriebsübergreifende Wertschöpfung erzielt werden soll. Die beiden Dimensionen sind in einem Betrieb nicht separat voneinander zu adressieren, sondern sollten vielmehr aufeinander abgestimmt sein. Dies wird durch kollaborative Wertschöpfung aufgegriffen, die ein für die produzierende Industrie neues Verständnis für die Gestaltung der Wertschöpfung in Wertschöpfungsnetzwerken darstellt.[132]

2.1.5.1 Betriebsinterne Wertschöpfung

Die betriebsinterne Wertschöpfung adressiert die Auftragsabwicklung innerhalb eines Betriebs. Eine explizite Definition der Auftragsabwicklung wird in vielen bestehenden Ansätzen nicht vorgenommen. Vielmehr wird in diesem Kontext vom Management von Prozessen gesprochen. Zielsetzung dieser Ansätze ist die Verbesserung eines Betriebs in Bezug auf seine Auftragsabwicklung.[133] Die Steigerung der Leistungsfähigkeit der Auftragsabwicklung eines Betriebs wird durch zahlreiche Ansätze in der Wissenschaft adressiert. Dabei wird grundsätzlich zwischen Ansätzen zur Neugestaltung oder zur Weiterentwicklung der Auftragsabwicklung unterschieden.[134]

Die Ansätze zur Neugestaltung der Auftragsabwicklung verlangen die Definition eines Soll-Zustands, der den Status Quo in einem Betrieb nicht berücksichtigt.[135] HAMMER & CHAMPY entwickelten einen Ansatz, der Grundlage für weitere Arbeiten u.a. von HARRINGTON, JOHNSON ET AL. sowie DAVENPORT zu diesem Thema ist. Die Ansätze unterscheiden sich neben abweichendem Vorgehen zur Neugestaltung in der Berücksichtigung von Informations- und Kommunikationstechnologien (IKT), von der Strategie sowie von Ressourcen und Organisation eines Betriebs.[136]

Die Ansätze zur Weiterentwicklung der Auftragsabwicklung beziehen den Status Quo in einem Betrieb ein. Ziel ist die Verbesserung von vorhandenen Aktivitäten der Auftragsabwicklung. Die Weiterentwicklung ist ein kontinuierlicher Prozess in einem Betrieb. Die Ansätze zur Weiterentwicklung werden auch als Evolutionsansätze oder Bottom-Up-Ansätze bezeichnet. Die Ansätze zur Neugestaltung werden in der Literatur hingegen als Revolutionsansätze oder Top-Down-Ansätze beschrieben.[137] Nach SCHUH werden die Mitarbeiter eines Betriebs in die Weiterentwicklung einbezogen.[138]

---

[132] Vgl. Sauer (2005): Intellectual Capital, S. 17ff.; Schleyer (2006): Kooperationsmanagement, S. 70f.

[133] Vgl. Schmelzer & Sesselmann (2008): Geschäftsprozessmanagement, S. 360ff.; Bogaschewsky & Rollberg (1998): Prozeßorientiertes Management, S. 249ff.

[134] Vgl. Kuhlmann (2011): Geschäftsprozesse, S. 19.

[135] Vgl. Kuhlmann (2011): Geschäftsprozesse, S. 19.

[136] Vgl. Bogaschewsky & Rollberg (1998): Prozeßorientiertes Management, S. 249ff.; Johansson et al. (1993): Business Process Reengineering; Davenport (1997): Process Innovation; Harrington (1991): Business Process Improvement.

[137] Vgl. Kuhlmann (2011): Geschäftsprozesse, S. 19.

[138] Vgl. Schuh (2006): Change Management, S. 10.

2.1.5.2 Betriebsübergreifende Wertschöpfung

Betriebsübergreifende Wertschöpfung ist Wertschöpfung eines Betriebs, welche zur Unterstützung einer direkten Zusammenarbeit oder in direkter Zusammenarbeit mit einem anderen Betrieb vorgenommen wird. Diese Zusammenarbeit umfasst einerseits eine kurzfristige auftragsspezifische und andererseits eine langfristige auftragsneutrale Zusammenarbeit.[139]

Die betriebsübergreifende Wertschöpfung mit Kunden ist nach KLEINALTENKAMP so zu gestalten, dass Lösungen gemeinsam von einem Betrieb und seinen Kunden entwickelt werden.[140] Nach BEUTIN kann durch eine Vernetzung mit Kunden kann ein zusätzlicher Nutzen erzielt werden, der über den Nutzen der Leistungen eines Betriebs hinausgeht.[141] Für die Gestaltung der Vernetzung mit Kunden bestehen in der Literatur unterschiedliche Ansätze. TOMCZAK ET AL. beschreiben bspw. eine grundsätzliche Methode zur Erhöhung der Bindung eines Kunden an einen Betrieb, während DILLER die Bildung von Preisen für Leistungen adressiert.[142] Obwohl die von KLEINALTENKAMP und BEUTIN beschriebenen Potenziale auch die Leistungsfähigkeit eines Werkzeugbaubetriebs steigern können, existiert kein Ansatz, der die Kundenvernetzung im Werkzeugbau adressiert.

In Bezug auf betriebsübergreifende Wertschöpfung mit Lieferanten beschreiben GIENKE & KÄMPF das Lieferantenmanagement.[143] Für die auftragsspezifische betriebsübergreifende Zusammenarbeit gibt es unterschiedliche Impulse. Outsourcing- und Make-or-Buy-Entscheidungen sind die häufigsten Impulse in der Praxis und können so Manöver der Wertschöpfung bedingen.[144] Outsourcing beschreibt den Vorgang der Auslagerung von Aktivitäten. Diese Aktivitäten werden daraufhin grundsätzlich von einem Lieferanten verrichtet und nicht mehr in einem Betrieb ausgeführt.[145] Make-or-Buy-Entscheidungen werden für Aktivitäten getroffen, die sowohl im Betrieb als auch bei einem Lieferanten verrichtet werden können. Grund für Make-or-Buy-Entscheidungen kann bspw. eine hohe Auslastung in einem Betrieb sein.[146] Wenn auf Basis einer Outsourcing- oder Make-or-Buy-Entscheidung die Zusammenarbeit mit einem Lieferanten initiiert wird, stehen dafür unterschiedliche Formen der auftragsspezifischen Zusammenarbeit zur Verfügung. Diese werden in Bezug auf ihre zeitliche Ausdehnung sowie die Flexibilität, eine Zusammenarbeit einzugehen und wieder aufzulösen, differenziert.[147]

[139] Vgl. Hess & Schumann (2000): Controlling in Unternehmensnetzwerken, S. 160f.

[140] Vgl. Kleinaltenkamp (2008): Kundenintegration, S. 429f.

[141] Vgl. Beutin (2008): Zusatzleistungen, S. 350.

[142] Vgl. Tomczak et al. (2008): Kundenclubs; vgl. Diller (2008): Preispolitik.

[143] Vgl. Gienke & Kämpf (2007): Handbuch Produktion, S. 203f.

[144] Vgl. Klotzbach (2007): Industrieller Werkzeugbau, S. 66; Schleyer (2006): Kooperationsmanagement, S. 166.

[145] Vgl. Fricker (2005): Strategische Stringenz, S. 71f.

[146] Vgl. Kuhlmann (2011): Geschäftsprozesse, S. 105.

[147] Vgl. Wegehaupt (2004): Produktionsnetzwerke; Schleyer (2006): Kooperationsmanagement; Schuh et al. (2011): Vernetzte Wertschöpfung.

In der Literatur werden verschiedene Formen der betriebsübergreifenden Zusammenarbeit beschrieben. Synonym für betriebsübergreifende Zusammenarbeit wird nach SCHLEYER der Begriff **Kooperation** verwendet.[148] Während die Beschreibungen der Kooperation voneinander abweichen, wird damit grundsätzlich eine Zusammenarbeit zwischen Betrieben adressiert, die voneinander unabhängig sind.[149] Nach BLOHM ist Kooperation eine zwischen mehreren Betrieben vereinbarte Zusammenarbeit.[150] PÜMPIN definiert Kooperation als auftragsbezogene Zusammenarbeit.[151] Nach SYDOW ist eine Kooperation mehrerer Betriebe die gemeinsame Umsetzung von Aktivitäten zur Erreichung höherer Wirtschaftlichkeit für die beteiligten Betriebe und damit mit einer gemeinsamen Zielsetzung für die beteiligten Betriebe verbunden.[152] SCHWARZ unterteilt Kooperation in einen institutionellen und einen operativen Teil. Die institutionelle Kooperation mehrerer Betriebe beschreibt die abgestimmte Beziehung zwischen diesen. Durch die operative Kooperation wird die Umsetzung der Zusammenarbeit durch Aktivitäten beschrieben.[153] In dieser Arbeit wird Kooperation als institutionelle Zusammenarbeit zwischen mehreren Betrieben verstanden.

Nach GIENKE & KÄMPF ist Vernetzung zum Aufbau von Wertschöpfungsnetzwerken erforderlich.[154] Durch den Begriff wird einerseits deutlich eine Aktivität beschrieben. Andererseits wird dadurch auch der Zusammenhang mit dem eingeführten Wertschöpfungsnetzwerk deutlich. Mit Vernetzung wird in dieser Arbeit eine von einem Betrieb aktiv adressierte auftragsabhängige oder auftragsunabhängige Zusammenarbeit mit einem oder mehreren anderen Betrieben beschrieben. Zur Beschreibung einer intensiveren Zusammenarbeit zwischen mehreren Betrieben wird in dieser Arbeit der Begriff **Vernetzung** verwendet.

2.1.5.3 Kollaborative Wertschöpfung

Eine intensive Zusammenarbeit unterschiedlicher Betriebe in einem Wertschöpfungsnetzwerk wird in der jüngeren Vergangenheit auch als **Kollaboration** bezeichnet.[155] Im deutschen Sprachgebrauch wurde mit Kollaboration ursprünglich die Zusammenarbeit

[148] Vgl. Schleyer (2006): Kooperationsmanagement, S. 84.

[149] Vgl. Schleyer (2006): Kooperationsmanagement, S. 70.

[150] Vgl. Blohm (1980): Kooperation, S. 1112.

[151] Vgl. Pümpin (1992): Erfolgspositionen, S. 19ff.

[152] Vgl. Sydow (2005): Netzwerke, S. 64.

[153] Vgl. Schwarz (1979): Kooperation, S. 83f.

[154] Vgl. Gienke & Kämpf (2007): Handbuch Produktion, S. 426.

[155] Vgl. Huber (2004): Wertschöpfung; Schuh et al. (2005): Kooperationsmanagement, S. 64.

mit dem Feind beschrieben.[156] Im Kontext der betriebsübergreifenden Zusammenarbeit soll mit diesem Begriff ein neues Verständnis angedeutet werden.[157]

Kollaboration beschreibt eine Zusammenarbeit voneinander abhängiger Betriebe. Die Abhängigkeit wird insbesondere durch eine gemeinsame Zielsetzung der Betriebe ausgedrückt.[158] Nach SCHUH ET AL. umfasst eine Kollaboration die Vernetzung eines Betriebs in vertikaler und in horizontaler Richtung in einem Wertschöpfungsnetzwerk.[159] KRUSE schreibt der Kollaboration vier Eigenschaften zu:[160]

- Die an einer Kollaboration beteiligten Betriebe haben ein vergleichbares Interesse sowohl an der Entwicklung gemeinsamer Vorstellungen als auch an einem spezifischen Ergebnis der Kollaboration.
- Die Ziele, Vorbehalte und Motivation der kollaborierenden Betriebe sind durch kontinuierlichen Austausch von Informationen allen Betrieben bekannt.
- Unter den kollaborierenden Betrieben ist ein dauerhaftes Verständnis für die unterschiedlichen Ziele und Motivationen vorhanden.
- Das Ergebnis der Kollaboration übertrifft ein Ergebnis, welches von nur einem Betrieb erzielt werden kann.

Als Zielsetzung der Kollaboration gilt nicht ausschließlich die Effizienzsteigerung eines kollaborierenden Betriebs. Durch die Kollaboration sollen vielmehr für die beteiligten Betriebe Emergenzen realisiert werden. Eine Emergenz wird als die Entstehung neuer Kompetenzen mittels des Zusammenwirkens der kollaborierenden Betriebe in einem Wertschöpfungsnetzwerk verstanden.[161]

Kollaborative Wertschöpfung erfordert folglich eine enge Verknüpfung der betriebsinternen und der betriebsübergreifenden Wertschöpfung. Eine gemeinsame übergeordnete Zielsetzung kann mit anderen Betrieben nur geteilt und erreicht werden, wenn die beiden Dimensionen der Wertschöpfung aufeinander abgestimmt sind. Kollaborative Wertschöpfung soll zukünftig zunehmen und die Steigerung der Leistungsfähigkeit von Betrieben in der produzierenden Industrie ermöglichen.[162] Unterstützend erfordert die Kollaboration für intensive betriebsübergreifende Wertschöpfung in Verbindung mit betriebsinterner Wertschöpfung den umfassenden Einsatz von IKT.[163]

---

[156] Im Gegensatz zum deutschen Sprachgebrauch wird im englischen Sprachgebrauch mit der Verwendung des Begriffs Collaboration (deutsch: Kollaboration) keine Wertung in Bezug auf eine Zusammenarbeit vorgenommen (vgl. Sauer (2005): Intellectual Capital, S. 17ff.; Schleyer (2006): Kooperationsmanagement, S. 70; Friedli & Schuh (2012): Wettbewerbsfähigkeit, S. 108).

[157] Vgl. Sauer (2005): Intellectual Capital, S. 17ff.; Schleyer (2006): Kooperationsmanagement, S. 70f.

[158] Vgl. Redlich & Wulfsberg (2011): Wertschöpfung, S. 135f.

[159] Vgl. Schuh et al. (2005): Kooperationsmanagement, S. 64.

[160] Vgl. Kruse (2007): Markt- und Unternehmensentwicklung, S. 77.

[161] Vgl. Sedlacek et al. (2010): Emergenz, S. 44.

[162] Vgl. Schuh (2013): Werkzeugbau 4.0, S. 4.

[163] Vgl. Habicht (2009): Planungssysteme, S. 7f.

2.1.6 Entwicklung der Wertschöpfung

Zum Abschluss der Vorstellung der Grundlagen zum Gestaltungsbereich Wertschöpfung wird die Entwicklung der Wertschöpfung für die produzierende Industrie betrachtet. Dies wird insbesondere daran gezeigt, wie sich Aktivitäten in der produzierenden Industrie verändert und bis heute entwickelt haben. Dabei wird die jeweilige Relevanz der Dimensionen der Wertschöpfung berücksichtigt und erläutert, inwiefern sich die Interpretation von Wert für einen Betrieb über die dargestellte Entwicklung verändert hat. Dieser Teil des Kapitels dient der Verknüpfung der vorgestellten aktuellen wissenschaftlichen Grundlagen mit der Praxis in Bezug auf Wertschöpfung.

Die Beschreibung der Entwicklung der Wertschöpfung ist in vier Teile untergliedert. Diese orientieren sich an den industriellen Revolutionen, die vom BMBF identifiziert worden sind.[164] Die ersten drei industriellen Revolutionen haben seit dem 18. Jhdt. stattgefunden und jeweils die Entwicklung der Wertschöpfung in der produzierenden Industrie verändert. Die 4. industrielle Revolution, Industrie 4.0, findet aktuell in der produzierenden Industrie statt.[165]

Die Entwicklung der Wertschöpfung in der produzierenden Industrie ist maßgeblich durch die Entwicklung der Automobilindustrie geprägt. Die Entwicklung der Wertschöpfung wurde aus der Automobilindustrie vielfach auf andere Branchen übertragen.[166] Die hier beschriebene Entwicklung der Wertschöpfung ist deshalb für die produzierende Industrie grundsätzlich relevant.

2.1.6.1 1. industrielle Revolution: Industrialisierung

Die Industrialisierung der produzierenden Industrie setzte mit der Erfindung der Dampfmaschine durch Watt im Jahr 1769 ein.[167] Mit einer Dampfmaschine konnten produzierende Aktivitäten mit reduziertem manuellen Aufwand ausgeführt werden. Weiterhin war man mit der Dampfmaschine im Gegensatz zur Nutzung von Wasserkraft unabhängig vom Ort der Produktion.[168] Zuvor wurden in Manufakturen handwerklich Leistungen erstellt, wobei meist keine Maschinen zum Einsatz kamen.[169] Mit dem Einsatz von Maschinen wurde die Produktion verstärkt gewerblich geprägt und industrielle Fabriken entstanden.[170] In Fabriken produzierten Mitarbeiter so erstmals zu geregelten Arbeitszeiten mit Maschinen außerhalb ihres eigenen Hauses Leistungen.[171] In Abbildung 13 ist die

---

[164] Vgl. Künzel & Botthof (2013): Sensorik der Dinge.

[165] Vgl. Kagermann et al. (2013): Industrie 4.0.

[166] Vgl. Bullinger et al. (2009): Unternehmensorganisation, S. 173.

[167] Vgl. Headrick (2009): Technology, S. 91ff.

[168] Vgl. Allen (2009): Industrial Revolution, S. 135ff.

[169] Vgl. Bayerl (2006): Technik, S. 43.

[170] Vgl. Helbing (2010): Fabrikprojektierung, S. 9.

[171] Vgl. Redlich & Wulfsberg (2011): Wertschöpfung, S. 26.

durch die 1. industrielle Revolution ausgelöste Entwicklung der Wertschöpfung zusammenfassend dargestellt.

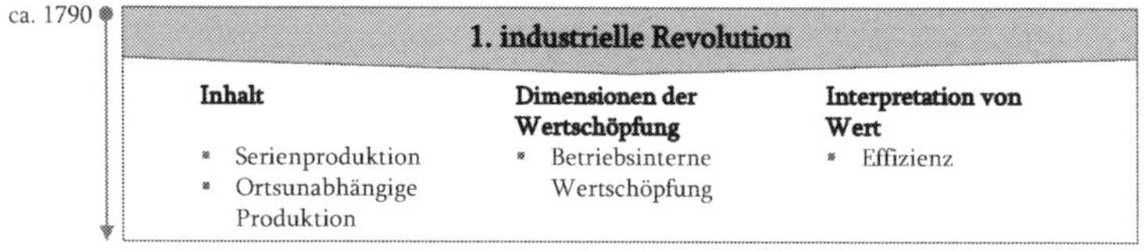

Abbildung 13: Zusammenfassung der Entwicklung der Wertschöpfung mit der 1. industriellen Revolution

Die für die Wertschöpfung relevanten Aktivitäten in Bezug auf die beschriebene Industrialisierung waren vornehmlich die unmittelbar produzierenden Aktivitäten. Wertschöpfung für eine Leistung wurde meist vollständig in einem Betrieb ausgeführt. Der Wert wurde durch die Effizienz der Aktivitäten gemessen. Die Effizienz wurde dabei als das Verhältnis zwischen erstellter Leistung und erforderlichem Aufwand interpretiert. Die Nachfrage in Bezug auf die Leistungen überstieg das Angebot deutlich.[172] Die Differenzierung über spezifische Eigenschaften einer Leistung war damit meist nicht erforderlich.

2.1.6.2 2. industrielle Revolution: Standardisierung

Mit der Standardisierung stand ab dem Ende des 19. Jhdts. zunächst eine weitere Steigerung der Effizienz von Aktivitäten in der produzierenden Industrie im Vordergrund.[173] Bedingt durch die Erfindung und die zunehmende Verbreitung des Automobils stieg der Umfang der Wertschöpfung für eine Leistung an. Die im Rahmen der Produktion erforderlichen Aktivitäten wurden zum Großteil von Personen ausgeführt.[174] So war bspw. eine Person für die Montage eines vollständigen Automobils zuständig.[175] TAYLOR bemängelte eine mangelnde Effizienz in der industriellen Produktion und begründete die wissenschaftliche Betriebsführung. Er forderte darin eine Standardisierung der Aktivitäten von Personen in einem Betrieb, um die Effizienz der Produktion zu steigern.[176] Die Standardisierung wurde von FORD im Jahr 1913 in Verbindung mit der Einführung des Fließbands in der Produktion eingesetzt.[177] In einer Taktung am Fließband führten einzelne Personen jeweils standardisierte und wiederholende Aktivitäten in einem festgelegten Zeitraum aus.[178] Einerseits konnte so die Effizienz der Produktion verbessert werden, andererseits wurden durch zunehmende Wiederholungen in der Produktion die Kosten ge-

[172] Vgl. Headrick (2009): Technology, S. 91ff.

[173] Vgl. Womack et al. (1990): The Machine, S. 24f.

[174] Vgl. Klotzbach (2007): Industrieller Werkzeugbau, S. 22.

[175] Vgl. Reichwald & Piller (2009): Interaktive Wertschöpfung, S. 17.

[176] Vgl. Luczak (1998): Arbeitswissenschaft, S. 510; Holtbrügge (2007): Personalmanagement, S. 8.

[177] Vgl. Funder (2011): Soziologie, S. 126.

[178] Vgl. Redlich (2011): Wertschöpfung, S. 28.

senkt und niedrigere Preise an den Kunden weitergegeben.[179] Die Wertschöpfung erfuhr damit durch TAYLOR und FORD eine Prozessorientierung, die der zuvor verwendeten Funktionsorientierung gegenüberstand. Bei dieser stand nicht der gesamte Prozess der Herstellung eines Produkts im Vordergrund, sondern jede erforderliche Funktion für die Herstellung unabhängig von anderen Funktionen.[180]

Die für die Wertschöpfung im Rahmen der Standardisierung relevanten Aktivitäten waren weiterhin vornehmlich die unmittelbar produzierenden Aktivitäten in einem Betrieb. Ein Betrieb führte den Großteil der Wertschöpfung für seine Leistungen im eigenen Betrieb aus. Wert wurde jedoch nicht mehr nur über die Effizienz der Aktivitäten gemessen. Auch der Preis, der den Kunden angeboten werden konnte, hatte zusätzlich für die Interpretation von Wert Relevanz.[181]

Mit zunehmenden Stückzahlen war die produzierende Industrie gefordert, weiterhin Leistungen hoher Qualität zu erstellen. SHEWHART, ISHIKAWA und DEMING erarbeiteten jeweils zentrale Instrumente zur Verbesserung der Qualität der Aktivitäten sowie der Leistungen in einem Betrieb, die bis heute angewendet werden.[182] Die Qualität muss als eine weitere Eigenschaft von Wert interpretiert werden. Weiterhin sind Aktivitäten für die Sicherung der Qualität im Kontext der Wertschöpfung zu berücksichtigen. Trotz der Entwicklungen in Bezug auf Qualität hatte der Automobilhersteller TOYOTA nach dem zweiten Weltkrieg Schwierigkeiten mit der Effizienz und Qualität seiner Produktion. TOYODA und OHNO entwickelten daraufhin das Toyota Production System. Dieses sollte als Grundlage für die Gestaltung der Produktion zur Erreichung einer flexiblen, geplanten und fehlerarmen Wertschöpfung dienen.[183] Während es sich damit in seiner Zielsetzung von dem ursprünglichen Ansatz nach TAYLOR unterschied, wurde es von OHNO selbst als logische Fortsetzung der Entwicklungen von TAYLOR und FORD bezeichnet.[184] Die angestrebte Flexibilität stand in Verbindung mit unterschiedlichen Anforderungen von Kunden, die jeweils in der Produktion von Leistungen berücksichtigt werden sollten. Durch diese zunehmende Vielfalt begannen Betriebe sich auch verstärkt in Bezug auf konkrete Kompetenzen zu spezialisieren. Lieferanten wurden genutzt, um die eigenen Kompetenzen zu ergänzen und gegenüber den Kunden umfassende Leistungen anbieten zu können.[185] In Abbildung 14 ist die durch die 2. industrielle Revolution ausgelöste Entwicklung der Wertschöpfung zusammenfassend dargestellt. Die Interpretation von Wert umfasst zusätzlich die durch die 1. industrielle Revolution ausgelöste Interpretation von Wert.

---

[179] Vgl. Fuchs & Apfelthaler (2009): Management, S. 234.

[180] Vgl. Womack et al. (1990): The Machine, S. 24ff.

[181] Vgl. Womack et al. (1990): The Machine, S. 29f.

[182] Vgl. Hildebrand et al. (2011): Daten- und Informationsqualität, S. 297f.

[183] Vgl. Ohno (1988): Toyota Production System, S. 1f.

[184] Vgl. van Aartsengel & Kurtoglu (2013): Continuous Improvement, S. 22f.

[185] Vgl. Czaja (2009): Qualitätsfrühwarnsysteme, S. 27f.

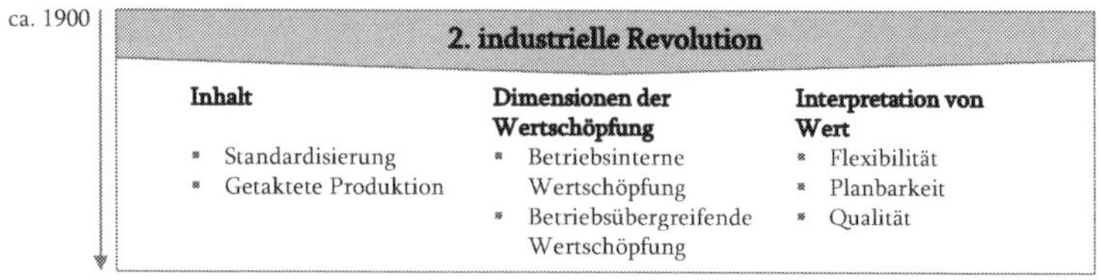

Abbildung 14: Zusammenfassung der Entwicklung der Wertschöpfung mit der 2. industriellen Revolution

Die Anzahl relevanter Aktivitäten der Wertschöpfung nahm durch diese Entwicklung zu. Aktivitäten zur Bearbeitung der Schnittstellen mit Kunden und mit Lieferanten mussten zusätzlich Berücksichtigung finden. Die Interpretation von Wert in der produzierenden Industrie wurde gleichzeitig in Bezug auf Flexibilität und Planbarkeit der Aktivitäten sowie der Qualität der Aktivitäten und Leistungen erweitert. Für Wertschöpfung war vor dem Beginn der 3. industriellen Revolution nicht mehr ausschließlich die betriebsinterne Dimension zu betrachten. Auch die betriebsübergreifende Zusammenarbeit mit Lieferanten wurde für die Gestaltung der Wertschöpfung eines Betriebs berücksichtigt.

2.1.6.3 3. industrielle Revolution: Information und Kommunikation

Die 3. industrielle Revolution setzte in den 1970er Jahren ein. Die Wertschöpfung in der produzierenden Industrie wurde durch den Einsatz von Elektronik bzw. IKT verändert. Nach der zunehmenden Automatisierung der physischen Produktion konnte so auch die Verarbeitung von Informationen automatisch abgewickelt werden. Systeme zur Verarbeitung von Software unterstützten die Wertschöpfung und ermöglichten einen umfangreichen Austausch von Informationen ohne das Erfordernis räumlicher Nähe. Um IKT entwickelte sich seitdem ein eigenständiger Bereich der Wirtschaft.[186] Für den Einsatz von IKT in der produzierenden Industrie wurde das Konzept Computer Integrated Manufacturing (CIM) entwickelt. CIM setzte sich dabei aus unterschiedlichen Instrumenten zusammen, die zur Unterstützung der Auftragsabwicklung verwendet werden konnten.[187] Entlang der Auftragsabwicklung wird in diesem Zusammenhang auch von der CAx-Kette gesprochen.[188]

Durch ein schnelles Wachstum der Märkte sowie der Unterstützung durch IKT nahm die Größe von Betrieben während der zweiten Hälfte des 20. Jhdts. schnell zu. Dies wurde Anfang der 1990er Jahre verstärkt kritisiert und führte zu neuen Konzepten, die die Gestaltung von effizienter Wertschöpfung unterstützen sollten.[189] WOMACK & JONES begründeten das Lean Thinking, welches die Gestaltung von effizienter bzw. schlanker

[186] Vgl. BMBF (2012): Forschung und Innovation.

[187] Vgl. Jacobi (2013): CIM, S. 51ff.

[188] Vgl. Rohweder (1996): Informationstechnologie und Auftragsabwicklung, S. 135.

[189] Vgl. Womack & Jones (2003): Lean Thinking, S. 41ff.

Wertschöpfung fordert. Dies baut auf dem Toyota Production System auf und beinhaltet Prinzipien wie die Taktung von Aktivitäten, welche ursprünglich von FORD entwickelt worden war.[190] In diesem Zeitraum wurde zusätzlich eine Vielzahl von Ansätzen zur Gestaltung von Betrieben mit der Unterstützung von IKT entwickelt.[191]

Gleichzeitig nahm die Wertschöpfungstiefe einzelner Betriebe ab. Betriebe, die Leistungen für Konsumenten anbieten, Original Equipment Manufacturers (OEMs), nutzten immer mehr Lieferanten für ihre Wertschöpfung.[192] In der produzierenden Industrie wurde Wert vermehrt auch durch die Pünktlichkeit von Aktivitäten bestimmt. Lieferanten eines Betriebs sollten ihre Leistungen Just-in-Time oder Just-in-Sequence zur Verfügung stellen, um die umgehende Weiterverarbeitung ohne Kapitalbindung durch Lageraufbau zu ermöglichen.[193] Im frühen 21. Jhdt. wurde gezeigt, dass die Effizienz eines Betriebs mit einer Verringerung der Wertschöpfungstiefe gesteigert wird.[194] In Abbildung 15 ist die durch die 3. industrielle Revolution ausgelöste Entwicklung der Wertschöpfung zusammenfassend dargestellt. Die Interpretation von Wert umfasst zusätzlich auch die für die ersten beiden industriellen Revolutionen relevanten Interpretationen.

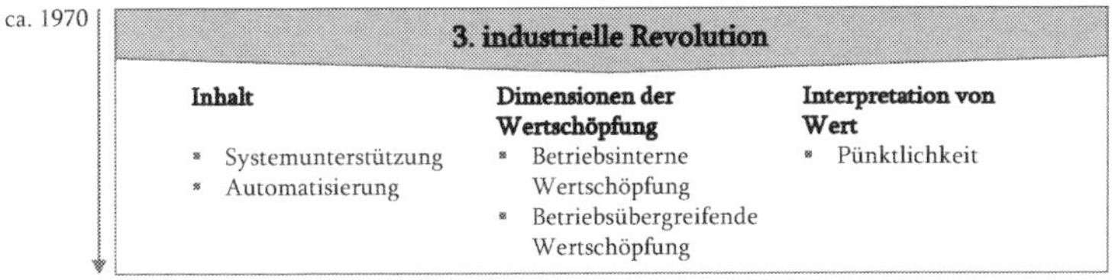

Abbildung 15: Zusammenfassung der Entwicklung der Wertschöpfung mit der 3. industriellen Revolution

Die für die Gestaltung der Wertschöpfung relevanten Aktivitäten haben durch die 3. industrielle Revolution weiter zugenommen. Unterstützende Aktivitäten, wie die Planung der Auftragsabwicklung, sind zunehmend präsent. Die Interpretation von Wert wurde um die erforderliche Eigenschaft der Pünktlichkeit erweitert. Die Gestaltung der Wertschöpfung umfasste immer mehr auch die betriebsübergreifende Dimension. Die betriebsübergreifende Zusammenarbeit wurde dabei als Kooperation zwischen Betrieben ausgelegt.

---

190 Vgl. Womack & Jones (2003): Lean Thinking, S. 15f.

191 Vgl. Hammer & Champy (2003): Business Reengineering; Davenport (1997): Process Innovation; Österle (1995): Business Engineering.

192 Vgl. Bullinger et al. (2009): Unternehmensorganisation, S. 247f.; Schuh et al. (2013): Wertschöpfungsnetzwerke, S. 19.

193 Vgl. Gienke & Kämpf (2007): Handbuch Produktion, S. 1009.

194 Vgl. Wallentowitz (2009): Automobilindustrie, S. 31.

2.1.6.4 4. industrielle Revolution: Industrie 4.0

Industrie 4.0 wurde als bevorstehende 4. industrielle Revolution vom BMBF im Rahmen der Hannover Messe im Jahr 2011 ausgerufen.[195] Der Name verknüpft den Begriff Industrie mit einer aus der IKT bekannten Nummerierung für Updates und bezeichnet auch ein umfangreiches Förderprogramm des BMBF für die produzierende Industrie in Deutschland.[196] Industrie 4.0 adressiert dabei fünf zentrale Forschungsfelder:[197]

- Vertikale Vernetzung in Wertschöpfungsnetzwerken
- Horizontale Vernetzung in Wertschöpfungsnetzwerken
- Durchgängiges Engineering über die gesamte Wertschöpfung
- Soziale Infrastruktur
- Cyber-Physical-Systems (CPS)

Die Vernetzung und das Engineering werden als die zentralen Forschungsfelder für die Wertschöpfung von Betrieben hervorgehoben. Gleichzeitig wird der Mitarbeiter durch die soziale Infrastruktur in den Vordergrund gestellt. CPS sind die direkte Verknüpfung von IKT mit physischen Maschinen. Die Forschungsfelder als Aufgaben für die Wissenschaft sind direkt mit Handlungsfeldern für die Industrie und die Politik verbunden, um Industrie 4.0 in der Praxis umsetzen zu können:[198]

- Standardisierung und Referenzarchitektur
- Beherrschung komplexer Systeme
- Breitbandinfrastruktur für die produzierende Industrie
- Sicherheit
- Arbeitsorganisation und -gestaltung
- Aus- und Weiterbildung
- Rechtliche Rahmenbedingungen
- Ressourceneffizienz

Auch zur Zeit der Industrie 4.0 muss die produzierende Industrie effiziente Wertschöpfung für die Produktion von hochqualitativen, flexiblen und termintreuen Leistungen einsetzen. Zusätzlich deutet sich jedoch durch die vorgestellten Forschungs- und Handlungsfelder an, dass die Interpretation im Rahmen der 4. industriellen Revolution erweitert werden wird. Mit dem Fokus auf Vernetzung soll nicht ausschließlich ein Betrieb, sondern vielmehr das ganze Wertschöpfungsnetzwerk adressiert werden. Dies verdeutlicht das Erfordernis nach kollaborativer Wertschöpfung. Die Nachhaltigkeit wird durch den Einbezug der Mitarbeiter bzw. der verfügbaren Infrastruktur zum Ausdruck gebracht. Das Handlungsfeld Ressourceneffizienz fordert einen nachhaltigen Umgang mit natürlichen Ressourcen und adressiert aufkommende industrielle Bereiche wie die Elektromobi-

[195] Vgl. Paul (2013): Industrie.

[196] Vgl. Kagermann et al. (2013): Industrie 4.0.

[197] Vgl. Kagermann et al. (2013): Industrie 4.0, S. 39ff.

[198] Vgl. Kagermann et al. (2013): Industrie 4.0, S. 42ff.

lität oder erneuerbare Energien.[199] Damit liegt die Vermutung nahe, dass die Interpretation von Wert zukünftig auch nachhaltige Wertschöpfung sowie die Gesamtwohlfahrt mehrerer Anspruchsgruppen berücksichtigen wird. Nach SCHUH ist eine zentrale Zielsetzung von Industrie 4.0 die Steigerung der Leistungsfähigkeit von Betrieben durch Kollaboration.[200] In Abbildung 16 ist die mit der 4. industriellen Revolution angestrebte Entwicklung der Wertschöpfung zusammenfassend dargestellt. Die Interpretation von Wert umfasst zusätzlich die durch die ersten drei industriellen Revolutionen ausgelösten Interpretationen von Wert.

Abbildung 16: Zusammenfassung der angestrebten Entwicklung der Wertschöpfung mit der 4. industriellen Revolution

Eine zunehmende Vernetzung, zunehmendes Engineering und verstärkter Einbezug von Mitarbeitern zeigt, dass die relevanten Aktivitäten im Kontext von Industrie 4.0 im Vergleich zur 3. industriellen Revolution erweitert werden müssen. Mit Industrie 4.0 wird die Dimension der kollaborativen Wertschöpfung hervorgehoben. Die endgültige Gestalt von Industrie 4.0 wird maßgeblich durch ihre Umsetzung in den kommenden Jahren bestimmt werden. Mögliche Konkretisierungen werden aktuell auf zentralen wissenschaftlichen Plattformen der produzierenden Industrie in Deutschland entwickelt.[201]

2.2 Werkzeugbau

Wertschöpfung soll im Kontext dieser Arbeit für den Betrachtungsbereich Werkzeugbau gestaltet werden. Der Werkzeugbau und Wertschöpfung im Werkzeugbau werden dazu in diesem Teil des Kapitels vorgestellt. Hierfür wird zunächst der Werkzeugbau definiert und eingeordnet. Daraufhin wird Wertschöpfung im Werkzeugbau vorgestellt, indem die im vorherigen Teil des Kapitels vorgestellten vier Eigenschaften von Wertschöpfung für den Werkzeugbau erläutert werden. In diesem Kontext wird die Industrialisierung im Werkzeugbau eingeführt und der industrielle Werkzeugbau damit beschrieben. Im abschließenden Teil dieses Kapitels werden die Herausforderungen für den Werkzeugbau aufgezeigt. Zunächst wird dazu auf übergeordnete Trends der produzierenden Industrie eingegangen und aufbauend darauf die zentralen Trends für den Werkzeugbau erläutert.

---

199 Vgl. Kampker (2013): Elektromobilität, S. 6ff.; Kaltschmitt (2013): Erneuerbare Energien, S. 2.

200 Vgl. Schuh (2013): Werkzeugbau 4.0, S. 4.

201 Als eines der zentralen Expertenforen für die produzierende Industrie adressiert das Aachener Werkzeugmaschinen Kolloquium (AWK) 2014 Industrie 4.0.

2.2.1 Definition und Einordnung des Werkzeugbaus

Die Definition und Einordnung des Werkzeugbaus wird vorgenommen, um für diese Arbeit ein grundlegendes Verständnis für den Werkzeugbau aufzubauen. Nach der Definition des Werkzeugbaus wird dieser durch die Beschreibung seiner Position in der produzierenden Industrie, seiner Leistungen für seine Kunden sowie seiner Struktur in Deutschland eingeordnet.

2.2.1.1 Werkzeugbau

Im Werkzeugbau werden Werkzeuge hergestellt.[202] Ein Werkzeug ist ein Fertigungsmittel, welches auf ein Material einwirkt. Es wird mit dem Ziel eingesetzt, Material physikalisch-chemisch oder mechanisch in der Form oder Substanz zu verändern. Werkzeuge sind sowohl Hohlformwerkzeuge zur Produktion von z.B. Aluminium-, Blech- oder Kunststoffteilen als auch Bearbeitungswerkzeuge, zu denen Bohrer, Fräsköpfe, Hammer, Meißel, Schleifscheiben oder Schneidplatten zählen.[203] In dieser Arbeit wird mit dem Begriff Werkzeug ein Hohlformwerkzeug beschrieben. Bei Hohlformwerkzeugen können grundsätzlich zwei Hälften voneinander unterschieden werden, zwischen denen das Material für ein Bauteil platziert wird und die die Form des Bauteils bestimmen. Entsprechend werden im Bezug auf die Begriffsdefinition in dieser Arbeit im Werkzeugbau Hohlformwerkzeuge hergestellt. Die Begriffe Betriebsmittelbau, Formenbau, Werkzeug- und Formenbau oder Werkzeug- und Anlagenbau werden in der Literatur teilweise synonym für Werkzeugbau verwendet.[204]

2.2.1.2 Industrielle Produktion

Der Werkzeugbau hat in der produzierenden Industrie eine Schlüsselposition für die industrielle Produktion von Bauteilen. Er ist zwischen der Produktentwicklung und der Serienproduktion angeordnet.[205]

In der Produktentwicklung werden Bauteile entwickelt, die in der Serienproduktion produziert werden sollen. Eine Serienproduktion ist nur durch den Einsatz von Werkzeugen möglich. Der Werkzeugbau ist damit Befähiger für die industrielle Produktion von Bauteilen, die in der Produktentwicklung gestaltet worden sind.[206] Jeder Betrieb, der eine Serienproduktion unterhält, benötigt für ein Bauteil ein passendes Werkzeug.

Ein Werkzeugbaubetrieb kann Teil eines Unternehmens sein, welches auch eine Serienproduktion unterhält.[207] Ein solcher Werkzeugbaubetrieb wird als interner Werkzeug-

202 Vgl. Schleyer (2006): Kooperationsmanagement, S. 20.

203 Vgl. Eversheim & Klocke (1998): Strategie und Technologie, S. 25.

204 Vgl. Brankamp (1991): Betriebsmittelbau, S. 5.

205 Vgl. Gaus (2010): Logik im Werkzeugbau, S.19.

206 Vgl. Gaus (2010): Logik im Werkzeugbau, S.19f.

207 Vgl. Kuhlmann (2011): Geschäftsprozesse, S. 27.

baubetrieb bezeichnet. Ein externer Werkzeugbaubetrieb ist ein juristisch eigenständiger Betrieb.[208] Laut WZL/IPT Datenbank sind 50% der Werkzeugbaubetriebe in Deutschland interne Werkzeugbaubetriebe.[209] Die große Anzahl an internen Werkzeugbaubetrieben verdeutlicht die hohe Relevanz des Werkzeugbaus für die industrielle Produktion.

Die Gesellschaftsform eines externen Werkzeugbaubetriebs ist eine unternehmerische Entscheidung. Übergeordnetes Ziel von externen Werkzeugbaubetrieben ist das Erzielen eines Gewinns.[210] Ein interner Werkzeugbaubetrieb kann unterschiedlich in ein Unternehmen integriert werden. Es ist eine Integration als Abteilung, Cost Center oder Profit Center möglich (s. Abbildung 17). Mit der Art der Integration verändern sich die Abhängigkeiten zwischen einem internen Werkzeugbaubetrieb und dem übergeordneten Unternehmen.[211]

Abteilung	**Cost Center**	**Profit Center**
Ausrichtung ▪ Aufgabenorientiert	**Ausrichtung** ▪ Kostenorientiert	**Ausrichtung** ▪ Leistungsorientiert
Eigenschaften ▪ Kosten können nicht separat ausgewiesen werden ▪ Messung der Leistungsfähigkeit nicht möglich	**Eigenschaften** ▪ Preis gegenüber den Kunden entspricht tatsächlichen Kosten ▪ Senkung der Kosten möglich ▪ Messung der Leistungsfähigkeit nicht möglich	**Eigenschaften** ▪ Eigenverantwortlichkeit für Aktivitäten und Ergebnis ▪ Vergleichbarkeit mit externen Betrieben ▪ Messung der Leistungsfähigkeit möglich ▪ Hoher administrativer Aufwand

Abbildung 17: Arten der Integration eines internen Werkzeugbaubetriebs in das übergeordnete Unternehmen [212]

Als **Abteilung** ist ein Werkzeugbaubetrieb aufgabenorientiert ausgerichtet. Dabei stehen die Kosten nicht im Vordergrund. Die auf den Werkzeugbaubetrieb zurückzuführenden Kosten können nicht separat ausgewiesen werden, da diese auf andere Bereiche umgelegt werden. Damit ist eine transparente Messung der Leistungsfähigkeit des Werkzeugbaubetriebs nicht möglich.[213]

Als **Cost Center** ist ein Werkzeugbaubetrieb als eine Kostenstelle eines Unternehmens kostenorientiert ausgerichtet. Zielsetzung ist dabei die Erreichung eines neutralen Ergebnisses in einer Abrechnungsperiode. Die gegenüber dem Unternehmen für Werkzeuge verrechneten Kosten entsprechen dabei den tatsächlichen Kosten des Werkzeugbaubetriebs. Durch die Kostenverantwortung des Werkzeugbaus kann erreicht werden, dass die

---

208 Vgl. Kuhlmann (2011): Geschäftsprozesse, S. 28.

209 WZL/IPT (2014): Datenbank Werkzeugbau, Stand Januar 2014. Für die Auswertung der Daten von Werkzeugbaubetrieben wurden Daten aus den vergangenen fünf Jahren verwendet.

210 Vgl. Boos (2008): Modularisierung, S. 28.

211 Vgl. Eversheim & Klocke (1998): Strategie und Technologie, S. 75ff.

212 I.A.a. Eversheim & Klocke (1998): Strategie und Technologie, S. 75.

213 Vgl. Eversheim & Klocke (1998): Strategie und Technologie, S. 75.

Kosten gesenkt werden. Gleichzeitig ist jedoch keine direkte Vergleichbarkeit mit externen Werkzeugbaubetrieben möglich. Die Leistungsfähigkeit kann im Vergleich zum Wettbewerb nicht bestimmt werden. Zusätzlich werden bspw. Investitionen erschwert, da diese meist nicht aus Überschüssen finanziert oder getilgt werden können.[214]

Als **Profit Center** ist ein interner Werkzeugbaubetrieb weitgehend unabhängig von seinem übergeordneten Unternehmen und übernimmt Eigenverantwortung für seine Aktivitäten sowie sein Ergebnis. Ein Werkzeugbaubetrieb ist leistungsorientiert ausgerichtet und kann direkt mit externen Werkzeugbaubetrieben verglichen werden. Für ein Profit Center ist der administrative Aufwand meist höher als bei anderen Arten der Integration.[215]

In der Praxis werden interne Werkzeugbaubetriebe häufig als eine Mischform der beschriebenen drei Arten in das Unternehmen integriert. So werden bspw. einige unterstützende Aktivitäten von anderen Bereichen in einem Unternehmen ausgeführt oder ein Werkzeugbaubetrieb übernimmt Aktivitäten für andere Bereiche, ohne diese gesondert auszuweisen. Weiterhin bieten Werkzeugbaubetriebe unabhängig von der Art der Integration ihre Leistungen teilweise auch am Markt an. Dadurch können in einem Cost Center z.B. Überschüsse erzielt werden. Die Mehrheit der Werkzeugbaubetriebe hat zusätzlich die Option des Last Calls bei der Vergabe von Werkzeugaufträgen von Unternehmen. Nachdem Werkzeuge am Markt angefragt wurden, bekommt der interne Werkzeugbaubetrieb vor der Auftragsvergabe die letzte Möglichkeit, sein Angebot für einen Werkzeugauftrag an das Unternehmen zu verbessern. Der interne Werkzeugbaubetrieb erhält den Auftrag, wenn für das Unternehmen das abgegebene Angebot im Vergleich mit dem Wettbewerb am Markt das beste Angebot darstellt.

Auch für externe Werkzeugbaubetriebe ist eine langfristige Zusammenarbeit mit Kunden typisch.[216] Dies zeigt, dass die hinsichtlich der Beziehung mit den Kunden relevante Unterscheidung zwischen intern und extern für die Wertschöpfung eines Werkzeugbaubetriebs vernachlässigbar ist. In dieser Arbeit werden durch den Begriff Werkzeugbau aufgrund dessen sowohl der externe als auch der interne Werkzeugbau repräsentiert.

2.2.1.3 Leistungen

Werkzeuge stellen die zentralen Leistungen eines Werkzeugbaubetriebs für seine Kunden dar. Neben Werkzeugen bieten Werkzeugbaubetriebe jedoch auch weitere Leistungen wie Vorrichtungen und Prüfmittel, Modelle und Prototypen oder systemische Anwendungen an. Diese Leistungen werden auch als Betriebsmittel zusammengefasst.[217] Die Leistungen eines Werkzeugbaubetriebs werden durch unterstützende Leistungen ergänzt (s.

[214] Vgl. Eversheim & Klocke (1998): Strategie und Technologie, S. 75f.

[215] Vgl. Eversheim & Klocke (1998): Strategie und Technologie, S. 76f.

[216] Vgl. Westekemper (2002): Angebotspreisbildung, S. 7; Schleyer (2006): Kooperationsmanagement, S. 22.

[217] Vgl. Brankamp (1991): Betriebsmittelbau, S. 5.

Abbildung 18).[218] Leistungen werden im Werkzeugbau in der Regel direkt an einem spezifischen Bauteil ausgerichtet. Entsprechend werden die meisten Leistungen als Unikate oder in Kleinstserien hergestellt.

Werkzeuge	Modelle und Prototypen	Vorrichtungen und Prüfmittel	Systemische Anwendungen
• Blechverarbeitungswerkzeuge • Kunststoffformen • (Druck-)Gießwerkzeuge • Massivumformwerkzeuge • Sonstige Werkzeuge	• Designmodelle • Ur-/Gießformen • Funktionsmodelle • Prototypen(-werkzeuge)	• Vorrichtungen • Montagevorrichtungen • Prüfmittel	• Sondermaschinen • Automatisierungstechnik • Anlagen

Unterstützende Leistungen				
Engineering und Beratung	Generalunternehmer Systemlieferung	Prozessbefähigung/ Prozessüberwachung	Reparatur/ Instandhaltung	Teilefertigung und Kleinstserien

Abbildung 18: Übersicht der Leistungen von Werkzeugbaubetrieben [219]

Werkzeuge stellen den Hauptbestandteil der Leistungen eines Werkzeugbaubetriebs dar. Laut der WZL/IPT DATENBANK sind Werkzeuge 84,3% aller beauftragten Leistungen im Werkzeugbau.[220] Werkzeuge können zwischen einigen Kilogramm und über 40 Tonnen Gewicht erreichen. Schwere Werkzeuge erreichen dabei Längen von mehreren Metern. Auch die Auftragswerte für Werkzeuge können zwischen einigen Tausend Euro bis zu einigen Hunderttausend Euro variieren. Charakteristisch für Werkzeuge sind niedrige Toleranzen sowie eine große Anzahl von Einzelteilen, aus denen sich ein Werkzeug zusammensetzt.[221] Weiterhin ist die Wiederholhäufigkeit spezifischer Leistungen sehr gering. Werkzeuge werden als Unikate oder in Kleinstserien hergestellt.[222] Der Werkzeugbau ist damit ein Projektgeschäft mit einzelnen auftragsspezifischen Leistungen. Große Nachfrageschwankungen sind für den Werkzeugbau typisch. Vor dem Anlauf der Serienproduktion mit unterschiedlichen Bauteilen für ein Serienprodukt ist die Nachfrage meist sehr hoch. Wenn kein Anlauf unmittelbar bevorsteht, ist die Nachfrage meist sehr gering und die Kapazitäten eines Werkzeugbaubetriebs können nicht ausgelastet werden.[223]

---

218 Vgl. Eversheim & Klocke (1998): Strategie und Technologie, S. 25; Kozielski (2010): Kennzahlensystem, S. 14.

219 I.A.a. Eversheim & Klocke (1998): Strategie und Technologie, S. 25; Kozielski (2010): Kennzahlensystem, S. 14.

220 Vgl. WZL/IPT (2014): Datenbank Werkzeugbau, Stand Januar 2014. Der Anteil bezieht sich auf den Umsatz eines Werkzeugbaubetriebs, der mit der Herstellung von Werkzeugen erzielt wurde. Für die Auswertung der Daten von Werkzeugbaubetrieben wurden Daten aus den vergangenen fünf Jahren verwendet.

221 Vgl. Klocke & Arntz. (2004): Technologien, S. 10-9.

222 Vgl. Frick (2006): Geschäftsmodelle, S. 22.

223 Vgl. Schuh et al. (2013): Value Creation Depth.

Nach EVERSHEIM & KLOCKE wird zwischen fünf unterschiedlichen Arten von Werkzeugen unterschieden:[224]

- Blechverarbeitungswerkzeuge
- Druckgusswerkzeuge
- Massivumformwerkzeuge
- Spritzgießwerkzeuge
- Sonstige Werkzeuge

Mit Blechverarbeitungswerkzeugen wird Blech durch Stanz-, Biege- und Tiefziehoperationen bearbeitet. Stanz- und Biegeoperationen werden in der Regel in einem Werkzeug mit mehreren Verarbeitungsstufen, in Folgeverbund- bzw. Transferwerkzeugen, umgesetzt. Blechverarbeitungswerkzeuge, die bspw. für die Produktion von Außenhautteilen für Fahrzeuge genutzt werden, zählen zu den besonders großen und schweren Werkzeugen.[225]

Schmelzflüssiges Metall wird in Druckgusswerkzeuge zur Produktion von Bauteilen gegossen. Im Gegensatz zu Blechverarbeitungswerkzeugen werden Druckgusswerkzeuge für die Urformung eingesetzt und ermöglichen damit die Umsetzung vielfältiger Geometrien von Bauteilen. Mit Druckgusswerkzeugen werden metallische, geometrisch komplexe Bauteile produziert, wie bspw. Motorblöcke für Kraft- oder Nutzfahrzeuge.[226]

Massivumformwerkzeuge werden zur Umformung von heißen oder kalten massiven und metallischen Werkstücken eingesetzt. Die Anzahl der Einzelteile, aus denen Massivumformwerkzeuge bestehen, ist im Vergleich zu anderen Werkzeugarten gering. Weiterhin ist bedingt durch einen hohen Verschleiß der Werkzeuge meist die Herstellung von Kleinstserien erforderlich.[227] Massivumformwerkzeuge werden bspw. für die Serienproduktion von unterschiedlichen Getriebeteilen für Kraft- oder Nutzfahrzeuge eingesetzt.

Spritzgießwerkzeuge werden zur Urformung von flüssigem Kunststoff verwendet. In Spritzgießwerkzeugen können auch Bauteile aus unterschiedlichen Kunststoffen hergestellt werden. Typisch für Spritzgießwerkzeuge sind mehrere identische Formen für die Produktion des Bauteils in einem Werkzeug. Damit kann die Effizienz der Serienproduktion gesteigert werden. Spritzgießwerkzeuge werden für die Produktion unterschiedlichster Bauteile wie Stoßstangen für Kraft- und Nutzfahrzeuge oder Zahnbürsten verwendet.[228]

[224] Vgl. Eversheim & Klocke (1998): Strategie und Technologie, S. 25.

[225] Vgl. Eversheim & Klocke (1998): Strategie und Technologie, S. 24.

[226] Vgl. Eversheim & Klocke (1998): Strategie und Technologie, S. 24.

[227] Vgl. Klotzbach (2007): Industrieller Werkzeugbau, S. 45.

[228] Vgl. Frick (2006): Geschäftsmodelle, S. 162.

Sinterpressformen sind ein Beispiel für sonstige Werkzeuge. Mit Sinterpressformen wird die Urformung von metallischen Pulvern vorgenommen. Sinterpressformen werden bspw. für die Herstellung von Magneten eingesetzt.[229]

Im weiteren Verlauf dieser Arbeit wird die Auftragsabwicklung am Beispiel eines Werkzeugs beschrieben. Dies ist ebenso für weitere Leistungen des Werkzeugbaus gültig, da auch diese meist als Unikate oder in Kleinstserien hergestellt werden.

2.2.1.4 Werkzeugbau in Deutschland

In Deutschland sind heute ca. 54.000 Mitarbeiter im Werkzeugbau beschäftigt, die in ca. 5.000 Werkzeugbaubetrieben arbeiten.[230] Nach der WZL/IPT DATENBANK hat ein Werkzeugbaubetrieb im Durchschnitt 78 Mitarbeiter.[231] Dies zeigt, dass die Betriebsgröße im Werkzeugbau vergleichsweise klein ist. Ein Werkzeugbaubetrieb zählt damit meist zu kleinen und mittleren Unternehmen (KMU).[232] KMU sind bspw. dadurch gekennzeichnet, dass Mitarbeiter sowohl mit der Leistungserstellung als auch mit unterstützenden Aktivitäten beschäftigt sind, Kompetenzen direkt mit einzelnen Mitarbeitern verbunden und begrenzte Finanzmittel verfügbar sind.[233] Für die Entwicklung von Lösungsansätzen für den Werkzeugbau ist die Betriebsgröße deshalb zu berücksichtigen.

Der Werkzeugbau in Deutschland konnte in den vergangenen Jahren seinen Umsatz deutlich steigern. Im Jahr 2012 wurde der Rekordumsatz von 4,58 Mrd. Euro erzielt. Damit konnte der vorherige Rekordwert aus dem Jahr 2008 übertroffen werden. Wie die produzierende Industrie insgesamt litt der Werkzeugbau insbesondere im Jahr 2009 massiv unter der Wirtschaftskrise. Seitdem ist neben dem Umsatz auch die Auftragsreichweite wieder gestiegen.[234] Nach einer kontinuierlichen Verbesserung der Marktsituation über die vergangenen Jahre stagnierte der Umsatz des Werkzeugbaus im Jahr 2013 im Vergleich zum Vorjahr.[235]

---

229 Vgl. Beiss (2013): Fertigungstechnik, S. 13.

230 Vgl. Gaus (2010): Logik im Werkzeugbau, S. 23; Boos (2008): Modularisierung, S. 29; Klotzbach (2007): Industrieller Werkzeugbau, S. 54; VDMA (2013): Präzisionswerkzeuge, S. 6; Schuh et al. (2013): Wertschöpfungsnetzwerke, S. 9. Die Anzahl der Mitarbeiter beinhaltet auch Mitarbeiter aus Betrieben, die Spannzeuge und Zerspanwerkzeuge herstellen (vgl. VDMA (2013): Präzisionswerkzeuge, S. 3ff.). In vielen Werkzeugbaubetrieben werden auch diese Leistungen hergestellt. Durch mögliche Unterschiede der Leistungen einzelner Betriebe kann sich die Anzahl der im Werkzeugbau beschäftigten Mitarbeiter verändern.

231 WZL/IPT (2014): Datenbank Werkzeugbau, Stand Januar 2014. Für die Auswertung der Daten von Werkzeugbaubetrieben wurden Daten aus den vergangenen fünf Jahren verwendet.

232 Die Definition von KMU ist in der Literatur nicht einheitlich. KMU werden meist über eine Anzahl von Mitarbeitern <250 oder <500 festgelegt (vgl. EG (2006): KMU-Definition, S. 5; IfM (2014): KMU).

233 Vgl. Pichler et al. (2000): Management in KMU, S. 11ff.

234 Vgl. VDMA (2013): Präzisionswerkzeuge, S. 3.

235 Vgl. VDMA (2013): Präzisionswerkzeugbranche.

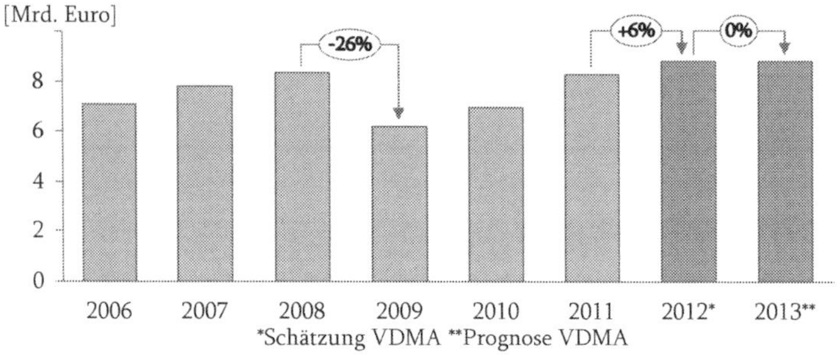

Abbildung 19: Umsatzentwicklung von Präzisionswerkzeugen in Deutschland[236]

Am Standort Deutschland ist der Werkzeugbau einem schnell wachsenden internationalen Wettbewerb ausgesetzt. Die Konkurrenz nimmt insbesondere in Ost-Europa und Asien zu.[237] Der Werkzeugbau in China ist gegenwärtig der größte der Welt und hat damit traditionell führende Nationen im Werkzeugbau wie Deutschland, USA oder Japan überholt.[238]

2.2.2 Wertschöpfung im industriellen Werkzeugbau

Die Wertschöpfung im Werkzeugbau wird im Folgenden vorgestellt, um den Werkzeugbau detaillierter zu beschreiben. Zunächst wird dazu auf die Industrialisierung im Werkzeugbau als zentrale Entwicklung in den vergangenen Jahren eingegangen. Der Werkzeugbau ist zunehmend industriell geprägt und der industrielle Werkzeugbau ist damit der Betrachtungsgegenstand dieser Arbeit. Wertschöpfung im industriellen Werkzeugbau wird unter der Berücksichtigung der vier Eigenschaften von Wertschöpfung beschrieben.

Nach WUNDERER & JARITZ wird eine eindeutige Beschreibung der Wertschöpfung durch die Detaillierung der vier Eigenschaften relevante Personen, relevante Aktivitäten, Wertinhalt und Wertmaßstab erzielt.[239] Mit den ersten beiden Eigenschaften wird der Wert als Zielsetzung der Wertschöpfung definiert. Mit der dritten und der vierten Eigenschaft wird die Schöpfung des Wertes definiert. Aufbauend auf der Definition soll Wertschöpfung im Werkzeugbau eindeutig beschrieben werden. Mit der Beschreibung der relevanten Personen soll der Betrachtungsbereich festgelegt werden.[240] In der produzierenden Industrie und insbesondere im Werkzeugbau ist der Einsatz von Personen vielfach direkt

---

[236] I.A.a. VDMA (2013): Präzisionswerkzeugbranche.

[237] Vgl. Schuh et al. (2010): Operative Exzellenz, S. 7; Schuh et al. (2013): Wertschöpfungsnetzwerke, S. 1.

[238] Vgl. VDMA (2012): Präzisionswerkzeuge.

[239] Vgl. Wunderer & Jaritz (2006): Evaluation der Wertschöpfung, S. 30ff.

[240] Vgl. Wunderer & Jaritz (2006): Evaluation der Wertschöpfung, S. 30ff.

mit der Verwendung von Maschinen und Systemen verknüpft.[241] Die verwendeten Maschinen und Systeme sind somit Teil dieser Eigenschaft. Statt ausschließlich Personen zu beschreiben, wird deshalb für den Werkzeugbau auf Ressourcen und Kompetenzen eingegangen.

2.2.2.1 Industrialisierung im Werkzeugbau

Der Werkzeugbau war traditionell handwerklich geprägt. Die gesamte Herstellung von Werkzeugen erfolgte ursprünglich funktionsorientiert und wurde von einem oder nur wenigen Mitarbeitern ausgeführt. Während mit der Serienproduktion die Industrialisierung im frühen 20. Jhdt. begann, war dies im Werkzeugbau erst knapp 100 Jahre später der Fall. Lange Zeit verhinderte die niedrige Wiederholhäufigkeit von Aufträgen in der Herstellung von Unikaten im Werkzeugbau eine Prozessorientierung. Werkzeugbaubetriebe waren im frühen 21. Jhdt. jedoch vielfach nicht mehr in der Lage, die gewachsene Serienproduktion zuverlässig und gleichzeitig effizient mit Werkzeugen zu versorgen. Von KLOTZBACH wurde daraufhin das in Abbildung 20 dargestellte Gestaltungsmodell für den industriellen Werkzeugbau entwickelt.[242]

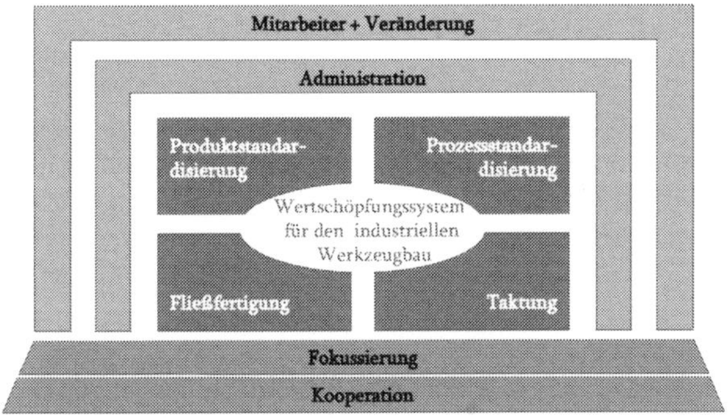

Abbildung 20: Gestaltungsmodell für den industriellen Werkzeugbau nach KLOTZBACH[243]

Die Fokussierung von Leistungen eines Werkzeugbaubetriebs in Kombination mit der Kooperation mit Lieferanten ist die Voraussetzung für einen industriellen Werkzeugbaubetrieb.[244]

Im Kern muss der industrielle Werkzeugbau vier Gestaltungsfelder adressieren. Mittels der Produktstandardisierung sollen Ähnlichkeiten von Werkzeugkomponenten erreicht werden. Diese Werkzeugkomponenten sollen für unterschiedliche spezifische Werkzeuge

[241] Auf die Eigenschaften der Wertschöpfung und den Einsatz von Mitarbeitern, Maschinen und Systemen im Werkzeugbau wird im zweiten Teil dieses Kapitels eingegangen.

[242] Vgl. Klotzbach (2007): Industrieller Werkzeugbau.

[243] I.A.a. Klotzbach (2007): Industrieller Werkzeugbau, S. 181.

[244] Vgl. Klotzbach (2007): Industrieller Werkzeugbau, S. 68.

verwendet werden. Damit kann die Prozessstandardisierung für die Auftragsabwicklung der Werkzeuge vorgenommen werden. Mit standardisierten Prozessen werden die einzelnen Aktivitäten im Fluss angeordnet und mit einer Taktung zu festgelegten und sich wiederholenden Zeitpunkten umgesetzt.[245]

Der industrielle Werkzeugbau fordert eine durchgängige Prozessorientierung. Zur Erreichung einer durchgängigen Prozessorientierung müssen in Werkzeugbaubetrieben Veränderungen vorgenommen werden, die von der Führung und den Mitarbeitern gemeinsam umgesetzt werden sollten. Zusätzlich ist die Einbindung der Administration notwendig, um bspw. den Erfolg der Veränderung eines Werkzeugbaus mittels Controlling nachvollziehen zu können.[246]

Die beschriebenen Gestaltungsfelder wurden in unterschiedlichen Arbeiten vertiefend adressiert. KLOTZBACH verweist auf SCHLEYER für die Umsetzung von Kooperationsmanagement.[247] BOOS entwickelte eine Methodik zur Produktstandardisierung und KUHLMANN erarbeitete einen Lösungsansatz für die Ausgestaltung von Prozessstandardisierung.[248] RITTSTIEG und ZISKOVEN adressierten in ihren Arbeiten die Synchronisierung von Prozessen sowie die Taktung im Werkzeugbau.[249] VÖLKER geht auf die Auswahl von Methoden für die Umsetzung der Industrialisierung ein.[250]

Mit der Entwicklung von wissenschaftlichen Lösungsansätzen für den Werkzeugbau ist die Industrialisierung in der Praxis vorangeschritten. Die Industrialisierung im Werkzeugbau beschreibt eine Vorgehensweise für betriebsinterne Wertschöpfung, die direkt mit wettbewerbsfähigen Werkzeugbaubetrieben verknüpft wird.[251] Der industrielle Werkzeugbau ist deshalb der Betrachtungsgegenstand dieser Arbeit. Sofern nicht eindeutig kenntlich gemacht, wird in den folgenden Inhalten dieser Arbeit mit dem Begriff Werkzeugbau der industrielle Werkzeugbau beschrieben.

2.2.2.2 Wertinhalt

Für den Werkzeugbau sind unterschiedliche relevante Werte definiert worden.[252] Die vom Kunden bestimmten relevanten Werte für die Wertschöpfung adressieren sowohl die Kosten als auch den möglichen Kundennutzen.[253] Die Relevanz einzelner Werte für einen Werkzeugbaubetrieb ist maßgeblich abhängig von seiner strategischen Positionierung. Es wird jedoch deutlich, dass ein Werkzeugbaubetrieb zur Differenzierung in der Lage sein

[245] Vgl. Klotzbach (2007): Industrieller Werkzeugbau, S. 168ff.

[246] Vgl. Klotzbach (2007): Industrieller Werkzeugbau, S. 178ff.

[247] Vgl. Schleyer (2006): Kooperationsmanagement; Klotzbach (2007): Industrieller Werkzeugbau, S. 168.

[248] Vgl. Boos (2008): Modularisierung; Kuhlmann (2011): Geschäftsprozesse.

[249] Vgl. Rittstieg (2012): Prozesssynchronisation; Ziskoven (2013): Taktung.

[250] Vgl. Völker (2012): Ganzheitliche Produktionssysteme, S. 135ff.

[251] Vgl. Schuh et al. (2014): Globaler industrieller Werkzeugbau, S. 222ff.

[252] Vgl. Kuhlmann (2011): Geschäftsprozesse, S. 40; Schuh et al. (2013): Wertschöpfungsnetzwerke, S. 11.

[253] Vgl. Schuh (2012): Idealer Werkzeugbau, S. 15.

muss, ein gutes Verhältnis aus Preis bzw. Kosten für den Kunden und Nutzen zu erzielen. Das Preis-/Nutzenverhältnis setzt sich aus der Adressierung der vier Werte Kostenbeherrschung, Komplexitätsbeherrschung, Prozessbeherrschung und Mitarbeiterentwicklung zusammen (s. Abbildung 21). Ein Werkzeugbaubetrieb kann seine Betriebsziele anhand der hier beschriebenen Werte und Teilwerte für den Werkzeugbau festlegen.

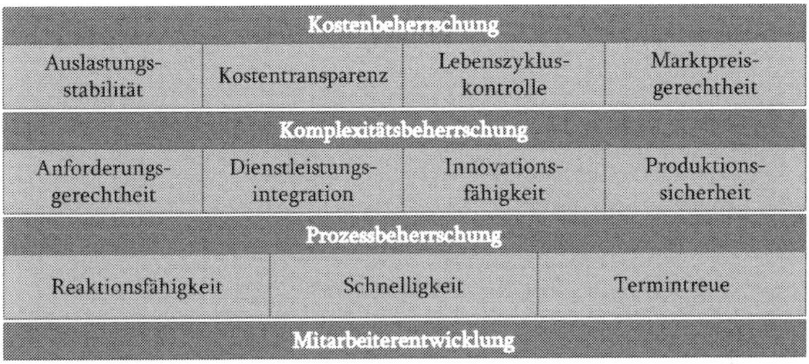

Abbildung 21: Werte des Werkzeugbaus

Für Kostenbeherrschung muss ein Werkzeugbaubetrieb die vier Teilwerte Auslastungsstabilität, Lebenszykluskontrolle, Kostentransparenz und Marktpreisgerechtheit ausfüllen. Bedingt durch die Nachfrageschwankungen im Werkzeugbau ist die Auslastung der Ressourcen und Mitarbeiter oftmals schwankend. Mittels einer hohen Auslastungsstabilität können die Stundensätze eines Werkzeugbaubetriebs und somit seine Kosten verringert werden. Durch Lebenszykluskontrolle können die Leistungen eines Werkzeugbaubetriebs entsprechend der an sie gestellten Anforderungen eingesetzt werden. Werkzeuge, mit denen die erforderlichen Stückzahlen in definierten Zeiträumen hergestellt werden können, verursachen geringe Kosten für bspw. Wartungen oder Reparaturen. Gleichzeitig sollen sie die Anforderungen nicht deutlich überschreiten, um bei der Herstellung der Neuwerkzeuge auch die Kosten kontrollieren zu können. Die Kostentransparenz ist erforderlich, um Kosten grundsätzlich messen und damit beherrschen zu können. Die Kosten sollten transparent nach unterschiedlichen Aktivitäten, Abteilungen und Leistungen eines Werkzeugbaubetriebs aufgenommen werden und verfügbar sein. Eine Marktpreisgerechtheit ist hoch ausgeprägt, wenn die Kosten eines Werkzeugbaubetriebs und damit die Preise für den Kunden günstiger sind als der Wettbewerb. Eine Berücksichtigung aller anfallenden Kosten über den gesamten Lebenszyklus der Leistungen sollte gewährleistet werden.[254]

Für Komplexitätsbeherrschung muss ein Werkzeugbaubetrieb die vier Teilwerte Anforderungsgerechtheit, Dienstleistungsintegration, Innovationsfähigkeit und Produktionssicherheit ausfüllen. Anforderungsgerechtheit beschreibt die exakte Auslegung von

[254] Vgl. Schuh et al. (2013): Wertschöpfungsnetzwerke, S. 11.

Werkzeugen nach den Anforderungen der Kunden. Die Anforderungen werden weder unterschritten noch stark überschritten. Die Dienstleistungsintegration beschreibt die Unterstützung der Schnittstelle zum Kunden durch die Übernahme von Dienstleistungen. Die Komplexität der Leistungen im Werkzeugbau wird durch die Verbesserung der Gestaltung der Bauteile oder den Anlauf der Serienproduktion von einem Werkzeugbaubetrieb beherrscht. Mit Innovationsfähigkeit können Innovationen für die Verbesserung der Serienproduktion sowie der Bauteile durch Werkzeuge entwickelt werden.[255] Mit Produktionssicherheit soll die Zuverlässigkeit der Serienproduktion adressiert werden, die durch Werkzeuge befähigt werden sollen.

Für Prozessbeherrschung muss ein Werkzeugbaubetrieb die drei Teilwerte Reaktionsfähigkeit, Schnelligkeit und Termintreue ausfüllen. Die Reaktionsfähigkeit wird durch eine möglichst frühe Reaktion auf Anfragen und Aufträge von Kunden beschrieben. Die Schnelligkeit ist die Fähigkeit zur schnellen Durchführung der vollständigen Auftragsabwicklung. Mit Schnelligkeit kann die Time-to-Market verbessert werden. Die Termintreue stellt die zuverlässige Einhaltung der den Kunden gegenüber vereinbarten Termine für die Fertigstellung und Auslieferungen der Leistungen dar.

Die Mitarbeiterentwicklung setzt sich nicht aus weiteren Teilwerten zusammen. Sie ist insbesondere im Werkzeugbau jedoch zu berücksichtigen, da dieser eine hohe Wissensintensität aufweist. Mitarbeiter sollten nicht nur aus- und weitergebildet werden. Mitarbeiterentwicklung kann ebenso durch die Einbindung der Mitarbeiter in die Verbesserung eines Werkzeugbaubetriebs effizient erzielt werden.

Die beschriebenen Werte stellen für den Werkzeugbau die relevanten Größen zur Adressierung des Kundennutzens sowie zur Differenzierung dar. Die Teilwerte sind teilweise eng miteinander verknüpft. So hängen bspw. die Lebenszykluskontrolle sowie die Anforderungsgerechtheit eng miteinander zusammen. Mit der Ausfüllung der Teilwerte kann das Preis-/Nutzenverhältnis von Werkzeugbaubetrieben gesteigert werden.

2.2.2.3 Wertmaßstab

Maßstab für das Erreichen der zuvor beschriebenen Werte durch Werkzeugbaubetriebe sind Kennzahlen. Die Teilwerte der Kostenbeherrschung für einen Werkzeugbaubetrieb werden bspw. durch Preisbenchmarkings oder die ausgelasteten Stunden der Ressourcen bestimmt. Mit der Anzahl angebotener Dienstleistungen sowie der Erreichung der zuvor angestrebten Standzeiten in der Serienproduktion können Teilwerte der Komplexitätsbeherrschung ermittelt werden. Die Teilwerte der Prozessbeherrschung werden u.a. durch die Termintreue oder die Durchlaufzeit identifiziert. Als Maßstab für die Mitarbeiterentwicklung kann die Anzahl an Weiterbildungstagen oder Verbesserungsvorschlägen verwendet werden.

[255] Vgl. Schuh et al. (2013): Wertschöpfungsnetzwerke, S. 17.

Die Werte stellen Ergebnisse dar, die ein Werkzeugbaubetrieb durch die Auftragsabwicklung erreicht. Wertschöpfung ist jedoch nicht nur für die Ergebnisse relevant, sondern insbesondere auch für die der Auftragsabwicklung zugehörigen Aktivitäten. Zur Messung der Leistungsfähigkeit von Werkzeugbetrieben wurde das Aachener Werkzeug- und Formenbau Management-Modell (AWFM-Modell) entwickelt (s. Abbildung 22).[256] Das AWFM-Modell basiert auf dem Modell der European Foundation of Quality Management (EFQM) zur Bewertung der Leistungsfähigkeit von Betrieben.[257] Es wird für die Bewertung der Leistungsfähigkeit von Werkzeugbaubetrieben im Rahmen des Wettbewerbs Excellence-in-Production (EiP) sowie zur Durchführung von Benchmarkings am WZL/IPT eingesetzt und hat sich für die Verwendung im Werkzeugbau gegenüber anderen Ansätzen durchgesetzt.[258]

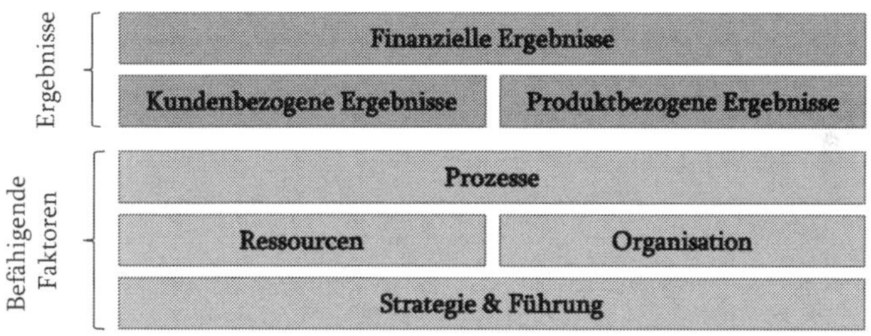

Abbildung 22: Das AWFM-Modell zur Bewertung von Werkzeugbaubetrieben [259]

Nach dem AWFM-Modell wird zwischen Ergebnissen und befähigenden Faktoren unterschieden. Neben den Ergebnissen sind die befähigenden Faktoren Prozesse, Ressourcen, Organisation sowie Strategie & Führung zu berücksichtigen. Die Prozesse stellen die Zusammensetzung von Aktivitäten im Rahmen der Auftragsabwicklung dar. Die Ressourcen umfassen Mitarbeiter, Maschinen, Systeme und Finanzmittel eines Werkzeugbaubetriebs. Die Organisation umfasst insbesondere den Bereich der Aufbauorganisation als Grundlage für den Einsatz der Ressourcen in einem Werkzeugbaubetrieb. Strategie & Führung beziehen sich auf die Positionierung und die Abstimmung der Aktivitäten mit dieser Positionierung. Das AWFM-Modell wird in der Industrie zur Strukturierung des Kennzahlensystems für die Führung eines Werkzeugbaubetriebs genutzt.[260]

---

256 Vgl. Frick (2006): Geschäftsmodelle, S. 50f.

257 Vgl. Frick (2006): Geschäftsmodelle, S. 48f.

258 Vgl. Kühn & Komorek (2012): Kennzahlen- und Zielsysteme, S. 13f. Der EiP wird jährlich vom WZL und vom IPT für Werkzeugbaubetriebe veranstaltet. Der Gewinner des Wettbewerbs ist der „Werkzeugbau des Jahres" im deutschsprachigen Raum.

259 Vgl. Schuh et al. (2014): EiP.

260 Vgl. Kühn & Komorek (2012): Kennzahlen- und Zielsysteme, S. 13f.

2.2.2.4 Aktivitäten

Die Auftragsabwicklung im Werkzeugbau umfasst die Inhalte der Bearbeitung von Aufträgen, bzw. die für die Wertschöpfung eines Betriebs relevanten Aktivitäten. Nach GULDEN ist die Auftragsabwicklung eines Betriebs in auftragsneutrale Aktivitäten und auftragsspezifische Aktivitäten unterteilt.[261] Die Auftragsabwicklung ist für alle Leistungen eines Werkzeugbaubetriebs relevant. Werkzeuge sind die häufigste und komplexeste Leistung. Die Beschreibung der Auftragsabwicklung und der Aktivitäten orientiert sich daher an einem Werkzeug und wird in Abbildung 23 veranschaulicht.

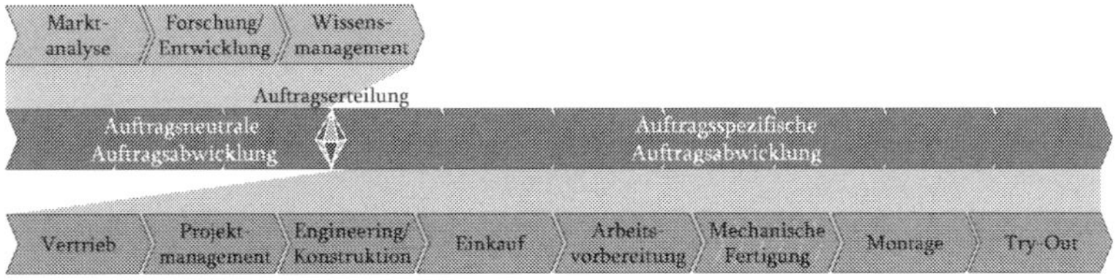

Abbildung 23: Auftragsabwicklung und Aktivitäten im Werkzeugbau

Auftragsneutrale Aktivitäten sind die Marktanalyse, die Forschung/Entwicklung sowie das Wissensmanagement. Mit der Marktanalyse sollen die Bedürfnisse von Kunden wahrgenommen und Potenziale für die Verbesserung der Leistungen und der Auftragsabwicklung eines Werkzeugbaubetriebs identifiziert werden. Im Rahmen der Forschung/Entwicklung sollen diese Potenziale adressiert und die Leistungsfähigkeit eines Werkzeugbaubetriebs für den Kunden damit gesteigert werden. Das Wissensmanagement hat im Werkzeugbau in den vergangenen Jahren an Bedeutung gewonnen.[262] Wissen aus den auftragsneutralen Aktivitäten muss für die auftragsspezifischen Aktivitäten zur Verfügung stehen. Gleichzeitig muss für alle auftragsspezifischen Aktivitäten relevantes Wissen gespeichert, ausgewertet und wieder zur Verfügung gestellt werden können.

Vom Vertrieb wird die Auftragserteilung durch den Kunden und damit die auftragsspezifischen Aktivitäten eingeleitet. Unterstützt vom Engineering gibt der Vertrieb Kunden ein Angebot auf eine Anfrage ab.[263] Mit der Auftragserteilung bleibt der Vertrieb meist Ansprechpartner für den Kunden. Die auftragsspezifische Auftragsabwicklung wird für jeden Auftrag von einem Projektmanagement koordiniert. Der Auftrag wird weiter im Engineering eines Werkzeugbaubetriebs bearbeitet. Im Engineering wird das Konzept bzw. die Methode des Werkzeugs entwickelt, mit welchem ein vom Kunden vorgegebenes Bauteil hergestellt werden soll.[264] Im Anschluss daran wird das Werkzeug konstruiert. Mit der durch die Konstruktion vorhandenen Stückliste nimmt der Einkauf Bestellungen für die Beschaffung von bspw. Rohmaterial, Normalien und Halbzeugen bei Lieferanten

[261] Vgl. Gulden (2009): Wertorientierte Gestaltung, S. 64.

[262] Vgl. Schuh et al. (2012): Knowledge Management; Pitsch & Schippers (2013): Wissensmanagement.

[263] Vgl. Kuhlmann (2011): Geschäftsprozesse, S. 100.

[264] Vgl. Schuh et al. (2013): Wertschöpfungsnetzwerke, S. 32.

vor.[265] Im Anschluss wird die Programmierung der Maschinen der mechanischen Fertigung in der Arbeitsvorbereitung vorgenommen. Nach der Programmierung stehen die Bearbeitungszeiten der Einzelteile der NC-gesteuerten Maschinen fest und die Planung der mechanischen Fertigung und der Montage eines Auftrags kann vorgenommen werden.[266] Meist nimmt die Bearbeitung eines Auftrags in der mechanischen Fertigung die meiste Zeit im Vergleich aller Aktivitäten der Auftragsabwicklung in Anspruch. Grundsätzlich werden für die Herstellung von Werkzeugen die fünf Haupttechnologien Drahterodieren, Senkerodieren, Drehen, Fräsen und Schleifen eingesetzt.[267] Diese werden durch weitere Technologien, wie generative Fertigung, Härten oder Oberflächenbearbeitung, ergänzt. In der Montage werden die gefertigten Einzelteile zusammengefügt. Im Try-Out wird das Werkzeug daraufhin auf einer Produktionsanlage erprobt. Der Try-Out ist insbesondere für die Leistung des Werkzeugs relevant. Er ist abgeschlossen, wenn die produzierten Bauteile Serienreife besitzen und das Werkzeug vom Kunden abgenommen wurde.[268] Die Qualitätssicherung wird in einem Werkzeugbaubetrieb in der Regel während der Auftragsabwicklung in den beschriebenen verantwortlichen Bereichen, insbesondere der mechanischen Fertigung, durchgeführt.[269]

Die Auftragsabwicklung im Werkzeugbau wird für unterschiedliche Arten von Aufträgen ausgeführt. Diese unterscheiden sich in Bezug auf ihren Umfang und ihre Dringlichkeit für den Kunden. Eine hohe Dringlichkeit von Aufträgen führt dazu, dass diese Aufträge priorisiert werden und damit eine neue Planung der Auftragsabwicklung aller vorhandenen Aufträge erforderlich ist. Im Werkzeugbau wird zwischen fünf unterschiedlichen Arten von Aufträgen unterschieden:[270]

- Neuaufträge
- Änderungsaufträge
- Reparaturaufträge
- Instandhaltungsaufträge
- Sonstige Aufträge

Ein Neuauftrag kennzeichnet den erstmaligen Auftrag für eine spezifische Leistung eines Werkzeugbaubetriebs. Auf Basis eines von der Produktentwicklung entwickelten Bauteils wird ein neues Werkzeug für die Produktion dessen hergestellt. Die Fertigstellung eines Neuwerkzeugs kann langfristig mit dem Kunden besprochen und die Auftragsabwicklung entsprechend geplant werden. Der Einsatz der Anlage in der Serienproduktion wird vorab auf den Liefertermin eines Werkzeugs abgestimmt.[271]

[265] Vgl. Boos (2008): Modularisierung, S. 43.

[266] Vgl. Klotzbach (2007): Industrieller Werkzeugbau, S. 50.

[267] Vgl. Klotzbach (2007): Industrieller Werkzeugbau, S. 50; Schuh et al. (2013): Wertschöpfungsnetzwerke, S. 28.

[268] Vgl. Boos (2008): Modularisierung, S. 44.

[269] Vgl. Frick (2006): Geschäftsmodelle, S. 171.

[270] Vgl. Eversheim & Klocke (1998): Strategie und Technologien, S. 20.

[271] Vgl. Schuh et al. (2013): Wertschöpfungsnetzwerke, S. 32.

Ein Änderungsauftrag ist die Bezeichnung für die Beauftragung der Änderung eines vorhandenen Werkzeugs. Eine Änderung ist für bestimmte Einzelteile eines Werkzeugs relevant. Die Dringlichkeit von Änderungsaufträgen ist relativ hoch, da Änderungen teilweise sehr kurzfristig erfolgen müssen, wenn Kapazitäten auf den Anlagen der Serienproduktion bereits terminiert sind.[272]

Zur Instandsetzung eines vorhandenen Werkzeugs wird ein Reparaturauftrag ausgelöst. Reparaturen sind erforderlich, wenn ein Werkzeug außerplanmäßig nicht mehr einsetzbar ist. Die Dringlichkeit von Reparaturaufträgen ist entsprechend besonders hoch.[273]

Zur geplanten Instandhaltung von Werkzeugen werden Instandhaltungsaufträge ausgeführt. Die Zeitpunkte werden in Abhängigkeit von der Anzahl produzierter Bauteile vorher festgelegt. Instandhaltungsaufträge können daher vorab eingeplant werden.[274]

Ein Beispiel für sonstige Aufträge ist ein Wiederholauftrag. Mit der Bearbeitung eines Wiederholauftrags wird ein Werkzeug hergestellt, welches vorher schon einmal in einem Betrieb hergestellt worden ist.[275] Die Dringlichkeit eines Wiederholauftrags ist daher vergleichbar mit dem der Dringlichkeit eines Neuauftrags.

Gerade Aufträge mit hoher Dringlichkeit erschweren eine effiziente Auftragsabwicklung im Werkzeugbau. Sie gehören jedoch in Werkzeugbaubetrieben zum Tagesgeschäft. Laut der WZL/IPT Datenbank sind 22% aller Aufträge in einem Werkzeugbaubetrieb von so hoher Dringlichkeit, dass die Planung der Auftragsabwicklung anderer Aufträge verändert werden muss.[276]

2.2.2.5 Ressourcen und Kompetenzen

Nach Frick setzen sich Ressourcen im Werkzeugbau aus Finanzmitteln, Mitarbeitern, Maschinen und IT-Systemen zusammen.[277] Auf die enge Verknüpfung zwischen Ressourcen und Kompetenzen im Kontext der Wertschöpfung wurde in Kapitel 2.1.3 eingegangen. Deshalb werden die Ressourcen und Kompetenzen im Werkzeugbau gemeinsam vorgestellt. Die Kompetenzen werden im Folgenden beispielhaft in Bezug auf Aktivitäten der Auftragsabwicklung beschrieben.

Die verfügbaren Finanzmittel eines Werkzeugbaubetriebs hängen meist eng mit seiner Betriebsgröße zusammen. Finanzmittel benötigen Werkzeugbaubetriebe für den Erhalt der unternehmerischen Existenz sowie zur Steigerung der Produktivität durch Investitionen in weitere Ressourcen oder Kompetenzen über alle Abteilungen der Auftragsabwick-

---

[272] Vgl. Schleyer (2006): Kooperationsmanagement, S. 24.

[273] Vgl. Frick (2006): Geschäftsmodelle, S. 29.

[274] Vgl. Frick (2006): Geschäftsmodelle, S. 29.

[275] Vgl. Schleyer (2006): Kooperationsmanagement, S. 28.

[276] Vgl. WZL/IPT (2014): Datenbank Werkzeugbau, Stand Januar 2014. Für die Auswertung der Daten von Werkzeugbaubetrieben wurden Daten aus den vergangenen fünf Jahren verwendet.

[277] Vgl. Frick (2006): Geschäftsmodelle, S. 51.

lung. Die Mitarbeiter im Werkzeugbau sind durchgängig hoch qualifiziert. Lediglich 1% der Mitarbeiter von Werkzeugbaubetrieben in Deutschland verfügt über keinen spezifischen Berufsabschluss.[278] Die Leistungsfähigkeit der Mitarbeiter wird durch ihre meist große Erfahrung noch gesteigert. Das Durchschnittsalter der Mitarbeiter im Werkzeugbau in Deutschland beträgt 40 Jahre.[279] Dieser Wert ist vergleichsweise hoch und zeigt damit an, dass der Werkzeugbau dem demografischen Wandel aktiv begegnen muss, um sukzessive neue junge Mitarbeiter zur Sicherung der Zukunftsfähigkeit gewinnen zu können.[280] Die Fähigkeit, Wissen unabhängig von einzelnen Mitarbeitern zu speichern und weiterzugeben, ist eine wichtige Kompetenz im Werkzeugbau, um die Produktivität steigern zu können. Sie kann durch den Einsatz von IT-Systemen unterstützt werden.[281]

Für die auftragsunspezifische Auftragsabwicklung stehen im Werkzeugbau meist keine gesonderten Ressourcen zur Verfügung. Vielmehr werden vorhandene Ressourcen genutzt, um bspw. Forschungsergebnisse zur Weiterentwicklung von Werkzeug-, Fertigungs- und Bauteiltechnologien zu erzielen. Die Entwicklung neuer Technologien ist für Werkzeugbaubetriebe eine Kompetenz, mit der Differenzierung gegenüber dem Wettbewerb durch Innovationen erreicht werden kann.

Durch den Vertrieb eines Werkzeugbaubetriebs werden Aufträge abgelegt und im Enterprise Resource Planning-System (ERP-System) angelegt. Die Mitarbeiter im Vertrieb müssen dabei meist Werkzeuge an den Einkauf des Kunden verkaufen. Der Einkauf verfügt meist über weniger Wissen in Bezug auf Werkzeuge als der Werkzeugbaubetrieb. Eine Kompetenz im Vertrieb ist die empfängergerechte Darstellung bzw. Vermarktung der Leistungen eines Werkzeugbaubetriebs.[282]

Das Projektmanagement nutzt teilweise IT-Systeme für die Koordination der relevanten Bereiche der Auftragsabwicklung. Die erfolgreiche Abstimmung aller Bereiche unter Berücksichtigung der Anforderungen des Kunden stellt eine wichtige Kompetenz für Werkzeugbaubetriebe dar.[283]

Im Engineering werden Konzepte für Werkzeuge entwickelt und Werkzeuge mit der Unterstützung von Computer Aided Design (CAD) konstruiert. Werkzeuge sollten dabei so gestaltet werden, dass eine möglichst große Anzahl von standardisierten Teilen in anderen Werkzeugen wiederverwendet werden kann. Gleichzeitig muss jedes Werkzeug den Anforderungen des Kunden exakt entsprechen und im weiteren Verlauf der Auftragsabwicklung effizient hergestellt werden können. Kompetenzen im Engineering können die

---

[278] Vgl. WZL/IPT (2014): Datenbank Werkzeugbau, Stand Januar 2014. Für die Auswertung der Daten von Werkzeugbaubetrieben wurden Daten aus den vergangenen fünf Jahren verwendet.

[279] Vgl. WZL/IPT (2014): Datenbank Werkzeugbau, Stand Januar 2014. Für die Auswertung der Daten von Werkzeugbaubetrieben wurden Daten aus den vergangenen fünf Jahren verwendet.

[280] Der demografische Wandel wird in Kapitel 2.2.3.1 als Trend für die produzierende Industrie beschrieben.

[281] Vgl. Pitsch & Schippers (2013): Wissensmanagement, S. 65ff.

[282] Vgl. Schuh et al. (2013): Wertschöpfungsnetzwerke, S. 15.

[283] Vgl. Schuh et al. (2013): Wertschöpfungsnetzwerke, S. 43.

Gestaltung von Werkzeugen mit standardisierten Einzelteilen oder technologische Innovationen im Werkzeug sein.[284]

Im Einkauf werden zum Großteil Einzelteile, Normalien, Halbzeuge oder Prozesse eingekauft. Der Einkauf ist verantwortlich für die termingerechte Verfügbarkeit aller eingekauften Materialien und Prozesse. Die Aktivitäten in Einkauf werden vielfach durch den Einsatz eines ERP-Systems unterstützt. Die wichtige Kompetenz des Einkaufs ist, durchgängig die Verfügbarkeit von anforderungs- und marktpreisgerechten Materialien und Prozessen für die weitere Auftragsabwicklung im Werkzeugbau sicherzustellen.

In der Arbeitsvorbereitung werden die mechanische Fertigung und Montage der auskonstruierten Einzelteile geplant. Dafür werden Programme für die NC-Bearbeitung in der mechanischen Fertigung geschrieben. Für die folgende Planung im Werkzeugbau wird vielfach ein Produktionsplanungs- und Steuerungssystem (PPS-System) eingesetzt, welches mit dem ERP-System verknüpft ist. Die Handlungsfelder im industriellen Werkzeugbau Produktstandardisierung, Fließfertigung und Taktung werden maßgeblich von der Arbeitsvorbereitung beeinflusst und stellen zentrale Kompetenzen dar.[285]

In der mechanischen Fertigung werden die Einzelteile auf Werkzeugmaschinen hergestellt. Neben den Werkzeugmaschinen sind Spannsysteme und Automatisierungstechnik, wie z.B. Roboter, Ressourcen in der mechanischen Fertigung. Der Status der Bearbeitung einzelner Teile wird jeweils in das PPS-System zurückgemeldet. Kompetenzen in der mechanischen Fertigung sind die hohe Automatisierung und Auslastung der Maschinen bei gleichzeitiger Sicherstellung aller Qualitätsanforderungen an jedes Einzelteil.

Die Montage von Werkzeugen wird von Mitarbeitern durchgeführt und meist lediglich von Handwerkzeugen, wie Schraubenschlüsseln, unterstützt. Der Status der Bearbeitung wird in der Montage ebenso in das PPS-System zurückgemeldet. Kompetenz in der Montage ist der effiziente Zusammenbau von Werkzeugen aus Einzelteilen.

Die wichtigste Ressource im Try-Out ist die Produktionsanlage, auf der die Serienproduktion mit den montierten Werkzeugen erprobt wird. Im Rahmen des Try-Out ist der Zugriff auf die Ressourcen der anderen Abteilungen erforderlich. Eventuelle Änderungen am Werkzeug müssen ins CAD übernommen werden und Einzelteile auf den Werkzeugmaschinen angepasst werden. Die zentrale Kompetenz im Try-Out ist die zuverlässige Fertigstellung des Werkzeugs zum Serienanlauf beim Kunden.[286]

---

[284] Vgl. Schuh et al. (2013): Wertschöpfungsnetzwerke, S. 33.

[285] Vgl. Klotzbach (2007): Industrieller Werkzeugbau, S. 204.

[286] Vgl. Schuh et al. (2013): Wertschöpfungsnetzwerke, S. 33.

2.2.3 Herausforderungen für Wertschöpfung im industriellen Werkzeugbau

Der industrielle Werkzeugbau ist aktuell mit unterschiedlichen Herausforderungen in der Gestaltung seiner Wertschöpfung konfrontiert. Die Trends in der Serienproduktion der produzierenden Industrie haben großen Einfluss auf die Herausforderungen des industriellen Werkzeugbaus. Zur Beschreibung der zentralen Herausforderungen für Wertschöpfung im industriellen Werkzeugbau werden deshalb zunächst die Trends in der produzierenden Industrie erläutert. Daraufhin werden die vier zentralen Herausforderungen für die betriebsinterne und die betriebsübergreifende Wertschöpfung vorgestellt. Mit der Adressierung dieser Herausforderungen kann kollaborative Wertschöpfung im Werkzeugbau erreicht werden, wodurch die Leistungsfähigkeit von Werkzeugbaubetrieben gesteigert werden kann.[287]

2.2.3.1 Trends der produzierenden Industrie

Zur Beschreibung der für den industriellen Werkzeugbau relevanten Trends der produzierenden Industrie sind die drei Bereiche der Serienproduktion Produkt, Produktion und Umwelt zu berücksichtigen.[288] In allen drei Bereichen existieren Trends, die direkte Auswirkungen auf den Werkzeugbau haben.

Die in der Serienproduktion hergestellten Produkte werden vielfältiger. Zur individuelleren Adressierung einzelner Gruppen von Kunden werden immer mehr Derivate von Produkten hergestellt. Während die kumulierte Stückzahl über alle Produkte und Derivate steigt, sinkt die Stückzahl für ein einzelnes Derivat.[289] In diesem Zusammenhang steigt die Nachfrage nach Werkzeugen. Das Budget für die Werkzeugkosten wird jedoch meist auf ein Produkt und nicht auf alle vorhandenen Derivate bezogen.[290] Damit ist der Werkzeugbau gezwungen, seine Leistungen zu geringeren Preisen anzubieten. Mit der **Produktderivatisierung** geht eine Verkürzung der Lebenszyklen einzelner Produkte einher, die den Bedarf nach einer niedrigen Time-to-Market für den Kunden steigert.[291] Um die Anforderungen des Kunden an die Leistungen des Werkzeugbaus zu erfüllen und wettbewerbsfähig zu bleiben, muss der Werkzeugbau ein verbessertes Preis-/Nutzenverhältnis erzielen.

Im Bereich der Produktion ist die **Globalisierung** ein Trend in der produzierenden Industrie. Durch die Globalisierung sind neue Märkte für die Produktion mit vergleichsweise niedrigen Faktorkosten entstanden, die den Wettbewerbsdruck steigern. In der Vergangenheit war für Betriebe in Deutschland die Differenzierung allein über höherwertige

[287] Vgl. Schuh et al. (2014): Globaler industrieller Werkzeugbau, S. 232ff.

[288] Vgl. Schuh et al. (2013): Wertschöpfungsnetzwerke, S. 12ff.

[289] Vgl. Schuh (2012): Idealer Werkzeugbau, S. 13.

[290] Vgl. Schuh et al. (2011): Synchronisierung, S. 375.

[291] Vgl. Schuh et al. (2013): Wertschöpfungsnetzwerke, S. 16f.

Leistungen noch möglich, ohne die Kosten und Preise stark senken zu müssen. Eine schnelle Weiterentwicklung vieler Betriebe aus neuen Märkten macht dies heute unmöglich. Vielmehr führt die Globalisierung dazu, dass die Effizienz in der Auftragsabwicklung gesteigert werden muss, um ein verbessertes Preis-/Nutzenverhältnis erreichen zu können.[292] Neben zusätzlicher Konkurrenz durch neue Märkte entstehen mit der Globalisierung auch neue Kunden in neuen Märkten, in denen ein zunehmend großer Anteil des Absatzes erzielt wird. Um daran beteiligt zu sein und neue Märkte als Kunden bedienen zu können, ist eine lokale Präsenz in neuen Märkten erforderlich.[293]

Der zentrale Trend in der produzierenden Industrie in Deutschland in Bezug auf die Umwelt ist der **demografische Wandel**. Durch anhaltend niedrige Geburtenraten soll sich die Zahl der Erwerbstätigen bis zum Jahr 2050 um mehr als ein Viertel reduzieren.[294] Dem Wissensmanagement zum Erhalt und zur Weitergabe von Wissen kommt damit in der Zukunft eine zunehmend große Wichtigkeit zu.[295]

Der industrielle Werkzeugbau muss diesen drei beschriebenen zentralen Trends begegnen, um auch zukünftig wettbewerbsfähig zu bleiben. Insbesondere die Gestaltung der Wertschöpfung nimmt in diesem Zusammenhang eine zentrale Rolle ein. Die Darstellung eines verbesserten Preis-/Nutzenverhältnisses kann nur erreicht werden, wenn die Wertschöpfung in einem Werkzeugbaubetrieb effizient betrieben wird. Um der Globalisierung erfolgreich begegnen zu können, sollten Werkzeugbaubetriebe daher Wertschöpfungsnetzwerke nutzen. Dies schafft die Möglichkeit, sich auf seine eigenen Kompetenzen zu fokussieren und gleichzeitig gemeinsam mit Partnern für den Kunden ein vollständiges Leistungsangebot darstellen zu können. Partner eines Werkzeugbaubetriebs sind dabei Kunden, Lieferanten und andere Standorte. Nur durch ein Wertschöpfungsnetzwerk ist die lokale Präsenz in neuen Märkten möglich.[296] Auch in Bezug auf den demografischen Wandel ist die Gestaltung der Wertschöpfung ein möglicher Stellhebel. Mit der demografischen Entwicklung wird deutlich, dass die Produktivität eines Mitarbeiters zukünftig steigen muss, um die wirtschaftliche Leistungsfähigkeit in Deutschland erhalten zu können. Dies steht in direktem Zusammenhang mit Industrie 4.0. Unter anderem durch die Nutzung von Wertschöpfungsnetzwerken mit kollaborativem Charakter soll im Rahmen von Industrie 4.0 die Produktivität bezogen auf einen Mitarbeiter deutlich gesteigert werden können.[297]

Die Gestaltung der Wertschöpfung bietet für den industriellen Werkzeugbau das Potenzial, die Trends der produzierenden Industrie erfolgreich zu adressieren. In Bezug auf die betriebsinterne Wertschöpfung muss die Auftragsabwicklung sowie die Vernetzung von

---

[292] Vgl. Schuh et al. (2012): Further Education, S. 1868.

[293] Vgl. Pitsch (2014): Vernetzung von Standorten, S. 3.

[294] Vgl. IAB (2011): Arbeitsmarkt, S. 2.

[295] Vgl. Pitsch & Schippers (2012): Wissensmanagement, S. 54.

[296] Vgl. Schuh et al. (2013): Wertschöpfungsnetzwerke, S. 20ff.; Pitsch (2014): Vernetzung von Standorten, S. 3.

[297] Vgl. Schuh (2013): Werkzeugbau 4.0, S. 4.

Standorten im Vordergrund stehen. In Bezug auf die betriebsübergreifende Wertschöpfung sind die Vernetzung mit Kunden und die Vernetzung mit Lieferanten von zentraler Bedeutung.[298]

2.2.3.2 Industrielle Auftragsabwicklung

Die betriebsinterne Wertschöpfung für den industriellen Werkzeugbau wurde in Kapitel 2.2.2 wissenschaftlich beschrieben. Für viele Werkzeugbaubetriebe bleibt eine industrielle Auftragsabwicklung jedoch weiterhin eine Herausforderung.

Eine Standardisierung der Komponenten von Werkzeugen kann genutzt werden, um Werte wie die Time-to-Market von Werkzeugbaubetrieben zu verbessern. So geht ein vergleichsweise hoher Anteil von Komponenten, die für unterschiedliche Werkzeuge verwendet werden können, mit geringeren Schwankungen der Durchlaufzeiten und einer hohen Termintreue einher.[299] Für die Standardisierung von Prozessen und die Realisierung von Fließfertigung und Taktung ist in Werkzeugbaubetrieben Kompetenz im Bereich der Arbeitsvorbereitung erforderlich. Die erfolgreiche Umsetzung dieser Handlungsfelder des industriellen Werkzeugbaus muss durch eine entsprechende Planung der mechanischen Fertigung, der Montage und dem Try-Out erzielt werden können.[300]

Erfolgreiche Werkzeugbaubetriebe haben gezeigt, dass mit einer industriellen Auftragsabwicklung die Werte für den Werkzeugbau effizient erreicht werden können.[301] Auch zukünftig stellt die Industrialisierung bzw. die Verbesserung der industriellen Auftragsabwicklung ein Potenzial dar, die Leistungsfähigkeit und das Preis-/Nutzenverhältnis von Werkzeugbaubetrieben zu verbessern.

2.2.3.3 Vernetzung mit Kunden

Die Position des Werkzeugbaus zwischen der Produktentwicklung und der Serienproduktion führt dazu, dass der Werkzeugbau sowohl vor- als auch nachgelagert der betriebsinternen Wertschöpfung Kontakt zu seinen Kunden hat. Die Vernetzung eines Werkzeugbaubetriebs mit seinen Kunden stellt dabei eine Intensivierung der Zusammenarbeit zwischen dem Werkzeugbau und der Produktentwicklung sowie der Serienproduktion dar. Die Vernetzung mit Kunden wird im Werkzeugbau zukünftig sowohl der Auftragsabwicklung vorgelagert als auch nachgelagert zunehmen (s. Abbildung 24).[302]

---

298 Vgl. Schuh et al. (2014): Globaler industrieller Werkzeugbau, S. 232f.

299 Vgl. WZL/IPT (2014): Datenbank Werkzeugbau, Stand Januar 2014. Für die Auswertung der Daten von Werkzeugbaubetrieben wurden Daten aus den vergangenen fünf Jahren verwendet.

300 Vgl. Giehler (2010): Planungsproduktivität, S. 102f.

301 Die Gesamtsieger des EiP der vergangenen Jahre (2011 – Werkzeugbau der AUDI AG, 2012 – Werkzeugbau der ZF Friedrichshafen AG, 2013 – WEBO Werkzeugbau Oberschwaben GmbH) weisen alle eine industrielle Auftragsabwicklung auf. Für die Jury des Wettbewerbs war dieser Umstand ein zentraler Befähiger für die Leistungsfähigkeit dieser ausgezeichneten Werkzeugbaubetriebe.

302 Vgl. Boos et al. (2013): Beherrschung der Wertschöpfung, S. 125; Schuh et al. (2013): Wertschöpfungsnetzwerke, S. 24.

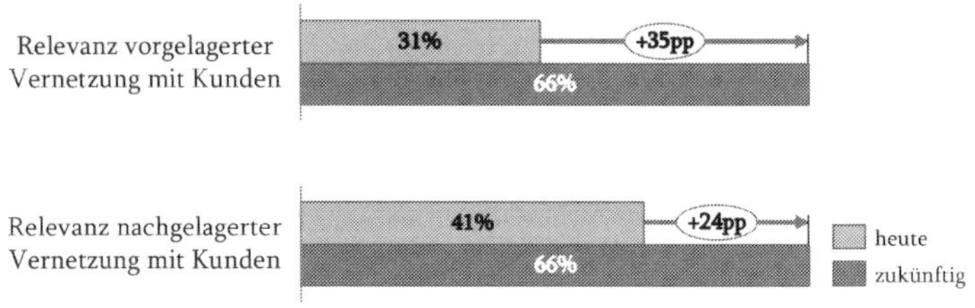

Abbildung 24: Entwicklung der Relevanz von intensiver Vernetzung mit Kunden [303]

Vorgelagert kann der Werkzeugbau die Produktentwicklung in Bezug auf die technische Machbarkeit von Produkten unterstützen. So können frühzeitig Anpassungen am Design von Produkten vorgenommen werden, damit die Serienproduktion mit Werkzeugen gemäß den Vorgaben des Kunden durchgeführt werden kann. Mit der Vernetzung liegen einem Werkzeugbaubetrieb frühzeitig alle erforderlichen Informationen vor, um Aufträge effizient abwickeln zu können. Weiterhin kann der Werkzeugbau durch die vorgelagerte Vernetzung Innovationen in den Serienteilen bzw. in der Serienproduktion realisieren.[304]

Mit der nachgelagerten Vernetzung unterstützt der Werkzeugbau seine Kunden bei einer zuverlässigen Serienproduktion. Dies beginnt mit dem Try-Out von Werkzeugen auf Anlagen für die Serienproduktion. Mit Vernetzung kann der Werkzeugbau seine Kunden bis zum Serienanlauf unterstützen. Auch nach der Serienproduktion des ersten Bauteils kann der Werkzeugbau Instandhaltung, Reparaturen und Änderungen anbieten und durch diese Dienstleistungen eine zuverlässige Serienproduktion sicherstellen.[305]

Die gleichzeitige vor- und nachgelagerte Vernetzung mit dem Kunden bietet weitere große Potenziale für den Werkzeugbau. Mit der Betreuung des Kunden in der Serienproduktion kann Wissen gewonnen werden, durch welches neue Werkzeuge oder die Auftragsabwicklung im Werkzeugbau verbessert werden können. Durch die Entwicklung einer solchen Vernetzung des Werkzeugbaus werden die Leistungsfähigkeit des Werkzeugbaus und gleichzeitig die Wichtigkeit eines Werkzeugbaubetriebs für seinen Kunden gesteigert.[306]

Während Kundenvernetzung von EVERSHEIM & KLOCKE theoretisch beschrieben worden ist, scheitern in der Praxis die meisten Werkzeugbaubetriebe an einer erfolgreichen Vernetzung mit dem Kunden.[307] Ein Großteil der Werkzeugbaubetriebe möchte zukünftig die

---

[303] I.A.a. Schuh et al. (2013): Wertschöpfungsnetzwerke, S. 24. Dargestellt ist der Anteil von 110 befragten Werkzeugbaubetrieben für die die vorgelagerte oder die nachgelagerte Vernetzung mit Kunden heute bzw. zukünftig sehr intensiv adressiert werden soll (Schuh et al. (2013): Wertschöpfungsnetzwerke, S. 24).

[304] Vgl. Eversheim & Klocke (1998): Strategie und Technologie, S. 101ff.

[305] Vgl. Schuh et al. (2013): Wertschöpfungsnetzwerke, S. 25.

[306] Vgl. Schuh et al. (2013): Wertschöpfungsnetzwerke, S. 25.

[307] Vgl. Eversheim & Klocke (1998): Strategie und Technologie, S. 101ff.

vor- und nachgelagerte Vernetzung mit dem Kunden deutlich verstärken.[308] Insbesondere eine aktive Vernetzung in die nachgelagerte Serienproduktion des Kunden führen Werkzeugbaubetriebe aktuell nicht durch.[309] Die Vernetzung stellt für Werkzeugbaubetriebe eine zentrale Herausforderung dar, um die eigene Leistungsfähigkeit im Sinne eines verbesserten Preis-/Nutzenverhältnisses zu erhöhen und ihre Kunden global unterstützen zu können.

2.2.3.4 Vernetzung mit Lieferanten

Der Werkzeugbau weist traditionell eine vergleichsweise hohe Wertschöpfungstiefe auf. Zwar ist die Wertschöpfungstiefe im Werkzeugbau in den vergangenen Jahren gesunken, sie liegt jedoch heute mit 71% weiterhin auf einem vergleichsweise hohen Niveau.[310]

Die Vernetzung mit Lieferanten ermöglicht es dem Werkzeugbau, sich auf spezielle Kompetenzen zu fokussieren und dem Kunden dennoch umfangreiche Leistungen anbieten zu können. Einerseits sind dazu Lieferanten zum Einkauf von Rohmaterial, Halbzeugen und Normalien erforderlich. Andererseits sind Lieferanten für den Einkauf einzelner Aktivitäten oder Prozesse entlang der Auftragsabwicklung notwendig. Bedingt durch ein breites Leistungsangebot sowie die typischen Nachfrageschwankungen im Werkzeugbau können Lieferanten genutzt werden, um erforderliche Kapazitäten abzudecken oder Aktivitäten auszuführen, für die ein Werkzeugbaubetrieb keine eigenen Ressourcen oder Kompetenzen einsetzen kann.[311]

Durch die niedrige Wiederholhäufigkeit im Werkzeugbau muss die Vernetzung mit Lieferanten meist auftragsabhängig koordiniert werden. Die durchgängige Beauftragung von Lieferanten für festgelegte Umfänge ist vielfach nicht möglich, da einzelne Leistungen der Werkzeugbaubetriebe stark voneinander abweichen. Dieser Umstand wird durch die Nachfrageschwankungen im Werkzeugbau verstärkt.[312] Die Koordination der Vernetzung mit Lieferanten erfordert von einem Werkzeugbaubetrieb Kapazitäten im Einkauf, die Wissen in Bezug auf Werkzeugtechnologie und die Auftragsabwicklung im Werkzeugbau besitzen. Vielfach wird der Einkauf heute als unterstützende Aktivität in einem Werkzeugbaubetrieb betrachtet, für die nur sehr begrenzt Kapazitäten geschaffen werden. Da die Betriebsgröße im Werkzeugbau vergleichsweise gering ist, verfügen einige Werkzeugbaubetriebe noch nicht über Mitarbeiter, die auf die Aktivitäten im Einkauf fokussiert sind. Auch im Verständnis des industriellen Werkzeugbaus nach KLOTZBACH ist die

---

308 Vgl. Schuh et al. (2013): Wertschöpfungsnetzwerke, S. 24f.

309 Vgl. Komorek (2013): Lebenszyklusoptimierung, S. 22.

310 Vgl. Schuh et al. (2013): Value Creation Depth, S. 184; WZL/IPT (2014): Datenbank Werkzeugbau, Stand Januar 2014. Für die Auswertung der Daten von Werkzeugbaubetrieben wurden Daten aus den vergangenen fünf Jahren verwendet.

311 Vgl. Schuh et al. (2013): Wertschöpfungsnetzwerke, S. 20ff.

312 Vgl. Schuh et al. (2013): Value Creation Depth, S. 184.

Vernetzung mit Partnern eine Voraussetzung für Wertschöpfung und kein zentraler Teil für ihre Gestaltung.[313]

Die Wertschöpfungstiefe wird im Werkzeugbau weiter abnehmen (s. Abbildung 25).[314] In den vergangenen Jahren war festzustellen, dass eine vergleichsweise hohe Leistungsfähigkeit eines Werkzeugbaubetriebs mit einer vergleichsweise niedrigen Wertschöpfungstiefe zusammenhängt.[315] Zukünftig wird die Vernetzung von Werkzeugbaubetrieben mit ihren Lieferanten wichtiger werden. Dies soll sich dabei nicht nur in einer weiter sinkenden Wertschöpfungstiefe zeigen, sondern auch in einer neuen Gestaltung der Beziehung zwischen einem Werkzeugbaubetrieb zu seinen Lieferanten. Diese soll zukünftig nicht mehr als hierarchische Kunde-Lieferant-Beziehung ausgeprägt werden. Vielmehr soll ein partnerschaftliches Verhältnis als Grundlage für langfristige Geschäftsbeziehungen aufgebaut werden.[316]

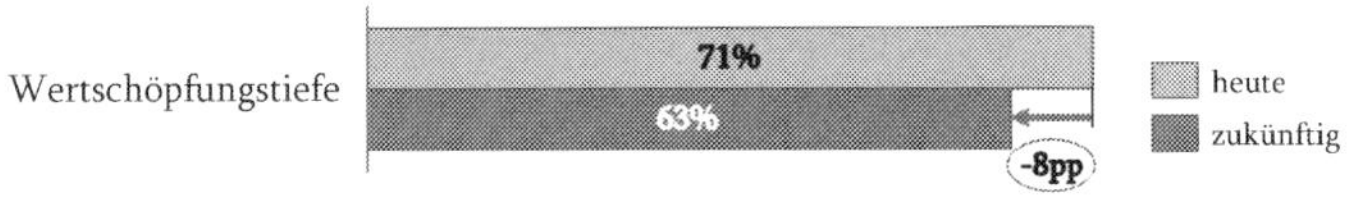

Abbildung 25: Entwicklung der Wertschöpfungstiefe im Werkzeugbau[317]

Mit der erfolgreichen Adressierung der Herausforderung der Vernetzung von Werkzeugbaubetrieben mit Lieferanten kann der Werkzeugbau seine Leistungsfähigkeit steigern und ein verbessertes Preis-/Nutzenverhältnis realisieren. Partnerschaftliche Geschäftsbeziehungen mit internationalen Lieferanten können dazu internationale Aktivitäten in einem Wertschöpfungsnetzwerk unterstützen.

2.2.3.5 Vernetzung von Standorten

Die vierte zentrale Herausforderung für die Gestaltung der Wertschöpfung ist die Vernetzung von Standorten. Standorte sind Teile eines Werkzeugbaubetriebs an unterschiedlichen geografischen Positionen. Standorte eines Werkzeugbaubetriebs sind meist nicht intensiv miteinander vernetzt. Die Koordination der Standorte wird entweder zentral oder dezentral ausgelegt.[318]

In einer zentralen Auslegung existiert ein zentraler Werkzeugbaubetrieb, dem weitere Standorte zugewiesen sind. Die Vergabe von Aufträgen wird zentral vorgenommen. Alle Standorte richten sich in der Struktur ihrer Wertschöpfung nach dem zentralen Standort

[313] Vgl. Klotzbach (2007): Industrieller Werkzeugbau, S. 66.

[314] Vgl. Schuh et al. (2013): Wertschöpfungsnetzwerke, S. 13.

[315] WZL/IPT (2014): Datenbank Werkzeugbau, Stand Januar 2014. Für die Auswertung der Daten von Werkzeugbaubetrieben wurden Daten aus den vergangenen fünf Jahren verwendet.

[316] Vgl. Schuh et al. (2013): Wertschöpfungsnetzwerke, S. 20ff.

[317] I.A.a. Schuh et al. (2013): Wertschöpfungsnetzwerke, S. 20.

[318] Vgl. Pitsch (2014): Vernetzung von Standorten, S. 3.

aus. Durch eine zentrale Vergabe können die Kapazitäten aller Standorte gleichmäßig ausgelastet werden und Standards allgemein angewendet werden. Eine Berücksichtigung von lokalen Besonderheiten oder die gemeinsame Entwicklung neuer Lösungen durch alle Standorte ist mit der zentralen Auslegung meist nicht möglich.[319]

In einer dezentralen Auslegung existieren keine zentralen Standards, die für alle Standorte vorgegeben werden. Vielmehr handeln alle Standorte autark und versuchen eine jeweils hohe Leistungsfähigkeit unter Berücksichtigung der lokalen Besonderheiten für einen Werkzeugbaubetrieb zu erzielen. Ein Standort kann so nicht von der Existenz anderer vorhandener Standorte profitieren.[320]

Die Anzahl der Standorte von Werkzeugbaubetrieben wird zukünftig steigen (s. Abbildung 26). Insbesondere in Ost-Europa und Asien sollen neue Standorte entstehen.[321] Werkzeugbaubetriebe stehen deshalb vor der Herausforderung, die Vernetzung von Standorten so zu gestalten, dass jeweils die Vorzüge der zentralen und der dezentralen Auslegung genutzt werden können. Zum einen sollen zentrale Aktivitäten und Vorgaben Standards für alle Standorte schaffen. Zum anderen soll jeder Standort die Möglichkeit haben, auf die lokalen Besonderheiten an seinem Standort eingehen zu können.[322]

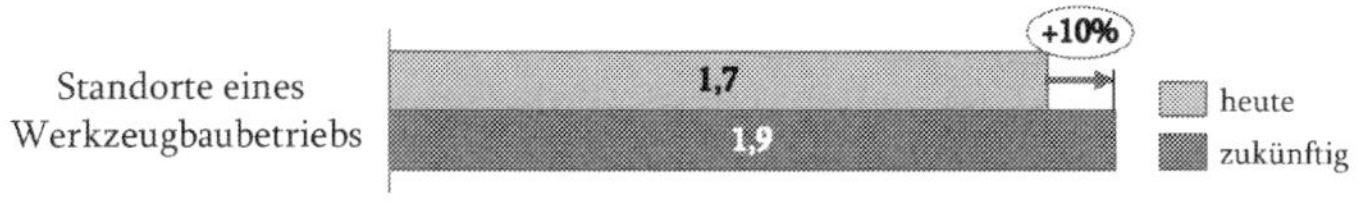

Abbildung 26: Entwicklung der durchschnittlichen Anzahl von Standorten eines Werkzeugbaubetriebs[323]

Die Vernetzung von Standorten stellt zukünftig eine zentrale Herausforderung in Bezug auf die Wertschöpfung im Werkzeugbau dar. Die Verbesserung des Preis-/Nutzenverhältnisses sowie die lokale Präsenz auch auf neuen Märkten durch ein betriebsinternes Wertschöpfungsnetzwerk können mit der erfolgreichen Adressierung der Herausforderung der Vernetzung von Standorten erreicht werden.

2.3 Handlungsbedarf aus der Praxis

Die Wertschöpfung ist ein zentrales Thema für Betriebe der produzierenden Industrie. Sie muss mit der Positionierung eines Betriebs abgestimmt sein, um dessen Wettbewerbsfähigkeit steigern zu können. Über die Entwicklung der produzierenden Industrie wurde

---

319 Vgl. Pitsch (2014): Vernetzung von Standorten, S. 51.

320 Vgl. Pitsch (2014): Vernetzung von Standorten, S. 51.

321 Vgl. WZL/IPT (2014): Datenbank Werkzeugbau, Stand Januar 2014. Für die Auswertung der Daten von Werkzeugbaubetrieben wurden Daten aus den vergangenen fünf Jahren verwendet.

322 Vgl. Pitsch (2014): Vernetzung von Standorten, S. 4.

323 Vgl. WZL/IPT (2014): Datenbank Werkzeugbau, Stand Januar 2014.

Wertschöpfung unterschiedlich interpretiert. Das ursprüngliche Verständnis der Konzentration der Wertschöpfung auf einen Betrieb hat sich grundlegend verändert. Die aktuell stattfindende 4. industrielle Revolution Industrie 4.0 fordert kollaborative Wertschöpfung, die unter kontinuierlicher Abstimmung von betriebsinternen und betriebsübergreifenden Aktivitäten in einem Wertschöpfungsnetzwerk erzielt wird. Die entstehende Kollaboration ermöglicht eine Steigerung der Leistungsfähigkeit der im Wertschöpfungsnetzwerk beteiligten Betriebe.

Die Wertschöpfung in der Unikat- und Kleinstserienherstellung im Werkzeugbau ist heute industriell geprägt. Mit der Umsetzung der von KLOTZBACH beschriebenen Gestaltungsfelder Produktstandardisierung, Prozessstandardisierung, Fließfertigung und Taktung wird die leistungsfähige Auftragsabwicklung in einem Werkzeugbaubetrieb ermöglicht. Der Werkzeugbau ist heute als industrieller Werkzeugbau zu bezeichnen. Die aktuellen Trends Globalisierung, Produktderivatisierung und demografischer Wandel fordern von Werkzeugbaubetrieben jedoch, dass Wertschöpfung anders gestaltet werden muss. Mit betriebsinterner Wertschöpfung allein ist es im Werkzeugbau nicht mehr möglich, die Komplexität der Leistungen, die Kosten sowie die Prozesse zu beherrschen und gleichzeitig die Leistungsfähigkeit von Mitarbeitern weiterzuentwickeln. Der Werkzeugbau muss zukünftig betriebsinterne und betriebsübergreifende Wertschöpfung durch die Nutzung von Wertschöpfungsnetzwerken verknüpfen. Damit kann die Wettbewerbsfähigkeit durch kollaborative Wertschöpfung nachhaltig gesteigert werden.

Die konkreten Herausforderungen für die Gestaltung von kollaborativer Wertschöpfung im industriellen Werkzeugbau werden dabei einerseits in Bezug auf die betriebsinterne Wertschöpfung durch die industrielle Auftragsabwicklung sowie die Vernetzung von Standorten eines Werkzeugbaubetriebs beschrieben. Andererseits stellen die Vernetzung mit Kunden und die Vernetzung mit Lieferanten die beiden Herausforderungen in Bezug auf die Gestaltung der betriebsübergreifenden Wertschöpfung dar. Heute sind Werkzeugbaubetriebe nicht in der Lage, diesen Herausforderungen erfolgreich zu begegnen und ihre Wettbewerbsfähigkeit durch kollaborative Wertschöpfung zu steigern. Es besteht daher Handlungsbedarf aus der Praxis für die Entwicklung eines Lösungsansatzes für die Gestaltung von kollaborativer Wertschöpfung im industriellen Werkzeugbau.

3 Analyse von bestehenden Ansätzen

Für die Entwicklung einer Lösung für die Gestaltung von Wertschöpfung im industriellen Werkzeugbau wird in diesem Kapitel untersucht, ob bisher ein Ansatz zur Gestaltung der Wertschöpfung entwickelt worden ist, der im Werkzeugbau angewendet werden kann. Gleichzeitig soll geprüft werden, ob einzelne Aspekte der bestehenden Ansätze auf den Werkzeugbau übertragbar sind. Damit werden die zweite und die dritte Phase der angewandten Forschung nach ULRICH zur Erfassung und Interpretation relevanter Theorien aus der Wissenschaft sowie zur Erfassung und Spezifizierung relevanter Verfahren aus der Wissenschaft adressiert (vgl. Kapitel 1.4).

Zunächst wird vorgestellt, mit welchem Bewertungssystem und unter Berücksichtigung welcher Anforderungen die Analyse bestehender Ansätze vorgenommen werden soll. Unter Anwendung der hergeleiteten Anforderungen werden daraufhin relevante Modelle ausgewählt und vorgestellt, die in Kapitel 3.3 bewertet werden. Auf Basis der bewerteten Ansätze kann der Handlungsbedarf aus der Theorie in Bezug auf die Gestaltung von Wertschöpfung im Werkzeugbau formuliert werden. Das Kapitel wird mit der Detaillierung der in Kapitel 1 gestellten Forschungsfrage abgeschlossen.

3.1 Design der Analyse

Mit dem Design der Analyse werden eine Systematik sowie die Inhalte für die Analyse der bestehenden Ansätze definiert. Damit ist im nächsten Schritt eine einheitliche Bewertung der bestehenden Ansätze möglich und die Ergebnisse können präzise miteinander verglichen werden. Das Design der Analyse der Bewertung bestehender Ansätze für die Gestaltung der Wertschöpfung im Werkzeugbau setzt sich aus dem Bewertungssystem sowie den Anforderungen zusammen. Durch das Bewertungssystem wird festgelegt, mit welcher Systematik bestehende Ansätze hinsichtlich ihrer Eignung für die Gestaltung von Wertschöpfung im Werkzeugbau bewertet werden. Durch die Anforderungen wird vorgegeben, in Bezug auf welche Inhalte die bestehenden Ansätze bewertet werden sollen.

3.1.1 Bewertungssystem

Zur Bewertung von bestehenden wissenschaftlichen Ansätzen existieren unterschiedliche Vorgehensweisen.[324] In der Literatur wird für die Bewertung bestehender Ansätze eine diskrete Skala verwendet. Mit einer diskreten Skala mit fünf verschiedenen Ausprägungen ist eine differenzierte und gleichzeitig robuste Bewertung von unterschiedlichen Ansätzen möglich.[325] Diese Art des Bewertungssystems geht auf LIKERT zurück und wird für die

[324] Vgl. Kuhlmann (2011): Geschäftsprozesse, S. 61; Kozielski (2010): Kennzahlensystem, S. 82; Koch (2011): Wandlungsfähigkeit, S. 104.

[325] Vgl. Dawes (2008): Point Scales.

Bewertung von wissenschaftlichen Ansätzen in den Ingenieurwissenschaften genutzt.[326] Das Bewertungssystem kann verwendet werden, um die Eignung bestehender Ansätze in Bezug auf vorab definierte Anforderungen einheitlich zu bewerten. Für jede Anforderung wird dazu im Vorhinein definiert, welche Kriterien zur Erreichung aller fünf Ausprägungen jeweils erforderlich sind.

Zur visuellen Darstellung der Bewertung werden Harvey Balls verwendet (s. Abbildung 27).[327] Eine Anforderung kann die Ausprägung nicht vorhanden, sehr gering, gering, hoch oder sehr hoch aufweisen. Durch diese Benennung wird vermieden, die dritte Ausprägung im Mittelpunkt der Skala als neutral darzustellen. Damit wird eine präzise Abgrenzung aller fünf Ausprägungen unterstützt.[328]

Abbildung 27: Harvey Balls und ihre Ausprägungen zur Bewertung von bestehenden Ansätzen

3.1.2 Anforderungen

Mit den Anforderungen an Ansätze zur Gestaltung von Wertschöpfung werden die Inhalte aus Kapitel 2, insbesondere der in Kapitel 2.3 beschriebene Handlungsbedarf aus der Praxis, aufgegriffen. Durch die Prüfung der Erfüllung der Anforderungen, kann ermittelt werden, ob bestehende Ansätze zur Gestaltung von Wertschöpfung den Handlungsbedarf aus der Praxis adressieren und für den Werkzeugbau angewendet werden können. Bestehende Ansätze sollen anhand von sieben Anforderungen bewertet werden (s. Abbildung 28).

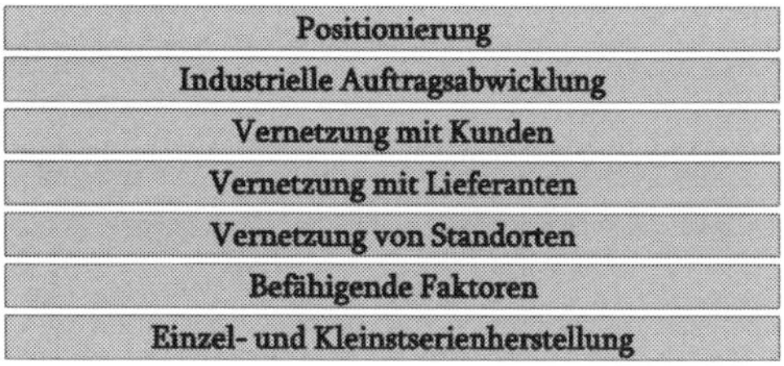

Abbildung 28: Anforderungen an Ansätze zur Gestaltung der Wertschöpfung

326 Vgl. Edwards et al. (1997): Organizational Surveys, S. 43ff.; Linacre (2002): Rating Scale, S. 86ff.; Johnson & Christensen (2012): Educational Research, S. 173ff. PITSCH verwendet ein Bewertungssystems mit fünf Ausprägungen im ingenieurwissenschaftlichen Kontext (vgl. Pitsch (2014): Vernetzung von Standorten, S. 84ff.).

327 Zur übersichtlichen Darstellung von Bewertungsergebnissen stellen Harvey Balls eine geeignete Form der Darstellung dar (vgl. Kett & Schewe (2010): Management Skills, S. 129).

328 Vgl. Garland (1991): Rating Scale, S. 66ff.

Für die Gestaltung der Wertschöpfung eines Betriebs sollte seine Positionierung berücksichtigt werden (vgl. Kapitel 2.1.2). Kollaborative Wertschöpfung muss zusätzlich die vier Herausforderungen für Wertschöpfung im Werkzeugbau aufgreifen (vgl. Kapitel 2.2.3). In Bezug auf die betriebsinterne Wertschöpfung sind dies die industrielle Auftragsabwicklung sowie die Vernetzung von Standorten. Die betriebsübergreifende Wertschöpfung umfasst die Vernetzung mit Kunden und die Vernetzung mit Lieferanten. Die in der Wertschöpfung und den vier Herausforderungen berücksichtigten Aktivitäten erfordern befähigende Faktoren, die für die Aktivitäten eingesetzt werden können. Dazu wurden in Kapitel 2.1.3 Ressourcen und Kompetenzen dargestellt. Weiterhin muss ein bestehender Ansatz für die Anwendung im Werkzeugbau für die Unikat- und Kleinstserienherstellung geeignet sein. Das Bewertungssystem soll für einen Ansatz jeweils für diese sieben Anforderungen angewendet werden.

3.1.2.1 Positionierung

Mit der Wertschöpfung soll die in der Positionierung festgelegte strategische Ausrichtung erreicht werden können. Im Sinne des in Kapitel 2 eingeführten Verständnisses für Wertschöpfung nach dem General Management Navigator stehen Wertschöpfung und Positionierung dabei in einer wechselseitigen Abhängigkeit. Ein Ansatz, welcher die Gestaltung der Wertschöpfung beschreibt, sollte deshalb die Positionierung eines Betriebs berücksichtigen (vgl. Kapitel 2.1.2). Die fünf Ausprägungen der Anforderung Positionierung sind die folgenden:

- **Nicht vorhanden**
  Ein Ansatz berücksichtigt die Positionierung weder als Rahmenbedingung noch für die Gestaltung der Wertschöpfung selbst.
- **Sehr gering**
  Ein Ansatz berücksichtigt eine Verknüpfung zwischen der Wertschöpfung und der Positionierung eines Betriebs.
- **Gering**
  Ein Ansatz beschreibt eine Abhängigkeit zwischen der Positionierung und der Wertschöpfung bzw. berücksichtigt die Implikationen der Positionierung für die Gestaltung der Wertschöpfung eines Betriebs.
- **Hoch**
  Ein Ansatz berücksichtigt zusätzlich zur geringen Ausprägung die Positionierung eines Betriebs hinsichtlich der Festlegung der Leistungen, die durch Wertschöpfung hergestellt werden sollen.
- **Sehr hoch**
  Ein Ansatz berücksichtigt zusätzlich zur hohen Ausprägung, wie die Abstimmung zwischen der Positionierung eines Betriebs und seiner Wertschöpfung erzielt werden soll.

3.1.2.2 Industrielle Auftragsabwicklung

Werkzeugbaubetriebe werden auch zukünftig mehr als die Hälfte ihrer Wertschöpfung im eigenen Betrieb verrichten. Die industrielle Auftragsabwicklung ist damit weiterhin eine zentrale Herausforderung für die Gestaltung der Wertschöpfung im Werkzeugbau (vgl. Kapitel 2.2.3.2). Deshalb ist im Kontext des Verständnisses in dieser Arbeit nicht nur auf die Leistungserstellung, sondern auf die Auftragsabwicklung insgesamt einzugehen. Ferner sollte eine Unterscheidung zwischen der auftragsspezifischen und der auftragsunspezifischen Auftragsabwicklung vorgenommen werden. In einem Ansatz sollte außerdem die Art und Weise der Auftragsabwicklung beschrieben werden.[329] Die fünf Ausprägungen der Anforderung industrielle Auftragsabwicklung sind die folgenden:

- **Nicht vorhanden**
  Ein Ansatz berücksichtigt weder die Leistungserstellung noch die Auftragsabwicklung eines Betriebs für die Gestaltung seiner Wertschöpfung.
- **Sehr gering**
  Ein Ansatz berücksichtigt die Leistungserstellung eines Betriebs für die Gestaltung der Wertschöpfung.
- **Gering**
  Ein Ansatz berücksichtigt neben der Leistungserstellung auch weitere für die auftragsspezifische Auftragsabwicklung relevante Aktivitäten wie den Einkauf.
- **Hoch**
  Ein Ansatz berücksichtigt die auftragsneutrale sowie die auftragsspezifische Auftragsabwicklung für die Gestaltung der Wertschöpfung.
- **Sehr hoch**
  Ein Ansatz beschreibt zusätzlich zur hohen Ausprägung die Art und Weise, mit der die Auftragsabwicklung in einem Betrieb umgesetzt werden soll.

3.1.2.3 Vernetzung mit Kunden

Die Vernetzung mit Kunden ist die dritte Anforderung für die Gestaltung der Wertschöpfung im industriellen Werkzeugbau. Die Vernetzung mit den Kunden wird im Werkzeugbau zukünftig an Bedeutung zunehmen. Während der Kontakt zu Kunden in jedem existenzfähigen Betrieb zur Generierung von Auftrags- und Zahlungseingängen erforderlich ist, wird durch die Vernetzung eine kontinuierliche Form der Zusammenarbeit in einem Wertschöpfungsnetzwerk gefordert. Die Wertschöpfung umfasst dabei einen durchgängigen und seitens eines Betriebs proaktiven Austausch mit den Kunden. Die Vernetzung sollte sowohl mit der vorgelagerten Produktentwicklung als auch der nachgelagerten Serienproduktion vorgenommen werden. Die betriebsübergreifende Wertschöp-

[329] Als Beispiel zu Ausführungen zur Art und Weise der betriebsinternen Wertschöpfung siehe Kapitel 2.2.2.1.

fung mit Kunden wird dabei als durchgängige Vernetzung interpretiert.[330] Die fünf Ausprägungen der Anforderung Vernetzung mit Kunden sind die folgenden:

- **Nicht vorhanden**
  Ein Ansatz berücksichtigt den Kunden nicht für die Gestaltung der Wertschöpfung.
- **Sehr gering**
  Ein Ansatz berücksichtigt den Kunden und die Beziehung zwischen einem Betrieb und seinen Kunden für die Gestaltung der Wertschöpfung.
- **Gering**
  Ein Ansatz berücksichtigt eine kontinuierliche Zusammenarbeit zwischen einem Betrieb und seinen Kunden für die Gestaltung der Wertschöpfung.
- **Hoch**
  Ein Ansatz berücksichtigt explizit die Vernetzung zu Kunden in die vor- oder die nachgelagerte Richtung eines Betriebs und beschreibt die Art und Weise der Zusammenarbeit für die Gestaltung der Wertschöpfung.
- **Sehr hoch**
  Ein Ansatz berücksichtigt explizit die Vernetzung zu Kunden in die vor- und die nachgelagerte Richtung eines Betriebs und beschreibt die Art und Weise der Zusammenarbeit für die Gestaltung der Wertschöpfung.

3.1.2.4 Vernetzung mit Lieferanten

Die Umfänge der Wertschöpfung, die ein Betrieb an seine Lieferanten vergibt, nehmen im Werkzeugbau seit Jahren kontinuierlich zu. Die Vernetzung mit Lieferanten ist für die Gestaltung der Wertschöpfung im Werkzeugbau eine zentrale Herausforderung. Die Vernetzung mit Lieferanten sollte im Werkzeugbau kompetenz- und kapazitätsbasiert vorgenommen werden. Die kompetenzbasierte Vernetzung wird für Umfänge der Wertschöpfung vorgenommen, die zwar für die Herstellung einer Leistung erforderlich sind, für die jedoch keine Kompetenzen und Ressourcen in einem Betrieb vorhanden sind.[331] Zur Glättung der kapazitiven Auslastung eines Werkzeugbaubetriebs sollte die kapazitätsbasierte Vernetzung mit Lieferanten genutzt werden, um mit Nachfrageschwankungen im Werkzeugbau umgehen zu können. Neben der Differenzierung zwischen den beiden unterschiedlichen Arten der Vernetzung mit Lieferanten ist die Ausgestaltung der Beziehung eines Werkzeugbaubetriebs zu berücksichtigen. Dabei soll die traditionelle Kunde-Lieferant-Beziehung durch ein partnerschaftliches Verhältnis ersetzt werden, welches kontinuierlich gepflegt wird (vgl. Kapitel 2.2.3.3). Die fünf Ausprägungen der Anforderung Vernetzung mit Lieferanten sind die folgenden:

---

[330] Die betriebsübergreifende Wertschöpfung wird als Dimension der Gestaltung der Wertschöpfung in Kapitel 2.1.5.2 beschrieben.

[331] Vgl. Schuh et al. (2013): Value Creation Depth, S. 183ff.

- **Nicht vorhanden**
  Ein Ansatz berücksichtigt Lieferanten nicht für die Gestaltung der Wertschöpfung.
- **Sehr gering**
  Ein Ansatz berücksichtigt Lieferanten und die Beziehung zwischen einem Betrieb und seinen Lieferanten für die Gestaltung der Wertschöpfung.
- **Gering**
  Ein Ansatz berücksichtigt zusätzlich zur sehr geringen Ausprägung entweder die kompetenzbasierte oder die kapazitätsbasierte Vernetzung eines Betriebs zu seinen Lieferanten.
- **Hoch**
  Ein Ansatz berücksichtigt zusätzlich zur sehr geringen Ausprägung die kompetenzbasierte und kapazitätsbasierte Vernetzung eines Betriebs zu seinen Lieferanten.
- **Sehr hoch**
  Ein Ansatz berücksichtigt zusätzlich zur hohen Ausprägung eine partnerschaftliche Ausgestaltung der Beziehung zwischen einem Betrieb und seinen Lieferanten.

3.1.2.5 Vernetzung von Standorten

Die Vernetzung von Standorten ist die zweite Anforderung in Bezug auf betriebsinterne Wertschöpfung an einen Ansatz zur Gestaltung der Wertschöpfung im Werkzeugbau. Die Wertschöpfung innerhalb eines Betriebs wird zunehmend fragmentiert erreicht. Unterschiedliche Standorte werden zur Nutzung von niedrigen Faktorenkosten oder der Nähe zu Kunden aufgebaut. Ein eigener Standort eines Betriebs muss dabei jedoch bewusst in die Wertschöpfung mit einbezogen werden, um ihn als Differenzierungsmerkmal nutzen zu können. Grundsätzlich sind Betriebe gefordert, die Zusammenarbeit so zu gestalten, dass mit der Vernetzung von Standorten ein zusätzlicher Nutzen im Vergleich zu der Vernetzung mit Lieferanten erreicht wird. Dazu kann grundsätzlich eine zentrale oder eine dezentrale Auslegung der Zusammenarbeit zwischen Standorten eingesetzt werden. Die Vernetzung von Standorten sollte kontinuierlich so gepflegt werden, dass sowohl die Vorteile einer zentralen als auch einer dezentralen Auslegung der Zusammenarbeit genutzt werden können (vgl. Kapitel 2.2.3.5). Die fünf Ausprägungen der Anforderung Vernetzung mit Lieferanten sind die folgenden:

- **Nicht vorhanden**
  Ein Ansatz berücksichtigt unterschiedliche Standorte nicht für die Gestaltung der Wertschöpfung eines Betriebs.
- **Sehr gering**
  Ein Ansatz berücksichtigt Standorte und die Beziehung zwischen einem Betrieb und weiteren Standorten für die Gestaltung der Wertschöpfung.
- **Gering**
  Ein Ansatz berücksichtigt zusätzlich zur sehr geringen Ausprägung Vorteile, wel-

che durch die Vernetzung von Standorten gegenüber der Vernetzung mit Lieferanten erzielt werden sollen.

- **Hoch**
  Ein Ansatz berücksichtigt zusätzlich zur geringen Ausprägung eine spezifische Art und Weise der Zusammenarbeit als zentrale oder dezentrale Auslegung.
- **Sehr hoch**
  Ein Ansatz berücksichtigt zusätzlich zur geringen Ausprägung eine spezifische Art und Weise der Zusammenarbeit, durch die sowohl die Vorteile der zentralen als auch der dezentralen Auslegung genutzt werden sollen.

3.1.2.6 Befähigende Faktoren

Die Aktivitäten der Wertschöpfung werden durch die Ressourcen in einem Betrieb ausgeführt. In diesem Zusammenhang wird, wie in Kapitel 2.1.3 beschrieben, auch auf die Kompetenzen eines Betriebs verwiesen. Während als Ressourcen grundsätzlich „Mittel, die in die Produktion von Gütern und Dienstleistungen eingehen"[332], beschrieben werden, stellen Kompetenzen spezifische Fähigkeiten eines Betriebs dar. Diese Fähigkeiten unterstützen eine Steigerung des Kundennutzens oder der Effizienz eines Betriebs. Ressourcen und Kompetenzen für den Werkzeugbau wurden in Kapitel 2.2.2.5 beschrieben. Durch diese Anforderung soll das Erfordernis nach befähigenden Faktoren für die Gestaltung der Wertschöpfung aufgegriffen werden. Die fünf Ausprägungen der Anforderung befähigende Faktoren sind die folgenden:

- **Nicht vorhanden**
  Ein Ansatz berücksichtigt keine befähigenden Faktoren zur Beschreibung der Gestaltung der Wertschöpfung.
- **Sehr gering**
  Ein Ansatz nimmt Bezug auf Faktoren für die Gestaltung der Wertschöpfung, ohne diese genauer zu spezifizieren.
- **Gering**
  Ein Ansatz nimmt Bezug auf die Ressourcen oder die Kompetenzen für die Gestaltung der Wertschöpfung.
- **Hoch**
  Ein Ansatz nimmt Bezug auf die Ressourcen und die Kompetenzen für die Gestaltung der Wertschöpfung.
- **Sehr hoch**
  Ein Ansatz berücksichtigt zusätzlich zur hohen Ausprägung die Wirkbeziehungen zwischen den Aktivitäten und den befähigenden Faktoren zur Gestaltung der Wertschöpfung.

---

[332] Vgl. o.V. (2013): Ressource.

3.1.2.7 Unikat- und Kleinstserienherstellung

Die abschließende Anforderung beschreibt das Erfordernis der Nutzung oder Übertragbarkeit eines Ansatzes zur Anwendung im Werkzeugbau. Dazu wird geprüft, ob ein Ansatz zur Anwendung in der Unikat- und Kleinstserienherstellung geeignet ist. Der Ansatz sollte Bezug auf ein konkretes Objekt nehmen, wie bspw. einen Betrieb aus einer spezifischen Branche oder mit spezifischen Leistungen. Weiterhin sollte ein Ansatz eine Anwendbarkeit aufweisen, mit der die Gestaltung der Wertschöpfung in die Wirklichkeit übertragen werden kann.[333] Die Eignung für den Werkzeugbau wird durch ein Modell für die produzierende Industrie weiter erhöht. Damit ein Ansatz im Werkzeugbau genutzt werden kann, sollte er jedoch konkret Bezug auf die Unikat- und Kleinstserienherstellung nehmen. Damit werden die für den Werkzeugbau relevanten Eigenschaften aufgegriffen. Die fünf Ausprägungen der Anforderung Vernetzung mit Lieferanten sind die folgenden:

- **Nicht vorhanden**
  Ein Ansatz berücksichtigt keine konkrete Branche zur Beschreibung der Gestaltung der Wertschöpfung. Eine spezifische Auseinandersetzung mit der Anwendbarkeit für eine praktische Anwendung ist nicht erkennbar.
- **Sehr gering**
  Ein Ansatz nimmt Bezug auf ein konkretes Objekt für die Gestaltung der Wertschöpfung.
- **Gering**
  Ein Ansatz weist zusätzlich zur sehr geringen Anforderung die Anwendbarkeit für die Gestaltung der Wertschöpfung in der Praxis auf.
- **Hoch**
  Ein Ansatz nimmt Bezug auf die produzierende Industrie oder einen Teil von dieser als Objekt für die Gestaltung der Wertschöpfung.
- **Sehr hoch**
  Ein Ansatz nimmt Bezug auf die Unikat- und Kleinstserienherstellung als Objekt für Gestaltung der Wertschöpfung.

3.2 Vorstellung bestehender Ansätze

Die Wertekette nach PORTER aus den 1980er Jahren ist eine der ersten wissenschaftlichen Darstellungen für die Gestaltung von Wertschöpfung in einem Betrieb.[334] Die Wertekette bezieht sich auf die interne Wertschöpfung in einem Betrieb. Die Verknüpfung mit externen Lieferanten findet bei PORTER jedoch nur der internen Wertschöpfung vor- und

[333] Im Kontext der Entwicklung einer Methodik für den Werkzeugbau führt KUHLMANN die Anforderung Praktikabilität ein. Damit wird beschrieben, dass eine Methodik für den Werkzeugbau in der Praxis zuverlässig genutzt werden können sollte (vgl. Kuhlmann (2011): Geschäftsprozesse, S. 47). Übertragen auf einen Ansatz für den Werkzeugbau sollte die Wirklichkeit so beschreiben, dass der Ansatz in der Praxis zuverlässig eingesetzt werden kann und damit eine Anwendbarkeit aufweist.

[334] Vgl. Porter (1992): Wettbewerbsvorteile.

nachgelagert statt. Die Gestaltung der Wertschöpfung mit dem Fokus auf die betriebsinterne Wertschöpfung sowie die Kompetenzen dieses Betriebs ist auch Schwerpunkt bei HÅKANSSON & JOHANSON sowie KOTHANDARAMAN & WILSON.[335] Dies gilt ebenso für ein aktuelleres Modell von AMIT & ZOTT, welches jedoch keinen Bezug auf Betriebe der produzierenden Industrie nimmt.[336]

Die Gestaltung der Wertschöpfung durch betriebsinterne und betriebsübergreifende Wertschöpfung wurde in der Literatur grundsätzlich erstmals von JOHNSTON & LAWRENCE im Jahr 1988 beschrieben.[337] Die konkreten Zusammenhänge oder Inhalte der betriebsinternen bzw. betriebsübergreifenden Wertschöpfung wurden jedoch nicht detailliert ausgeführt. Daraufhin wurden in der Wissenschaft auch Ansätze für Gestaltung betriebsübergreifender Beziehungen entwickelt, wie bspw. die fraktale Fabrik nach WARNECKE.[338]

STABELL & FJELDSTAD sowie BOVET & MARTHA setzen sich mit der betriebsübergreifenden Wertschöpfung durch eine Vernetzung mit Lieferanten auseinander.[339] Diese Ansätze weisen dabei keinen Bezug zur betriebsinternen Wertschöpfung in der produzierenden Industrie auf. NORMANN & RAMIREZ sowie PAROLINI berücksichtigten in ihren Ansätzen in den 1990er Jahren zusätzlich eine Vernetzung mit Kunden für die Gestaltung der Wertschöpfung.[340] SCHUH ET AL. und RIGGERS haben in ihren Modellen 1998 jeweils die betriebsinterne Wertschöpfung mit der Vernetzung mit Lieferanten für Betriebe der produzierenden Industrie verbunden.[341] Durch ihre Ansätze sowie den Ansatz von WIRTH & BAUMANN konnten auch unterschiedliche Standorte für die betriebsübergreifende Wertschöpfung berücksichtigt werden.[342] BARON entwickelte 2002 einen Ansatz für den Werkzeugbau, welcher insbesondere auf die betriebsübergreifende Wertschöpfung eines Werkzeugbaubetriebs durch die Vernetzung mit Lieferanten eingeht.[343] In Ansätzen aus den vergangenen Jahren gingen MÖLLER und MATT detailliert auf die Vernetzung mit Lieferanten in einem Wertschöpfungsnetzwerk ein.[344] KLOTZBACH hingegen adressierte in seinem Ansatz spezifisch für den Werkzeugbau insbesondere die Gestaltung der betriebsinternen Wertschöpfung.[345]

---

[335] Vgl. Håkansson & Johanson (1992): Industrial Networks; Kothandaraman & Wilson (2001): Value Creating Networks.

[336] Vgl. Amit & Zott (2001): Value Creation Sources.

[337] Vgl. Johnston & Lawrence (1988): Value-Adding Partnership.

[338] Vgl. Warnecke (1996): Fraktale Fabrik.

[339] Vgl. Stabell & Fjeldstad (1998): Value Shop; Bovet & Martha (2000): Value Nets.

[340] Vgl. Normann & Ramirez (1993): Value Constellation; Parolini (1999): Value Net.

[341] Vgl. Schuh (1998): Virtuelle Fabrik; Riggers (1998): Value System Design.

[342] Vgl. Wirth & Baumann (2001): Vernetzte Wertschöpfung.

[343] Vgl. Baron (2002): Collaborative Business Model.

[344] Vgl. Möller (2006): Wertschöpfung in Netzwerken; Matt (2007): 3C Networks.

[345] Vgl. Klotzbach (2007): Industrieller Werkzeugbau; s. dazu Kapitel 2.2.2.1.

Aktuelle Ansätze zur Beschreibung der Gestaltung von Wertschöpfung von ALLEE oder REDLICH adressieren verstärkt die betriebsübergreifende Wertschöpfung in Netzwerken.[346] Während damit durch die Wissenschaft auch die Entwicklung der Wertschöpfung aufgegriffen wird, gehen diese Ansätze nicht detailliert auf die eingeführten Anforderungen für die Gestaltung der Wertschöpfung im Werkzeugbau ein.

Im Folgenden werden die für diese Arbeit relevanten Ansätze detailliert vorgestellt. Die Relevanz wird dabei anhand der Adressierung der definierten Anforderungen bestimmt. Die Vorstellung der zehn Ansätze wird in zusammenfassender Form vorgenommen. Dabei werden die in Kapitel 2 eingeführten Begriffe verwendet, in der Literatur synonym verwendete Begriffe werden sinngemäß übertragen.

3.2.1 Value Chain nach PORTER

Die Wertekette nach PORTER wurde im Jahr 1985 entwickelt und in dieser Arbeit bereits in Kapitel 2.1.3.1 thematisiert. Dort wurde sie für die Beschreibung der Aktivitäten in einem Betrieb genutzt (s. Abbildung 8). In diesem Kapitel wird sie als Ansatz zur Gestaltung der Wertschöpfung detailliert vorgestellt.

Die Wertekette ist ein Ansatz zur Analyse der Aktivitäten eines Betriebs, die zur Differenzierung gegenüber dem Wettbewerb und damit zur Erwirtschaftung von Gewinn führen sollen. PORTER verbindet die Gestaltung der Wertschöpfung mit der Positionierung eines Betriebs. Dabei wird konkret auf Optionen der Positionierung eingegangen, die in dieser Arbeit bereits in Kapitel 2.1.2 eingeführt worden sind.[347]

Ein Betrieb ist entsprechend der Wertekette in strategisch relevante Aktivitäten zu gliedern, um damit das Kostenverhalten sowie vorhandene Nutzenpotenziale zu verstehen. Die relevanten Aktivitäten des Betriebs werden Wertaktivitäten genannt und lassen sich in primäre und unterstützende Aktivitäten unterteilen. Primäre Aktivitäten befassen sich mit der physischen Herstellung von Produkten, ihrem Verkauf und der Übermittlung zum Kunden. Unterstützende Aktivitäten ermöglichen und erhalten die primären Aktivitäten eines Betriebs. Die Werteaktivitäten umfassen damit auch die Auftragsabwicklung eines Betriebs. Aus der Zusammenführung aller Aktivitäten wird der Gewinn eines Betriebs abgeleitet.[348] Die Wertekette eines Betriebs ist in ein Wertesystem eingebettet, welches schematisch in Abbildung 29 dargestellt ist. Dieses besteht aus vorgelagerten Werteketten der Lieferanten sowie nachgelagerten Kunden- und Vertriebskanalwerteketten, welche zum Konsumenten als Endverbraucher führen.[349]

---

[346] Vgl. Allee (2008): Value Network Analysis; Redlich (2010): Open Production.

[347] Die Wertekette nach Porter ist in Abbildung 8 in Kapitel 2.1.3.1 dargestellt.

[348] Vgl. Porter (1992): Wettbewerbsvorteile, S. 62ff.

[349] Vgl. Porter (1992): Wettbewerbsvorteile, S. 60f.

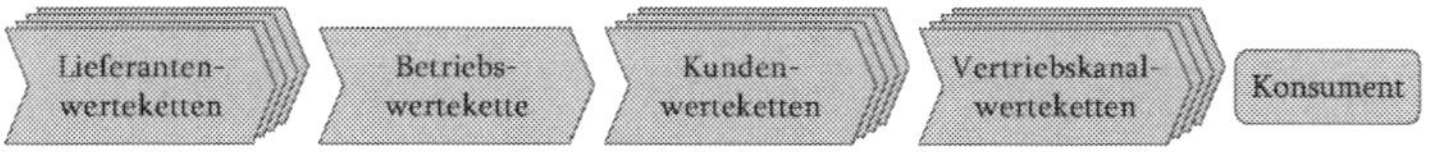

Abbildung 29: Wertesystem eines Betriebs aus einer Branche [350]

Die Wertekette verknüpft die Analyse und Gestaltung der Wertschöpfung mit der Positionierung eines Betriebs. Um eine vorteilhafte Positionierung einnehmen zu können, ist der Wert, den ein Betrieb für seine Kunden schafft, zu analysieren. Dazu werden mit der Wertekette die Wertaktivitäten eines Betriebs als zentraler Bestandteil der Wertschöpfung dargestellt.[351]

3.2.2 Value Constellation nach NORMANN & RAMIREZ

Der Ansatz Value Constellation nach NORMANN & RAMIREZ aus dem Jahr 1993 beschreibt die Abkehr von der von PORTER geprägten Denkweise, dass jeder Betrieb eine Position in der Wertekette einnimmt und dass der Wert einer Leistung sequenziell entlang der Wertekette zunimmt.[352]

NORMANN & RAMIREZ halten den Ansatz zur Gestaltung der Wertschöpfung für überholt, der einen Betrieb als Sequenz zwischen einer Input-Schnittstelle zu Lieferanten und einer Output-Schnittstelle zu Kunden darstellt. Erfolgreiche Betriebe betreiben Wertschöpfung nicht mehr im Sinne der Optimierung der Steigerung von Wert. Vielmehr erneuern oder erschaffen diese Betriebe den vom Kunden wahrgenommenen Wert. Die Positionierung eines Betriebs soll dabei ein ganzes Wertschöpfungssystem aus Lieferanten, Kooperationspartnern, Allianzen und Kunden umfassen. Aufgabe der strategischen Ausrichtung ist die Neu-Konfiguration von Rollen und Beziehungen der Akteure in einem Wertschöpfungsnetzwerk. Übergeordnete Zielsetzung ist es, die Erschaffung von Werten in neuen Formen und durch neue Beteiligte zu ermöglichen und so die Abstimmung zwischen den Kompetenzen eines Betriebs und dem von Kunden wahrgenommenen Wert zu verbessern.[353]

---

350 I.A.a. Porter (1992): Wettbewerbsvorteile, S. 60.

351 Vgl. Porter (1992): Wettbewerbsvorteile, S. 63ff.

352 Vgl. Normann & Ramirez (1993): Value Constellation, S. 65.

353 Vgl. Normann & Ramirez (1993): Value Constellation, S. 66.

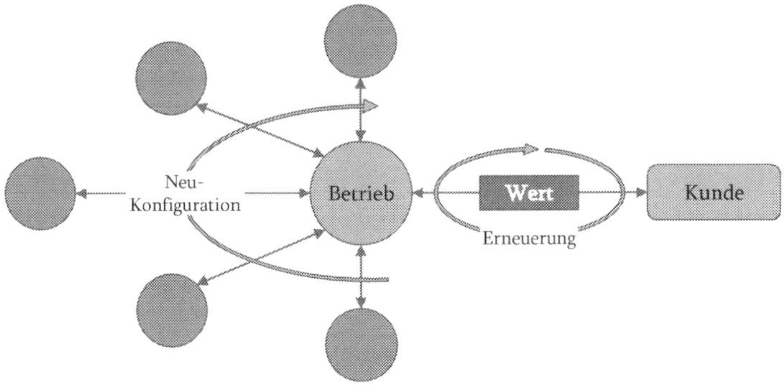

Abbildung 30: Value Constellation nach NORMANN & RAMIREZ[354]

Güter und Dienstleistungen stellen für den Kunden einen Wert dar. Der Output der Wertschöpfung wird daher allgemein als Angebot definiert. Die Ausprägung der Leistungen eines Angebots wird durch ihre Dichte beschrieben. Angebote werden immer dichter und sind das Ergebnis komplexer Wertschöpfung verschiedener Akteure. Die Leistungserstellung geschieht nicht mehr sequenziell, sondern zu verschiedenen Zeiten, an verschiedenen Orten und teilweise in Zusammenarbeit mit dem Kunden. Diese Vernetzung der Akteure wird als Koproduktion bezeichnet. Value Constellation beschreibt die Veränderung des Verständnisses von Wert und Wertschöpfung eines Betriebs. Insbesondere die Rollen von Lieferanten und Kunden eines Betriebs werden im Vergleich zum Ansatz von PORTER neu interpretiert.[355]

3.2.3 Value Net nach PAROLINI

Das Value Net nach PAROLINI aus dem Jahr 1996 ist ein Ansatz zur Gestaltung von betriebsübergreifender Wertschöpfung in Netzwerken. Es zielt darauf ab, Wertschöpfung über die traditionellen Grenzen von Betrieben und Branchen zu gestalten. Die Betriebe haben einen Fokus auf ihre jeweiligen Kompetenzen und bieten diese auf globalen Märkten an. Dazu sind sie in einem Netzwerk aus stabilen Beziehungen oder Allianzen integriert, wodurch sie ihre eigenen Ressourcen fördern und die Möglichkeiten externer Ressourcen nutzen können.[356]

Die Auftragsabwicklung wird stets beginnend mit den Anforderungen des Kunden, dem Konsum, gestaltet. Davon ausgehend erstreckt sich das Netzwerk zur Herstellung von Leistungen für den Konsum des Kunden über die Grenzen einzelner Betriebe hinweg. Die Wertschöpfung in einem Value Net wird durch die Vernetzung einzelner Aktivitäten erzielt. Diese Aktivitäten werden zusammen mit den für ihre Umsetzung erforderlichen

[354] Vgl. Normann & Ramirez (1993): Value Constellation, S. 66ff.

[355] Vgl. Normann & Ramirez (1993): Value Constellation, S. 68ff.

[356] Vgl. Parolini (1999): The Value Net, S. 81ff.

Ressourcen auf die involvierten Akteure gemäß ihrer Kompetenzen aufgeteilt. Dazu sind zwischen unterschiedlichen Akteuren stabile Beziehungen in einem Value Net aufzubauen. Der Austausch findet dabei bspw. über Erzeugnis- oder Informationsflüsse statt.[357] Abbildung 31 zeigt schematisch, wie in einem Value Net eine Leistung erstellt wird und welwelche betriebsübergreifenden Beziehungen dafür erforderlich sind.

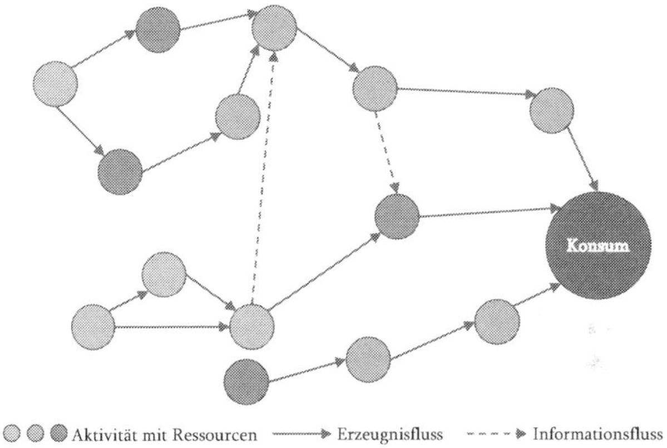

Abbildung 31: Value Net nach PAROLINI[358]

PAROLINI stellt die Gemeinsamkeiten des Value Net mit der Value Constellation von NORMANN & RAMIREZ heraus. In gleicher Weise und in einer ähnlich aufgefassten Abgrenzung von der Wertekette nach PORTER, wird durch den Ansatz von PAROLINI betriebsübergreifende Wertschöpfung beschrieben. Im Gegensatz zur Value Constellation ist der Fokus des Ansatzes Value Net die Aktivitäten der Wertschöpfung und nicht die Akteure eines Netzwerks.

3.2.4 Virtuelle Fabrik nach SCHUH ET AL.

Die virtuelle Fabrik nach SCHUH aus dem Jahr 1997 ist ein Ansatz zur Gestaltung von betriebsübergreifender Wertschöpfung für die Schaffung von Flexibilität und verbreiterter Leistungsangebote am Markt.[359] Mit diesem Ansatz soll der steigenden Marktdynamik in der produzierenden Industrie entsprochen werden. Zusätzlich sollen in einer virtuellen Fabrik vorhandenes Wissen und Ressourcen besser ausgelastet und ein kontinuierlicher Aufbau von Kompetenzen erzielt werden. Dies ermöglicht zusätzliche Chancen durch gemeinschaftliche Herstellung von Leistungen mit Lieferanten und beschleunigt die betriebsinterne Weiterentwicklung. SCHUH ET AL. identifizieren die Auflösung von Großbetrieben und die Bündelung unabhängiger Organisationen in Netzwerken als zentrale

[357] Vgl. Parolini (1999): The Value Net, S. 81ff.

[358] I.A.a. Parolini (1999): The Value Net, S. 81.

[359] Vgl. Schuh (1997): Virtuelle Fabrik, S. 295.

Entwicklungen in produzierenden Betrieben. Diese Netzwerke unterstützen Betriebe nach Bedarf in ihrem Kapazitäts- oder Kompetenzmanagement. Das Kapazitätsmanagement erhöht die operative Flexibilität, indem Nachfrageschwankungen ausgeglichen werden können. Das Kompetenzmanagement zielt auf die strategische Flexibilität ab und ermöglicht es Betrieben, auf dynamische Anforderungen reagieren zu können.[360]

Die virtuelle Fabrik ist eine zeitlich begrenzte Kooperation mehrerer rechtlich unabhängiger, realer Betriebe. Die Funktionsweise einer virtuellen Fabrik ist in Abbildung 32 dargestellt. In einer virtuellen Fabrik soll ein einzelnes Produkt oder eine Dienstleistung kurzfristig erstellt werden, um neue Marktchancen schnell aufgreifen zu können. Sie basiert auf einem bestehenden, stabilen Netzwerk. Sobald ein Auftrag abgeschlossen ist, löst sich eine virtuelle Fabrik wieder auf, das Netzwerk dagegen ist langfristig und besteht über die Dauer eines bestimmten Auftrags hinaus.[361]

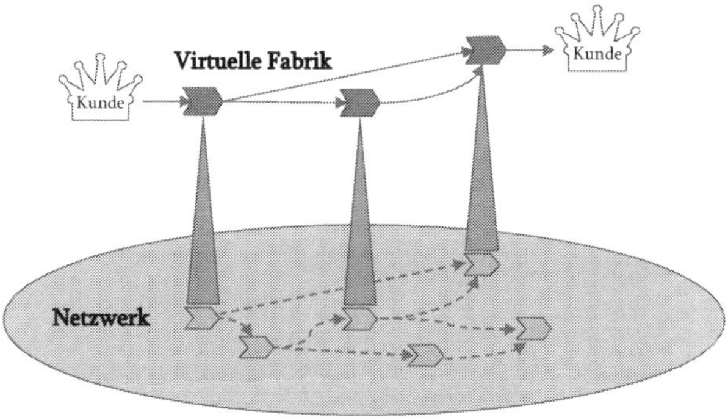

Abbildung 32: Virtuelle Fabrik nach SCHUH ET AL.[362]

Virtuelle Fabriken integrieren Kompetenzen einzelner Betriebe und können dem Kunden so individuelle Güter und Dienstleistungen bieten. Die Betriebe im Netzwerk sind gleichberechtigte Partner. Die Konfiguration und Koordination der virtuellen Fabrik geschieht mithilfe unabhängiger Auditoren, Broker und Leistungsmanager. Betriebe bieten in virtuellen Fabriken ihre Aktivitäten, Ressourcen und Kompetenzen immer wieder neu an. Gleichzeitig entsteht für einzelne Kompetenzen ein Wettbewerb zwischen Betrieben des Netzwerks. Das Netzwerk wird damit zu einem Markt für Entwicklungs-, Planungs- und Produktionskompetenzen der beteiligten Betriebe.[363]

Der Ansatz der virtuellen Fabrik verbindet die Konzepte von Wettbewerb und Kooperation auf einer eigens dafür geschaffenen Plattform. Die Vorteile der virtuellen Fabrik für

[360] Vgl. Schuh et al. (1998): Virtuelle Fabrik, S. 63.

[361] Vgl. Schuh et al. (1998): Virtuelle Fabrik, S. 63ff.

[362] I.A.a. Schuh et al. (1998), Virtuelle Fabrik, S. 63.

[363] Vgl. Schuh et al. (1998): Virtuelle Fabrik, S. 111ff.

produzierende Betriebe sind die Steigerung der Flexibilität sowie die Erhöhung der Attraktivität des Angebots der Leistungen für Kunden.

3.2.5 Value System Design nach RIGGERS

Das Value System Design nach RIGGERS aus dem Jahr 1998 ist ein weiterer Ansatz zur Gestaltung von betriebsübergreifender Wertschöpfung in einem Netzwerk (s. Abbildung 33). Im Zentrum steht das Value System, das ein strategisches, interorganisationales Netzwerk aus rechtlich unabhängigen Betrieben darstellt. Jeder Betrieb stellt komplementäre Kompetenzen für eine Kooperation zur Verfügung. Somit kann in einem Netzwerk gemeinsam Differenzierung durch die Adressierung der Anforderungen der Kunden erreicht werden.[364]

Im Value System können Betriebe unabhängig von ihrer Größe und Branche kooperieren. Die Erzeugung und Nutzung von Synergien steht im Fokus der Zusammenarbeit. Ausgerichtet auf identifizierte Anforderungen des Marktes wird das Value System dynamisch konfiguriert. Im Netzwerk existiert ein zentraler Betrieb, der die Koordination der Betriebe im Netzwerk übernimmt. Diese Rolle kann entweder von einem ein Value System initiierenden Betrieb oder von einem Betrieb, der eine neue Anforderung am Markt identifiziert hat, übernommen werden.[365]

RIGGERS entwickelt die drei generischen Referenzstrategien Effizienzsteigerungsstrategie, Kompetenz-Leveraging-Strategie und Kompetenz-Aufbau-Strategie für den Aufbau eines Value Systems. Ein Value System besitzt eine Basis, deren Funktion die zielgerichtete Zusammenarbeit der einzelnen Betriebe ist. Sie wird durch die Gestaltung der betriebsübergreifenden Aktivitäten aufgebaut, insbesondere den Informations- und Kommunikationsaustausch. Für eine erfolgreiche Kooperation der Betriebe im Value System sind kulturelle, organisatorische sowie technische Aspekte relevant.[366]

---

[364] Vgl. Riggers (1998); Value System Design, S. 147ff.

[365] Vgl. Riggers (1998); Value System Design, S. 151.

[366] Vgl. Riggers (1998); Value System Design, S. 151f.

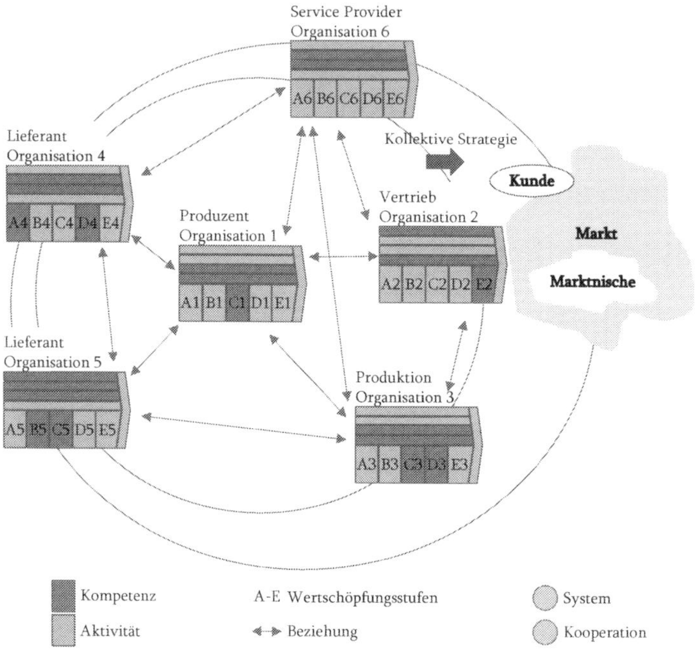

Abbildung 33: Value System Design nach RIGGERS[367]

Das Value System Design knüpft an die Wertekette nach PORTER an und berücksichtigt zusätzlich die Vernetzung der Werteketten einzelner Betriebe. Ihre Gestaltung geschieht auf Basis ausgebildeter Kompetenzen. Ein Value System weist in seinem Aufbau sowie der meist auftragsbezogenen angestrebten Dauer Parallelen zur virtuellen Fabrik auf. Dies kann darin begründet sein, dass die Ansätze zu einem ähnlichen Zeitpunkt veröffentlicht wurden und damit vergleichbare Anforderungen für Betriebe der produzierenden Industrie adressieren. Zusätzlich sind die Ansätze im gleichen Forschungsumfeld entstanden. Das Value System Design ist Ergebnis der von SCHUH betreuten Dissertation von RIGGERS.

3.2.6 Wertschöpfung durch vernetzte Kompetenz nach WIRTH & BAUMANN

WIRTH & BAUMANN entwickelten im Jahr 2001 einen Ansatz für die Gestaltung von betriebsübergreifender Wertschöpfung durch die Vernetzung von Kompetenzen. Nach WIRTH & BAUMANN sind Innovationen die Grundlage für Wertschöpfung in einem Betrieb. Die Voraussetzung für erfolgreiche Innovationen und damit Wertschöpfung ist es, zielorientiert Kompetenz zu vernetzen. Dieser Zusammenhang wird dadurch verstärkt, dass die Leistungen von produzierenden Betrieben zunehmend speziell werden. Um inno-

[367] I.A.a. Riggers (1998): Value System Design, S. 151.

vationsfähig zu bleiben, müssen Betriebe synergetische Zusammenarbeit fördern, in denen durch Kompetenz geprägte Aktivitäten vernetzt werden.[368]

Eine Kompetenzzelle ist nach WIRTH & BAUMANN die kleinste nicht mehr sinnvoll teilbare Einheit der Wertschöpfung. Sie ist die Verbindung von Kompetenz mit den dafür erforderlichen Ressourcen. Zielsetzung der betriebsübergreifenden Wertschöpfung ist die Adressierung des Kundennutzens durch die direkte Vernetzung autonomer, wandlungs- und überlebensfähiger Kompetenzzellen.[369]

Vernetzung kann in Netzwerken vorgenommen werden, die sich aus unterschiedlichen Betrieben zusammensetzen. Betriebe müssen ihre Kompetenzzellen so gestalten, dass sie für die Wertschöpfung von unterschiedlichen Leistungen verwendet werden können. Ein Betrieb in einem Netzwerk ist durch innere und äußere Beschreibungsmerkmale definiert. Innere Beschreibungsmerkmale eines Betriebs sind Funktion, Umfang und Struktur. Äußere Beschreibungsmerkmale charakterisieren die Beziehungen zwischen den Betrieben. Diese beinhalten bspw. den Informations-, Kapital-, Stoff- oder Materialfluss.[370]

Abbildung 34 zeigt, wie ein synergetisches Netzwerk über die Dauer einer Zusammenarbeit betrieben wird. Ausgehend von Erfolg versprechenden Kundengruppen werden die sich ergänzenden Kompetenzen verschiedener Betriebe vernetzt. Die Koordination des Netzwerks übernimmt ein definierter Betrieb.[371]

---

[368] Vgl. Wirth & Baumann (2001): Vernetzte Wertschöpfung, S. 14ff.

[369] Vgl. Wirth & Baumann (2001): Vernetzte Wertschöpfung, S. 77ff.

[370] Vgl. Wirth & Baumann (2001): Vernetzte Wertschöpfung, S. 61ff.

[371] Vgl. Wirth & Baumann (2001): Vernetzte Wertschöpfung, S. 41f.

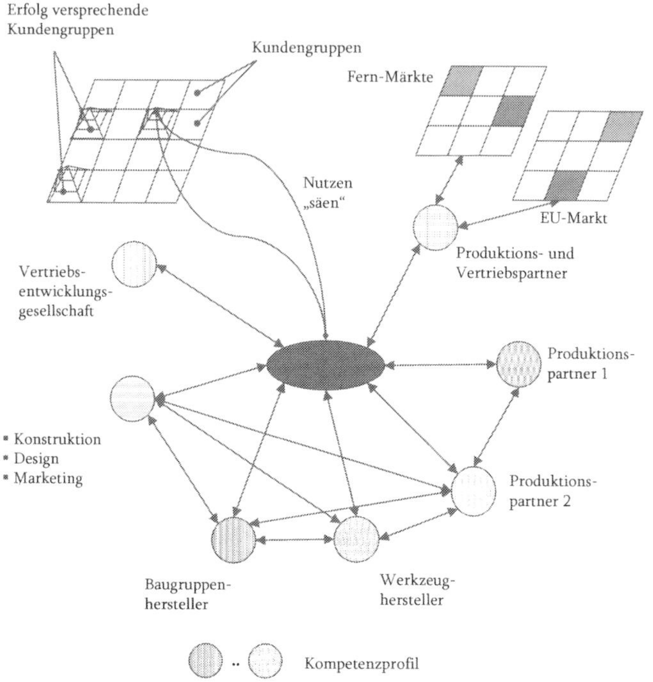

Abbildung 34: Wertschöpfung durch vernetzte Kompetenz nach WIRTH & BAUMANN[372]

Der von WIRTH & BAUMANN entwickelte Ansatz beschreibt die Gestaltung von betriebsübergreifender Wertschöpfung in Netzwerken, die sich aus unterschiedlichen Kompetenzen zusammensetzen. Damit werden Inhalte der Vernetzung aufgegriffen, die auch in den Ansätzen von SCHUH sowie RIGGERS wiederzufinden sind.

3.2.7 Collaborative Business Model nach BARON

Das Collaborative Business Model nach BARON aus dem Jahr 2002 stellt einen Ansatz zur Gestaltung von betriebsübergreifender Wertschöpfung im Werkzeugbau dar.[373] Mit diesem Ansatz wird die Situation von Werkzeugbaubetrieben in den USA um das Jahr 2002 adressiert. Betriebe sind von ihren Kunden gefordert, ein breites Spektrum an Leistungen anzubieten, welches unterschiedliche Ressourcen und Fähigkeiten erfordert. Für die Ge-

[372] Vgl. Wirth & Baumann (2001): Vernetzte Wertschöpfung, S. 42.

[373] In Kapitel 2.1.5.3 wurde beschrieben, dass der englische Begriff Collaboration keine Wertung einer Zusammenarbeit darstellt, sondern vielmehr synonym für den Begriff der Zusammenarbeit verwendet werden kann. Der Ansatz von BARON beschreibt daher einen grundsätzlichen Ansatz für die betriebsübergreifende Zusammenarbeit und geht nicht auf den deutschen Begriff Kollaboration ein. BARON beschreibt seinen Ansatz als Business Model (dt.: Geschäftsmodell). Er geht in der Beschreibung seines Ansatzes jedoch nicht näher auf die wissenschaftliche Definition oder grundsätzliche Eigenschaften von Geschäftsmodellen ein.

staltung der betriebsübergreifenden Wertschöpfung unterscheidet BARON zwischen einer Vernetzung mit Kunden und einer Vernetzung mit Lieferanten.[374]

Die Vernetzung mit Kunden ergibt sich dabei insbesondere aus Leistungen, die eng mit der Produktentwicklung oder der Serienproduktion verknüpft sind. Es wird zwischen drei Typen unterschieden, die eine unterschiedliche Intensität der Vernetzung mit den Kunden aufweisen. Während der erste Typ wenig Leistungen im Engineering und im Try-Out anbietet, arbeitet der zweite Typ insbesondere intensiver mit der Produktentwicklung des Kunden zusammen. Der dritte Typ bietet umfangreiche Leistungen im Engineering, dem Try-Out oder dem Serienanlauf an und ist damit in die Prozesse des Kunden integriert.[375]

Die Vernetzung mit Lieferanten soll genutzt werden, um gegenüber dem Kunden ein umfangreiches Angebot an Leistungen darstellen zu können. Dazu sollen sich unterschiedliche Betriebe in einem Netzwerk zusammenschließen, die komplementäre Leistungen anbieten. Je nach Anforderungen des Kunden werden dann Betriebe für einen Auftrag ausgewählt, deren Leistungen zusammengeführt und den Anforderungen des Kunden entsprechen können. Damit sollen Werkzeugbaubetriebe in die Lage versetzt werden, trotz begrenzter eigener Ressourcen und Fähigkeiten dem Kunden unterschiedliche Leistungen anzubieten und damit wettbewerbsfähig zu bleiben. Für die Abstimmung mit dem Kunden sowie die Koordination der Auftragsabwicklung in unterschiedlichen Betrieben ist ein Komitee verantwortlich.[376]

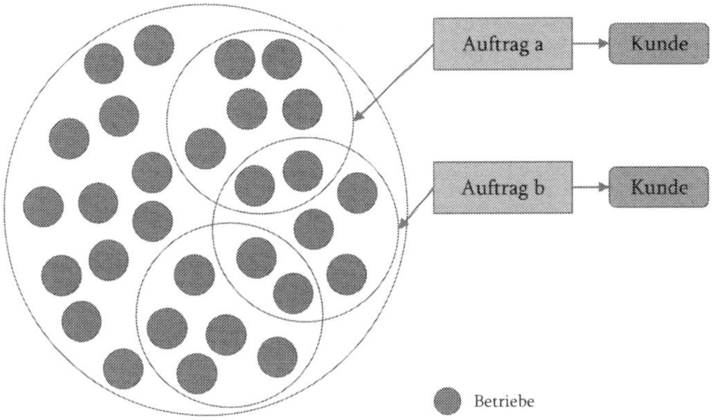

Abbildung 35: Collaborative Business Model nach BARON[377]

Der Ansatz von BARON beschreibt die Gestaltung von überbetrieblicher Wertschöpfung für den Werkzeugbau und geht damit direkt auf die Eigenschaften von Werkzeugbaube-

[374] Vgl. Baron (2002): Collaborative Business Model, S. 25.

[375] Vgl. Baron (2002): Collaborative Business Model, S. 27f.

[376] Vgl. Baron (2002): Collaborative Business Model, S. 33f.

[377] I.A.a. Baron (2002): Collaborative Business Model, S. 33.

trieben ein. Die Vernetzung mit Lieferanten soll jeweils für einen Auftrag des Kunden spezifisch erfolgen und wird damit ähnlich wie durch die Ansätze von SCHUH ET AL. und RIGGERS beschrieben.

3.2.8 Wertschöpfung in Netzwerken nach MÖLLER

Der Ansatz zur Gestaltung von betriebsübergreifender Wertschöpfung in Netzwerken wurde von MÖLLER im Jahr 2006 veröffentlicht. Darin wird Wertschöpfung in einem Netzwerk in die drei Dimensionen Phasen, Ebenen und Aufgaben untergliedert, die in Abbildung 36 dargestellt sind. Die Dimensionen sind nicht überschneidungsfrei, sondern zeigen unterschiedliche Sichtweisen auf die Wertschöpfung in einem Betrieb. Durch die Abhängigkeiten zwischen den Dimensionen werden die Flexibilität und die Instabilität als Eigenschaften von Netzwerken berücksichtigt.[378]

Die Phasen zur zeitlichen Beschreibung des Ansatzes orientieren sich am Lebenszyklus des Netzwerks. Dabei wird zwischen der Formierung, dem Betrieb und der Auflösung eines Netzwerks unterschieden.[379]

Die Gestaltung der Wertschöpfung wird in sieben Ebenen dargestellt. Die Ebenen sollen jeweils Möglichkeiten der Gestaltung der Wertschöpfung eines Betriebs in einem Netzwerk beschreiben. Im Einzelnen sind dies Leistungen, Finanzen, Soziales, Information, Organisation, Infrastruktur und Vertrag. Als oberste Ebene umfassen Leistungen sowohl Güter als auch Dienstleistungen. Die Abhängigkeiten zwischen den Ebenen sind vielfältig und ihre konkrete Ausgestaltung abhängig von einem spezifischen Netzwerk.[380]

Die dritte Dimension definiert die Aufgaben der Wertschöpfung. Der Ausgangspunkt ist die Identifikation von Potenzialen, die den Erfolg der am Netzwerk beteiligten Betriebe steigern können. Für diese ist zunächst eine Evaluation vorzunehmen. Basierend darauf ist eine Selektion der für das Netzwerk relevanten Potenziale durchzuführen. Im nächsten Schritt sind in der Allokation die Aktivitäten gemäß des Potenzials im Netzwerk zu verteilen. Mit der Regulation muss die Umsetzung schließlich koordiniert und resultierende Kosten und Erlöse im Netzwerk verteilt werden.[381]

---

[378] Vgl. Möller (2006): Wertschöpfung in Netzwerken, S. 89.

[379] Vgl. Möller (2006): Wertschöpfung in Netzwerken, S. 91.

[380] Vgl. Möller (2006): Wertschöpfung in Netzwerken, S. 99f.

[381] Vgl. Möller (2006): Wertschöpfung in Netzwerken, S. 111f.

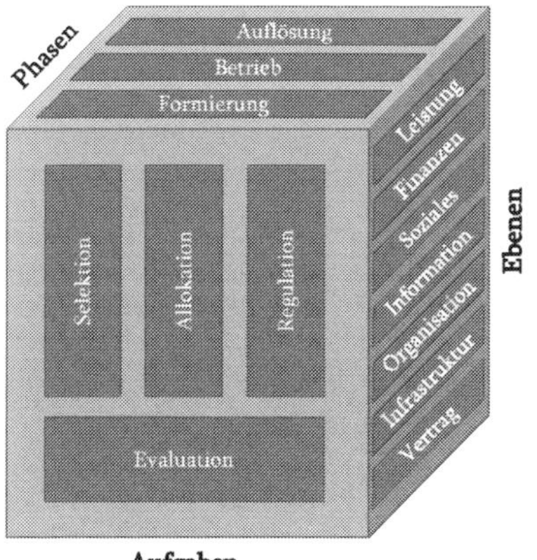

Abbildung 36: Wertschöpfung in Netzwerken nach MÖLLER[382]

Der Ansatz zur Gestaltung von betriebsübergreifender Wertschöpfung nach MÖLLER hebt die Koordination von Netzwerken hervor. Er adressiert insbesondere die erforderlichen Inhalte und Zusammenhänge in Bezug auf das Netzwerk selber.

3.2.9 Industrieller Werkzeugbau nach KLOTZBACH

Der Ansatz von KLOTZBACH für die Gestaltung der betriebsinternen Wertschöpfung im Werkzeugbau wurde bereits in Kapitel 2.2.2.1 beschrieben. Darin wird insbesondere auf die Auftragsabwicklung eines Werkzeugbaubetriebs eingegangen. Eine Fokussierung auf bestimmte Leistungen oder Kompetenzen sowie die Kooperation mit Lieferanten werden als Voraussetzung für die Gestaltung der Wertschöpfung dargestellt.[383]

Der Ansatz von KLOTZBACH wurde wie der Ansatz von BARON spezifisch für den Werkzeugbau entwickelt. Der Ansatz von KLOTZBACH ist die wissenschaftliche Grundlage für den industriellen Werkzeugbau.

3.2.10 Concept of 3C Networks nach MATT

Das Concept of 3C Networks nach MATT aus dem Jahr 2007 ist ein Ansatz für die Gestaltung von Wertschöpfung in wachsenden Betrieben. Wachsende Betriebe sehen sich mit zunehmender organisatorischer und operationeller Komplexität konfrontiert, die durch dynamische Anforderungen des Marktes gesteigert wird. Der Ansatz soll nachhaltiges

382 Vgl. Möller (2006): Wertschöpfung in Netzwerken, S. 89.

383 Vgl. Klotzbach (2007): Industrieller Werkzeugbau, S. 178f.

Wachstum bei gleichzeitig einfacher operativer Steuerung ermöglichen. Dies soll nach MATT durch eine Fokussierung auf Kernkompetenzen erzielt werden.[384]

Kernkompetenzen können in einem Betrieb durch das Produzieren, das Ausführen von Dienstleistungen oder den Handel von Produkten bzw. Dienstleistungen erzielt werden. Ein Betrieb, der sich genau auf eine Kernkompetenz fokussiert, heißt nach MATT Kernkompetenzelle oder 3C.[385] Ein 3C kann damit ein Produzent, ein Dienstleister oder ein Händler sein. Nach MATT haben die Netzwerke die besten Aussichten auf nachhaltiges Wachstum, die sich jeweils aus 3Cs zusammensetzen. Ein 3C kann als ein juristisch eigenständiger Betrieb oder als ein Betrieb innerhalb eines übergeordneten Unternehmens Teil eines Netzwerks sein.[386]

Ein 3C Network ist in Abbildung 37 dargestellt. In einem 3C Network soll eine Kernkompetenzzelle wachsen, wenn die Aktivitäten der Kernkompetenzzelle nicht die Entwicklung anderer Kernkompetenzzellen einschränken.[387]

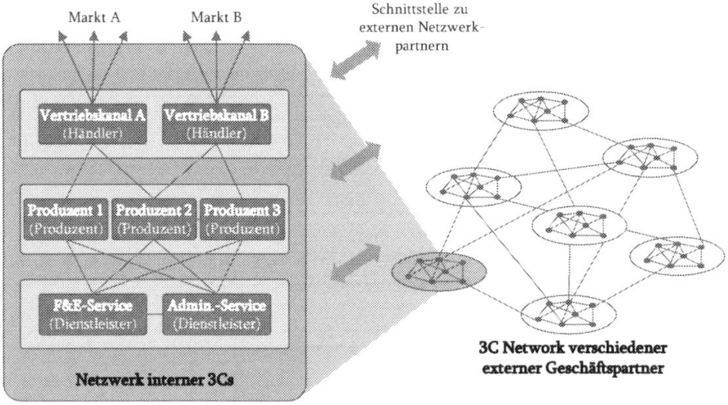

Abbildung 37: Concept of 3C Networks nach MATT[388]

Der Ansatz 3C Network nach MATT beschreibt die Gestaltung von betriebsübergreifender Wertschöpfung basierend auf Kernkompetenzen der beteiligten Betriebe. Damit werden Inhalte der Ansätze von SCHUH ET AL., RIGGERS, BARON oder WIRTH & BAUMANN aufgegriffen.

[384] Vgl. Matt (2007): 3C Networks, S. 178.

[385] 3C bezieht sich auf den englischen Begriff core competence cell (dt.: Kernkompetenzzelle).

[386] Vgl. Matt (2007): 3C Networks, S. 181ff.

[387] Vgl. Matt (2007): 3C Networks, S. 183f.

[388] Vgl. Matt (2007): 3C Networks, S. 184.

3.3 Bewertung bestehender Ansätze

Für die Gestaltung der Wertschöpfung wurden zehn Ansätze vorgestellt, die nun anhand der in Kapitel 3.1.2 beschriebenen sieben Anforderungen bewertet werden. Für die Bewertung wird das in Kapitel 3.1.1 eingeführte Bewertungssystem verwendet. Die Ergebnisse der Bewertung sind zusammenfassend in Abbildung 38 dargestellt.

	Positionierung	Industrielle Auftragsabwicklung	Vernetzung mit Kunden	Vernetzung mit Lieferanten	Vernetzung von Standorten	Befähigende Faktoren	Unikat- und Kleinst-serienherstellung
PORTER (1985)	Hoch	Hoch	Sehr gering	Sehr gering	Sehr gering	Hoch	Nicht vorhanden
NORMANN & RAMIREZ (1993)	Sehr gering	Nicht vorhanden	Gering	Gering	Nicht vorhanden	Sehr gering	Nicht vorhanden
PAROLINI (1996)	Sehr gering	Nicht vorhanden	Gering	Hoch	Nicht vorhanden	Gering	Nicht vorhanden
SCHUH (1997)	Hoch	Gering	Gering	Hoch	Sehr gering	Gering	Gering
RIGGERS (1998)	Hoch	Hoch	Gering	Hoch	Sehr gering	Hoch	Sehr gering
WIRTH & BAUMANN (2001)	Hoch	Gering	Sehr gering	Gering	Sehr gering	Gering	Gering
BARON (2002)	Sehr gering	Sehr gering	Hoch	Hoch	Sehr gering	Gering	Sehr hoch
MÖLLER (2005)	Sehr gering	Nicht vorhanden	Sehr gering	Hoch	Nicht vorhanden	Sehr gering	Nicht vorhanden
KLOTZBACH (2007)	Hoch	Sehr hoch	Gering	Sehr gering	Nicht vorhanden	Sehr gering	Sehr hoch
MATT (2007)	Hoch	Sehr gering	Sehr gering	Hoch	Nicht vorhanden	Gering	Nicht vorhanden

○ Nicht vorhanden ◔ Sehr gering ◑ Gering ◕ Hoch ● Sehr hoch

Abbildung 38: Bewertung der vorgestellten bestehenden Ansätze zur Gestaltung von kollaborativer Wertschöpfung

Es wird deutlich, dass kein Ansatz hohe Ausprägungen in allen sieben Anforderungen erzielt. Die erreichten Ausprägungen variieren zwischen den unterschiedlichen Anforderungen. Die Ansätze von SCHUH ET AL., RIGGERS, WIRTH & BAUMANN sowie BARON sind die Ansätze, die alle Anforderungen mindestens mit einer sehr geringen Ausprägung adressieren. In allen vorgestellten Ansätzen werden die Anforderungen Positionierung, Vernetzung mit Kunden sowie Vernetzung mit Lieferanten berücksichtigt. In Bezug auf die Anforderungen Auftragsabwicklung, Vernetzung von Standorten sowie Unikat- und Kleinstserienherstellung ist bei einigen Ansätzen gar keine Ausprägung vorhanden.

Die Positionierung eines Betriebs wird in allen Ansätzen sehr gering oder hoch berücksichtigt. Schon PORTER verknüpft die von ihm entwickelten Optionen der Positionierung mit der Gestaltung der Wertschöpfung. Im Ansatz von SCHUH ET AL. wird die Positionierung eines Betriebs über die Kompetenzen mit der Wertschöpfung verbunden. Diese Verbindung wird auch in vielen folgenden Ansätzen aufgegriffen. Einige Ansätze unterscheiden sich dabei jedoch maßgeblich in der Beschreibung von Kompetenzen. SCHUH ET AL. oder RIGGERS definieren diese im Sinne von Fähigkeiten eines Betriebs. MATT sieht sie hingegen als Leistungen, die gegenüber dem Kunden angeboten werden können. Wie die Abstimmung zwischen der Positionierung eines Betriebs und seiner Wertschöpfung jedoch kontinuierlich erfolgen soll, wird in keinem Ansatz detailliert beschrieben.

Die Auftragsabwicklung ist zentraler Bestandteil der Ansätze von PORTER, RIGGERS und KLOTZBACH. Die Wertekette nach PORTER wird dabei von RIGGERS aufgegriffen. KLOTZBACH geht detailliert auf die industrielle Auftragsabwicklung im Werkzeugbau ein und erreicht als einziger eine sehr hohe Ausprägung in Bezug auf diese Anforderung. In der Hälfte aller Ansätze findet die betriebsinterne Gestaltung der Wertschöpfung durch die Auftragsabwicklung keine oder nur eine sehr geringe Berücksichtigung.

Die Vernetzung mit Kunden wird in allen Ansätzen zur Gestaltung von Wertschöpfung adressiert. In Bezug auf die Gestaltung der Wertschöpfung wird sie unterschiedlich interpretiert. Einige Ansätze berücksichtigen den Kunden lediglich als Auftraggeber und Abnehmer von Leistungen, der damit auch Anforderungen an die Wertschöpfung eines Betriebs vorgeben kann. Der Ansatz von BARON erreicht in Bezug auf diese Anforderung die höchste Ausprägung. Er geht konkret auf die vor- und die nachgelagerte Richtung der Vernetzung ein. Eine detaillierte Beschreibung der Art und Weise der Vernetzung in die vor- und die nachgelagerte Richtung zur Gestaltung der Wertschöpfung kann in keinem Ansatz identifiziert werden.

Die Vernetzung mit Lieferanten erreicht im Vergleich mit allen anderen Anforderungen die höchsten Ausprägungen. Die Ansätze von PORTER und KLOTZBACH sind die einzigen, welche lediglich eine sehr geringe Ausprägung erreichen. Zwar gehen beide auf Lieferanten und die Beziehung eines Betriebs zu Lieferanten ein, interpretieren dies jedoch nicht als zentralen Bestandteil der Gestaltung der Wertschöpfung. Die übrigen acht Ansätze erreichen geringe oder hohe Ausprägungen. Die Beschreibung der Vernetzung mit Lieferanten ist vielfach auch abhängig vom vorhandenen Bezug auf die Unikat- und Kleinstserienherstellung eines Ansatzes. Wie in Kapitel 2.2.1.3 dargestellt, sind bspw. Nachfrageschwankungen und die damit verbundene kapazitätsbedingte Vernetzung spezifisch für den Werkzeugbau. Auf die kurzfristige Vernetzung, die in diesem Zusammenhang erforderlich ist, wird jedoch in den Ansätzen von PAROLINI, SCHUH ET AL. oder MATT eingegangen. Insbesondere bei SCHUH ET AL. wird eine partnerschaftliche Ausgestaltung der Beziehung zwischen einem Betrieb und seinen Lieferanten als erforderlich beschrieben.

Die Vernetzung von Standorten ist im Vergleich zu allen anderen Anforderungen am geringsten ausgeprägt. In keinem vorhandenen Ansatz wird die Vernetzung eines Betriebs mit weiteren Standorten detailliert als betriebsinterne Wertschöpfung beschrieben. Die Hälfte aller Ansätze erreicht eine sehr niedrige Ausprägung in Bezug auf diese Anforderung. Dies ist meist darin begründet, dass eine dargestellte Vernetzung auch in Bezug auf die Berücksichtigung weiterer Standorte übertragen werden könnte. Auf mögliche Vorteile der Vernetzung mit einem Standort gegenüber der Vernetzung mit anderen Lieferanten wurde in keinem Ansatz eingegangen.

Die befähigenden Faktoren werden in allen vorgestellten Ansätzen teilweise berücksichtigt. PORTER und RIGGERS gehen dabei sowohl auf die Ressourcen als auch die Kompetenzen eines Betriebs ein. Andererseits wird in den Ansätzen von NORMANN & RAMIREZ, MÖLLER und KLOTZBACH nicht detailliert auf die Ressourcen bzw. die Kompetenzen eines Betriebs eingegangen. Für die befähigenden Faktoren berücksichtigen einige Autoren insbesondere die Kompetenzen. Eine detaillierte Auseinandersetzung mit den Wirkbeziehungen zwischen den befähigenden Faktoren und den Aktivitäten der betriebsinternen und der betriebsübergreifenden Wertschöpfung konnte nicht identifiziert werden. Kein Ansatz erreicht eine sehr hohe Ausprägung in Bezug auf diese Anforderung.

Die Anforderung Unikat- und Kleinstserienherstellung wird in den vorgestellten Ansätzen sehr unterschiedlich adressiert. Viele Ansätze nehmen keinen expliziten Bezug auf eine bestimmte Branche. Zwar werden Güter oder Dienstleistungen als Leistung eines Betriebs vielfach angeführt, eine weitere Konkretisierung wird jedoch nicht vorgenommen. Die Ansätze von SCHUH ET AL. sowie WIRTH & BAUMANN beschreiben konkrete Branchen, für die die von ihnen beschriebenen Ansätze genutzt werden können und erreichen damit die für eine niedrige Ausprägung geforderte Anwendbarkeit. Die Ansätze von BARON und KLOTZBACH sind spezifisch für den Werkzeugbau entwickelt worden und erreichen dadurch sehr hohe Ausprägungen.

3.4 Handlungsbedarf aus der Theorie

Aus der Praxis wurde in Kapitel 2.3 der Handlungsbedarf für einen Ansatz zur Gestaltung von kollaborativer Wertschöpfung im industriellen Werkzeugbau identifiziert. Mit diesem sollen Werkzeugbaubetriebe in die Lage versetzt werden, den Herausforderungen der Gestaltung der Wertschöpfung zu begegnen und damit die Potenziale der kollaborativen Wertschöpfung zu nutzen. Ausgehend davon wurden Anforderungen abgeleitet, die von einem Ansatz für die Gestaltung von kollaborativer Wertschöpfung im Werkzeugbau erfüllt werden sollten. Damit wurden die für diese Arbeit relevanten zehn bestehenden Ansätze zur Gestaltung der Wertschöpfung aus der Wissenschaft vorgestellt und bewertet. Dabei wurden vier zentrale Defizite der bestehenden Ansätze identifiziert.

Die Wertschöpfung eines Werkzeugbaubetriebs sollte mit der Positionierung abgestimmt sein. Während in einigen Ansätzen die Positionierung adressiert wird, wird in keinem

Ansatz detailliert beschrieben, wie die Abstimmung zwischen der Positionierung und der Wertschöpfung erfolgen soll. Die Herausforderungen der betriebsinternen und der betriebsübergreifenden Wertschöpfung im Werkzeugbau wurden von keinem Ansatz umfassend aufgegriffen. Insbesondere die Vernetzung von Standorten wird in keinem Ansatz hervorgehoben. Eine detaillierte Beschreibung der Wirkbeziehungen zwischen den befähigenden Faktoren, wie Ressourcen oder Kompetenzen, und den Aktivitäten der Wertschöpfung wird nicht vorgenommen. Insgesamt wird durch keinen Ansatz beschrieben, wie die Ausführung der Wertschöpfung in der Praxis erzielt werden soll.

Es ist festzustellen, dass kein bestehender Ansatz für die Gestaltung der Wertschöpfung die Anforderungen ausreichend aufgreift. Für den Handlungsbedarf aus der Praxis ist aktuell kein Lösungsansatz aus der Theorie vorhanden. Es besteht somit aus der Theorie ein Handlungsbedarf für die Entwicklung eines Lösungsansatzes zur Gestaltung von kollaborativer Wertschöpfung im industriellen Werkzeugbau.

3.5 Detaillierung der Forschungsfrage

Aus der Praxis und aus der Theorie wurde ein Handlungsbedarf für die Entwicklung eines Lösungsansatzes zur Gestaltung von kollaborativer Wertschöpfung im industriellen Werkzeugbau identifiziert. Damit wurde der in Kapitel 1 dargestellte Forschungsbedarf weiter begründet. Aus dem Forschungsbedarf wurde die handlungsleitende Forschungsfrage definiert, die die Zielsetzung dieser Arbeit aufgreift und mit dieser Arbeit beantwortet werden soll:

Wie muss ein Modell zur Gestaltung von kollaborativer Wertschöpfung im industriellen Werkzeugbau aufgebaut sein?

Die handlungsleitende Forschungsfrage kann auf Basis der Inhalte aus Kapitel 2 und 3 in weitere Unterforschungsfragen detailliert werden, um damit die Beantwortung der handlungsleitenden Forschungsfrage zu unterstützen.[389] Die beschriebenen Herausforderungen der Wertschöpfung erfordern die Beantwortung der Unterforschungsfrage:

Wie können betriebsinterne und betriebsübergreifende Wertschöpfung für die Gestaltung von kollaborativer Wertschöpfung im industriellen Werkzeugbau berücksichtigt werden?

Die Verknüpfung zwischen Positionierung und Wertschöpfung muss für einen Ansatz zur Gestaltung von kollaborativer Wertschöpfung im Werkzeugbau durch die Beantwortung der folgenden Unterforschungsfrage beantwortet werden:

Wie kann bei der Gestaltung von kollaborativer Wertschöpfung im industriellen Werkzeugbau die Positionierung berücksichtigt werden?

[389] Vgl. Kubicek (1977): Heuristischer Bezugsrahmen, S. 17ff.

Für die Adressierung der Wirkbeziehungen zwischen befähigenden Faktoren und den Aktivitäten der betriebsinternen und der betriebsübergreifenden Wertschöpfung stellt sich die Unterforschungsfrage:

Welche befähigenden Faktoren müssen bei der Gestaltung von kollaborativer Wertschöpfung im industriellen Werkzeugbau berücksichtigt werden?

Um die praktische Ausführung der gestalteten Wertschöpfung zu ermöglichen, sollte die abschließende Unterforschungsfrage beantwortet werden:

Wie muss kollaborative Wertschöpfung im industriellen Werkzeugbau ausgeführt werden?

Für die Entwicklung eines umfassenden Lösungsansatzes zur Gestaltung von kollaborativer Wertschöpfung im industriellen Werkzeugbau sind die beschriebene handlungsleitende Forschungsfrage sowie die detaillierenden Unterforschungsfragen zu beantworten.

4 Entwicklung des Gestaltungsmodells

Zur ganzheitlichen Lösung des aufgezeigten Handlungsbedarfs aus Praxis und Theorie wird in diesem Kapitel das Gestaltungsmodell für kollaborative Wertschöpfung im industriellen Werkzeugbau als zentrales Forschungsergebnis dieser Arbeit entwickelt. Mit dem Gestaltungsmodell sollen die Handlungsbedarfe aus der Praxis und Theorie sowie die Forschungsfragen beantwortet werden. Damit werden die dritte, die vierte und die fünfte Phase der angewandten Forschung nach ULRICH adressiert (vgl. Kapitel 1.4). Auf Basis der Spezifizierung von relevanten Verfahren aus der Wissenschaft wird der relevante Anwendungszusammenhang untersucht und das Gestaltungsmodell entwickelt.

Zunächst werden dazu die Grundlagen für die Entwicklung eines Gestaltungsmodells eingeführt. Dabei wird adressiert, wie das reale System der Wertschöpfung im industriellen Werkzeugbau mit einem Modell dargestellt werden kann. Aufbauend werden die Merkmale des Gestaltungsmodells für kollaborative Wertschöpfung im industriellen Werkzeugbau definiert und erforderliche Funktionen entworfen. Diese Funktionen werden durch einzelne Elemente der kollaborativen Wertschöpfung und durch Paradigmen der kollaborativen Wertschöpfung abgebildet. Abschließend wird die Synthese der Elemente und Paradigmen zum Gestaltungsmodell für kollaborative Wertschöpfung im industriellen Werkzeugbau vorgenommen.

Auch in diesem Kapitel werden die Begriffe industrieller Werkzeugbau und Werkzeugbau synonym verwendet. Sofern nicht eindeutig anders gekennzeichnet, wird mit dem Begriff Werkzeugbau der in Kapitel 2.2 eingeführte industrielle Werkzeugbau beschrieben.

4.1 Grundlagen

Das Erfordernis nach einer ganzheitlichen Betrachtung von Problemstellungen hat in der zweiten Hälfte des vergangenen Jhdts. durch die zunehmende Komplexität in Betrieben und ihrer Umwelt zugenommen.[390] Ansätze zur Ganzheitlichkeit können ursprünglich auf die griechische Kultur und die Philosophen ARISTOTELES und PLATON zurückgeführt werden.[391] Durch den Einfluss der Arbeiten von NEWTON und KEPLER war lange Zeit das von CREDO formulierte mechanistische Weltbild vorherrschend. Dieses ging davon aus, dass eine Zukunft grundsätzlich berechenbar ist, solange alle Umweltbedingungen bekannt sind.[392] MAXWELL war 1886 in der Lage, die Erkenntnisse der Rückkopplungseffekte von WATT'schen Reglern weiterzuverarbeiten und die Wahrnehmung zu etablieren, dass absolute Realitäten nicht existieren.[393] Anfang des 20. Jhdts. erkannte der Mathematiker

[390] Vgl. Seeger (2004): Manager, S. 35; Schneider et al. (2007): Strategische Führung, S. 42.

[391] Vgl. Fuchs (1973): Offene Systeme, S. 4f.; Grochla & Lehmann (1980): Systemtheorie, S. 2206.

[392] Vgl. Komorek (1991): Unternehmenskybernetik, S. 26.

[393] Vgl. Lohberg & Lutz (1968): Kybernetik, S. 88.

POINCARÉ, dass es Systeme gibt, deren Störungen mit der Zeit stark zunehmen.[394] HEISENBERG beschrieb einige Jahre später durch seine Unschärferelation, dass jeder Beobachter Teil des von ihm betrachteten Systems ist und deshalb grundsätzlich keine objektive Wahrheit und Realität bestehen kann.[395] Dies begründete die Abkehr vom mechanistischen Weltbild und stellte den Anstoß für die Entwicklung von ganzheitlichen Ansätzen dar. Heute wird vielfach das von BEER entwickelte Viable Systems Model aus dem Jahr 1956 als ein Modell zukunftsfähiger Systeme verwendet, welches auch der Kybernetik zugeordnet werden kann.[396] Im Jahr 1959 wurde einer der ersten Ansätze zur Betrachtung von komplexen und vernetzten Systemen von DE JARDIN veröffentlicht.[397]

Der Werkzeugbau und Wertschöpfung können jeweils als Systeme verstanden werden. Um Systeme verstehen und gestalten zu können, wird im Folgenden zunächst die Systemtheorie beschrieben. Daraufhin wird auf die Modellentwicklung zur Abbildung von Systemen eingegangen. Ein weiteres notwendiges Instrument zur Entwicklung einer ganzheitlichen Lösung ist die Kybernetik, da diese grundsätzlich beschreibt, wie Systeme und Modelle gesteuert werden.[398]

4.1.1 Systemtheorie

Die Systemtheorie ist die Wissenschaft von Systemen, ihren Strukturen, Zusammenhängen und Verhalten.[399] Die Zielsetzung dieser Wissenschaft ist die Entwicklung einer validen Theorie für alle Formen von biologischen, mechanischen sowie sozialen Systemen.[400] ULRICH & PROBST definieren ein System als „ein dynamisches Ganzes“ [401], welches sich aus mehreren voneinander abhängigen Teilen zusammensetzt und durch bestimmte Eigenschaften beschrieben werden kann.[402]

Nach ROPOHL können Systeme und ihre Teile in Hierarchie, Aufgaben und Struktur untergliedert werden.[403] Durch die Hierarchie wird beschrieben, wie viele miteinander verknüpfte Teile eines Systems vorhanden sind.[404] Die Aufgabe bezieht sich auf das Verhalten eines Systems. Es werden die Eingangs- und Ausgangsgrößen des Systems gegenüberge-

394 Vgl. Breuer & Haaf (1990): Ordentliches Chaos, S. 54.

395 Vgl. Komorek (1991): Unternehmenskybernetik, S. 27.

396 Vgl. Beer (1979): Enterprise. Von SCHUH ET AL. wurde das Modell nach BEER erweitert und berücksichtigt damit auch die Beziehung eines Betriebs mit weiteren Betrieben (vgl. Schuh et al. (2011): Vernetzte Wertschöpfung, S. 502ff.).

397 Vgl. de Jardin (1959): Kosmos, S. 28ff.

398 Vgl. Fuchs (1973): Offene Systeme, S. 4f.; Grochla & Lehmann (1980): Systemtheorie, S. 2206; Regenthal (2003): Ganzheitlichkeit, S. 63. Nach WEGEHAUPT stellen die Systemtheorie und Kybernetik die beiden zentralen Bestandteile eines systemorientierten Managements dar (vgl. Wegehaupt (2004): Produktionsnetzwerke, S. 27).

399 Vgl. Ulrich (2001): Systembegriff, S. 105; von Bertalanffy (1949): Biologisches Weltbild; von Bertalanffy (1976): Systemlehre; Fuchs, H. (1976): Systemtheorie, S. 3822.

400 Vgl. von Bertalanffy (1976): Systemlehre, S. 542 und S. 558.

401 Ulrich & Probst (2001): Ganzheitliches Denken und Handeln, S. 30.

402 Vgl. Ulrich & Probst (2001): Ganzheitliches Denken und Handeln, S. 30.

403 Vgl. Ropohl (1999): Systemtheorie, S. 75ff.

404 Vgl. Ropohl (1997): Systemtheoretische Rekonstruktion, S. 157.

stellt und daraus geschlossen, welche Aufgabe das System hat.[405] Die Struktur eines Systems wird durch Verbindungen der Bestandteile von Systemen dargestellt.[406]

Systeme können in offene und geschlossene Systeme unterschieden werden. Geschlossene Systeme weisen konstante Umweltbedingungen auf und haben ein statisches Gleichgewicht als Zustand zum Ziel. Offene Systeme sind verändernden Umweltbedingungen ausgesetzt und haben ein dynamisches Gleichgewicht zum Ziel, welches durch kontinuierliche Anpassung des Systems an die Umweltbedingungen erreicht werden kann.[407] Ein offenes System muss dazu stabil sein und die Anpassungen an die Umweltbedingungen so vornehmen, dass keine großen Abweichungen vom Gleichgewicht entstehen.[408]

4.1.2 Modellbildung

Modelle werden genutzt, um die Komplexität realer Systeme beherrschbar und damit verständlich zu machen. Nach STACHOWIAK sollten Modelle die drei Eigenschaften Abbildung, Verkürzung und Pragmatik aufweisen.[409]

In einem Modell werden Bestandteile sowie Zusammenhänge eines realen Systems abgebildet. Ein Modell ist dabei als Abbildung eine Abstraktion der Realität, welche diese verkürzt bzw. einschränkt. Ein Modell umfasst nur die Inhalte, die dem Erschaffer relevant erscheinen oder für den Nutzer relevant sind.[410] So kann auch durch mehrere Modelle ein reales System nicht vollständig abgebildet werden.[411] Für die praktische Nutzung sollte für ein Modell das reale System, Zielsetzung, Nutzer sowie Zeitraum der Nutzung als die vier zentralen Merkmale definiert werden.[412]

In der Theorie werden unterschiedliche Arten von Modellen beschrieben.[413] Nach PATZAK kann zwischen den vier Arten Beschreibungsmodell, Erklärungsmodell, Gestaltungsmodell und Meta-Modell unterschieden werden. Diese unterscheiden sich in Bezug auf ihre jeweilige Zielsetzung und damit auch in Bezug auf die vorgesehene Nutzung. Die vier Arten und ihre jeweilige Zielsetzung sind in Abbildung 39 zusammengefasst.[414]

---

[405] Vgl. Patzak (1982): Systemtechnik, S. 67.

[406] Vgl. Patzak (1982): Systemtechnik, S. 57.

[407] Vgl. Fuchs (1976): Systemtheorie, S: 3825ff.; Klönne (2008): Prozessgestaltung, S. 34.

[408] Vgl. Beer (1973): Kybernetische Führungslehre, S. 23f.; vgl. Dietrich (2001): Selbstorganisation, S. 102.

[409] Vgl. Stachowiak (1973): Modelltheorie, S. 157ff.

[410] Vgl. Stachowiak (1973): Modelltheorie, S. 131ff.

[411] Vgl. Spur et al. (1993): Unternehmensmodellierung, S. 8.

[412] Vgl. Stachowiak (1973): Modelltheorie, S. 132f.

[413] Vgl. Stachowiak (1973): Modelltheorie, S. 157ff.; Wöhe & Döring (2005): Betriebswirtschaftslehre, S. 39ff.

[414] Vgl. Patzak (1982): Systemtechnik, S. 313ff.

Beschreibungsmodell	**Gestaltungsmodell**
Ziel ▪ Darstellung von Sachverhalten oder Phänomenen	**Ziel** ▪ Abbildung eines angestrebten Zielzustands bzw. einer Veränderung der Realität
Erklärungsmodell	**Meta-Modell**
Ziel ▪ Erstellung von Prognosen und Verdeutlichung von Gesetzmäßigkeiten	**Ziel** ▪ Verbesserung des Verständnisses für Modelle

Abbildung 39: Arten von Modellen nach PATZAK[415]

Ein Beschreibungsmodell soll Sachverhalte darstellen. Die Abbildung dazu soll eine hohe Präzision aufweisen und für den Nutzer leicht verständlich sein. Erklärungsmodelle dienen der Analyse von Systemen oder Sachverhalten. Sie werden eingesetzt, um Zusammenhänge oder Gesetzmäßigkeiten zu verdeutlichen. Erklärungsmodelle können auch genutzt werden, um Prognosen zu erstellen. Dabei nimmt ein Erklärungsmodell Bezug auf einen Zeitpunkt oder einen Zeitraum, der in der Zukunft liegt. Ein Gestaltungsmodell bildet einen angestrebten Zustand eines definierten Systems ab und erläutert diesen. In Bezug auf den Zeitpunkt der Erstellung eines Gestaltungsmodells stellt es eine Veränderung der Realität dar und soll für die Zukunft als Orientierung genutzt werden können. Ein Meta-Modell wird zur Nutzung von Modellen erstellt. Es bildet damit nicht die Realität ab, sondern Modelle, die bereits die Realität abbilden. Mit einem Meta-Modell soll das Verständnis für Modelle und ihre Zusammenhänge sowie ihre Nutzung unterstützt werden.[416]

Durch den Handlungsbedarf aus der Praxis und den Handlungsbedarf aus der Theorie in Kapitel 2.3 bzw. Kapitel 3.4 wurde verdeutlicht, dass Wertschöpfung im Werkzeugbau zukünftig ein neues Zielbild benötigt. Deshalb wird ein Gestaltungsmodell als geeignete Modellart ausgewählt, mit der in dieser Arbeit eine Lösung für die Gestaltung von kollaborativer Wertschöpfung im Werkzeugbau entwickelt werden soll.

4.1.3 Kybernetik

Der Begriff Kybernetik ist auf den griechischen Wortursprung kybernetes zurückzuführen. Dieser kann mit Steuermannskunst übersetzt werden.[417] Erstmals wurde der Begriff 1834 von AMPÈRE verwendet, der die Kybernetik als eine eigene Wissenschaft definierte.[418] Das heutige Verständnis der Kybernetik wurde wie die Systemtheorie in den 1940er

[415] I.A.a. Patzak (1982): Systemtechnik, S. 313 ff.; Lehner et al. (2008): Wirtschaftsinformatik, S. 30ff.; Schiemenz & Schönert (2005): Produktion, S. 49ff.

[416] Vgl. Patzak (1982): Systemtechnik, S. 313ff.

[417] Vgl. Komorek (1991): Unternehmenskybernetik, S. 7; Dietrich (2001): Selbstorganisation, S. 111; Bruns (2006): Organisationales Wissen, S. 53.

[418] Vgl. Laux (1981): Kybernetik, S. 511.

Jahren entwickelt. Als Begründer gilt WIENER durch die Publikation seines Buches zur Kybernetik.[419] Kybernetik wird als die Lehre der Steuerung von Systemen definiert.[420]

Die Anwendung von Kybernetik erstreckt sich inzwischen auf unterschiedliche Felder. So kann bspw. zwischen technischer Kybernetik, Biokybernetik und der Managementkybernetik unterschieden werden.[421] Unabhängig vom Feld, in dem die Kybernetik Anwendung findet, beschäftigt sich diese stets mit Systemen und systemischen Verknüpfungen.[422]

Die Kybernetik basiert auf dem Grundgedanken, dass sich jedes System in einer Umwelt befindet, deren Komplexität die des Systems übersteigt. Dadurch kann eine Vielzahl von Störungen auf das System einwirken.[423] Mit dem Einsatz von Kybernetik soll ein Gleichgewicht in offenen Systemen erreicht werden können.[424] Sich verändernde Umweltbedingungen können als Störungen auf ein System mit einem Regelkreis mit einer Rückkopplung reguliert werden.[425] Ein Regelkreis mit Rückkopplung ist in Abbildung 40 dargestellt.

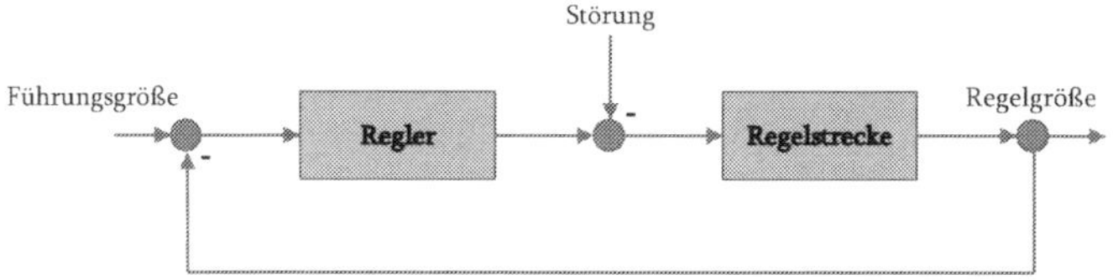

Abbildung 40: Regelkreis nach SCHULZ[426]

Die Führungsgröße stellt die angestrebte Größe für ein System dar und wird zunächst mit der Regelgröße verglichen, um die Regelabweichung zu detektieren. Durch einen Regler wird die für ein System geeignete Stellgröße erzeugt. Die Störung wirkt als Störgröße auf die Regelstrecke. Die Regelgröße wird daraufhin über eine Rückkopplung wiederum zurückgeführt.[427] Zur Erhaltung des Gleichgewichts in offenen Systemen verfügen diese nach KOMOREK alle über Rückkopplungen.[428]

---

[419] Vgl. Wiener (1948): Cybernetics.

[420] Vgl. Probst (1981): Kybernetische Gesetzeshypothesen, S. 7; Kaufmann (2007): Kybernetik, S. 6f.

[421] Vgl. Komorek (1991): Unternehmenskybernetik, S. 33ff.

[422] Vgl. Komorek (1991): Unternehmenskybernetik, S. 30.

[423] Vgl. Malik (2008): Komplexe Systeme, S. 173ff.

[424] Vgl. Beer (1995): Brain of the Firm, S. 27.

[425] Vgl. Vester (2008): Vernetztes Denken, S. 42f.

[426] I.A.a. Schulz (2004): Regelungstechnik, S. 88.

[427] Vgl. Schulz (2004): Regelungstechnik, S. 87ff.

[428] Vgl. Komorek (1991): Unternehmenskybernetik, S. 7 und S. 34.

4.2 Merkmale des Gestaltungsmodells

Als ganzheitlicher Lösungsansatz zur Gestaltung der Wertschöpfung im Werkzeugbau soll im Rahmen dieser Arbeit ein Gestaltungsmodell entwickelt werden. Mit diesem Gestaltungsmodell soll gezeigt werden, welche Elemente zur Gestaltung der Wertschöpfung von Werkzeugbaubetrieben adressiert werden müssen, um die im Werkzeugbau maßgebenden vier Werte Komplexitätsbeherrschung, Prozessbeherrschung, Kostenbeherrschung und Mitarbeiterentwicklung gemäß der Ziele eines Werkzeugbaubetriebs erreichen zu können.

Durch das Gestaltungsmodell sollen die formulierten Forschungsfragen beantwortet werden. Zunächst wird dazu auf das Gestaltungsmodell als Form des Lösungsansatzes für die Gestaltung der Wertschöpfung im Werkzeugbau eingegangen. Daraufhin wird das Gestaltungsmodell inhaltlich entwickelt. Dabei werden erforderliche Funktionen für die Gestaltung der Wertschöpfung definiert und anschließend jeweils beschrieben. Mit den Merkmalen und Funktionen kann im darauffolgenden Teil dieses Kapitels die Synthese zum Gestaltungsmodell vorgenommen werden.

In Kapitel 4.1.2 wurde beschrieben, dass ein Modell die Eigenschaften Abbildung, Verkürzung und Pragmatik aufweisen sollte.[429] Durch die Konzeption eines Modells und die anschließende Detaillierung in Kapitel 5 wird die Abbildung vorgenommen. Ein wissenschaftliches Gestaltungsmodell kann nicht alle Elemente eines Systems in ihrem tatsächlichen Umfang darstellen oder beschreiben. Damit weist das Gestaltungsmodell in dieser Arbeit auch die Eigenschaft der Verkürzung auf. Zur Erreichung der Pragmatik sind für ein Modell die vier Merkmale reales System, Zielsetzung des Gestaltungsmodells, Nutzer sowie Zeitraum der Nutzung zu definieren.[430] Dazu wird für das Gestaltungsmodell für kollaborative Wertschöpfung im Werkzeugbau im Folgenden die Definition der vier Merkmale vorgenommen.

4.2.1 Reales System

Das reale System, auf welches sich das Gestaltungsmodell bezieht, stellt der in Kapitel 2.2 beschriebene industrielle Werkzeugbau dar. Der Werkzeugbau zeichnet sich dadurch aus, dass Werkzeugbaubetriebe vergleichsweise klein in Bezug auf den Umsatz oder die Mitarbeiter sind. Es ist jedoch festzustellen, dass ein Werkzeugbaubetrieb vielfach mehrere Standorte in Deutschland und dem Ausland betreibt. In diesem Zusammenhang wurde die Herausforderung der Vernetzung von Standorten innerhalb eines Werkzeugbaubetriebs beschrieben.

Als ein Lösungsansatz für die Gestaltung der Wertschöpfung im Werkzeugbau bezieht sich das Gestaltungsmodell auf das reale System der Wertschöpfung eines Werkzeugbau-

[429] Vgl. Stachowiak (1973): Modelltheorie, S. 157ff.

[430] Vgl. Stachowiak (1973): Modelltheorie, S. 132f.

betriebs und seines Wertschöpfungsnetzwerks. Das Wertschöpfungsnetzwerk setzt sich dabei aus einem Werkzeugbaubetrieb mit seinen Standorten, seinen Kunden und Lieferanten zusammen. Dabei werden alle Standorte eines Werkzeugbaubetriebs berücksichtigt, die juristisch oder organisatorisch einander zugehörig sind. Die juristische Zugehö-Zugehörigkeit mehrerer Standorte ist gegeben, wenn diese Teil eines juristischen Betriebs sind. Die organisatorische Zugehörigkeit ist gegeben, wenn die Standorte zwar unterschiedlichen juristischen Betrieben zugehörig sind, aber ein Interessenverbund durch einen gemeinsamen Bezug zu einem übergeordneten Unternehmen vorhanden ist. Der industrielle Werkzeugbau ist ein offenes System, welcher Umweltbedingungen ausgesetzt ist, die sich bspw. durch die Beziehung zu Kunden und Lieferanten verändern. Das Gestaltungsmodell soll sowohl von Werkzeugbaubetrieben mit einem Standort als auch von Werkzeugbaubetrieben mit mehreren Standorten angewendet werden können. Es wird deshalb im Rahmen des Entwurfs sowie der Detaillierung des Gestaltungsmodells darauf hingewiesen, wenn Inhalte dieser Arbeit einer unterschiedlichen Interpretation für Betriebe mit einem Standort oder mit mehreren Standorten bedürfen.

4.2.2 Zielsetzung

Die Zielsetzung des Gestaltungsmodells ist die Darstellung eines anzustrebenden Zustands für die Wertschöpfung im Werkzeugbau. Das Gestaltungsmodell soll als Zielbild für Werkzeugbaubetriebe dienen und diesen als Orientierung bei der Gestaltung ihrer Wertschöpfung dienen. Das Modell soll dazu so aufgebaut werden, dass es dem Nutzer die relevanten Inhalte für die Gestaltung der Wertschöpfung im Werkzeugbau aufzeigt.

Die Zielsetzung der Gestaltung der Wertschöpfung selbst ist nicht Teil der Zielsetzung des Modells. Das Modell selbst ist vielmehr das geeignete Mittel für die Darstellung des angestrebten Zustands bzw. eines Zielbilds der Gestaltung der Wertschöpfung für den Werkzeugbau. Die Zielsetzung der Gestaltung der kollaborativen Wertschöpfung selbst bezieht sich auf die Erreichung der Betriebsziele, die explizit unter Adressierung der vier Werte Komplexitätsbeherrschung, Prozessbeherrschung, Kostenbeherrschung und Mitarbeiterentwicklung zu beschreiben sind.

4.2.3 Nutzer

Die Nutzer des Gestaltungsmodells sind alle diejenigen, für die die Wertschöpfung im Werkzeugbau von Relevanz ist. Die Nutzer werden in Anwender und Verwender des Gestaltungsmodells unterteilt.

Anwender sollten die Mitarbeiter eines Werkzeugbaubetriebs sein, die an der Gestaltung der Wertschöpfung in einem Werkzeugbaubetrieb beteiligt sind. Sie sollen das Gestaltungsmodell anwenden, um daran die Gestaltung der Wertschöpfung in ihrem Werkzeugbaubetrieb orientieren zu können. Die Anwender werden dabei nicht auf bestimmte Mitarbeiter beschränkt, wie es durch die Beschreibung bestimmter Funktionen von Mitarbeitern in einem Werkzeugbaubetrieb möglich wäre. Die Gestaltung der Wertschöpfung muss mit der Positionierung genauso die strategische Ausrichtung berücksichtigen, wie mit der Auftragsabwicklung die operative Durchführung einzelner Aktivitäten. Ob ein Mitarbeiter an der Gestaltung der Wertschöpfung beteiligt ist, sollte daher nicht in Abhängigkeit der Funktion festgelegt werden. Vielmehr ist dies betriebsspezifisch unter Berücksichtigung der in Kapitel 2 vorgestellten Inhalte der Wertschöpfung im Werkzeugbau zu definieren.

Die Verwender des Gestaltungsmodells nutzen dieses zur Verbesserung des Verständnisses für Wertschöpfung im Werkzeugbau. Sie sind nicht aktiv an der Gestaltung der Wertschöpfung eines Werkzeugbaubetriebs im Tagesgeschäft beteiligt. Die Verwender des Gestaltungsmodells können durch alle Anspruchsgruppen eines Werkzeugbaubetriebs repräsentiert werden, die in Kapitel 2.1.1 grundsätzlich eingeführt worden sind.

4.2.4 Zeitraum der Nutzung

Der Zeitraum der Nutzung des Gestaltungsmodells hat keine definierte Beschränkung. Das Gestaltungsmodell wird entwickelt, um als ein Lösungsansatz den Handlungsbedarf aus der Praxis und der Theorie für die Gestaltung der Wertschöpfung im Werkzeugbau zu adressieren. Der Handlungsbedarf greift dabei aktuelle Entwicklungen, wie die 4. industrielle Revolution Industrie 4.0 auf. Das Gestaltungsmodell kann deshalb umgehend im Werkzeugbau genutzt werden. Der Zeitraum der Nutzung wird beendet, wenn zukünftige Entwicklungen im Werkzeugbau oder der produzierenden Industrie insgesamt dazu führen, dass das Gestaltungsmodell oder Teile von diesem nicht mehr zutreffend sind. Aus der heutigen Perspektive ist dieser Zeitpunkt nicht konkret absehbar. Dennoch sollte durch die Wissenschaft kontinuierlich geprüft werden, ob das Gestaltungsmodell auch in der Zukunft einen validen Lösungsansatz für die Gestaltung der kollaborativen Wertschöpfung im Werkzeugbau darstellt.

4.3 Konzeption des Gestaltungsmodells

In diesem Teil der Arbeit soll das Gestaltungsmodell für kollaborative Wertschöpfung im Werkzeugbau inhaltlich entwickelt werden. Elemente sind die Bestandteile des Gestaltungsmodells für kollaborative Wertschöpfung, durch deren Adressierung und Verknüpfung die kollaborative Wertschöpfung gestaltet wird. Damit ein Gestaltungsmodell alle erforderlichen Inhalte umfasst, müssen zunächst die für die Gestaltung der Wertschöpfung erforderlichen Funktionen entwickelt werden. Die Entwicklung der einzelnen Funktionen kann auf Grundlage der in Kapitel 2 vorgestellten Inhalte zu Wertschöpfung im Werkzeugbau sowie der in Kapitel 3 analysierten Ansätze für die Gestaltung der Wertschöpfung durchgeführt werden. Durch die Funktionen des Gestaltungsmodells werden auch die formulierten Forschungsfragen adressiert.

Die Wertschöpfung selbst muss der zentrale Bestandteil des Gestaltungsmodells sein. Dies wird durch die Funktion Handlungsfelder der kollaborativen Wertschöpfung abgebildet. Mit den Handlungsfeldern müssen die betriebsinterne sowie die betriebsübergreifende Wertschöpfung aufgegriffen werden, die in Kapitel 2.1.5 bereits grundlegend eingeführt worden sind.

Das in Kapitel 2.2.2.3 vorgestellte AWFM-Modell unterteilt die Betrachtung eines Werkzeugbaubetriebs zur Bewertung seiner Leistungsfähigkeit in Befähiger und Ergebnisse. Auch für die Gestaltung der Wertschöpfung wird das Ergebnis von Wertschöpfung in einem Werkzeugbaubetrieb berücksichtigt. Das Ergebnis beschreibt den Abschluss der Wertschöpfung und hat dadurch auch einen Einfluss auf die Wertschöpfung zur Herstellung dieser Leistungen. Eine erforderliche Funktion für die Gestaltung der Wertschöpfung ist damit das Ergebnis der kollaborativen Wertschöpfung.

Die Wertschöpfung im Werkzeugbau erfordert unterstützende Elemente. Im General Management Navigator werden als unterstützende Elemente bspw. Ressourcen genannt, die für die Gestaltung der Wertschöpfung berücksichtigt werden. Neben dieser in Kapitel 2.1.2 ausgeführten Darstellung nach MÜLLER-STEWENS & LECHNER beschreiben unterschiedliche Autoren bestehender Lösungsansätze befähigende Faktoren für die Gestaltung der Wertschöpfung. SCHUH ET AL., RIGGERS oder WIRTH & BAUMANN verknüpfen die Gestaltung der Wertschöpfung eines Betriebs mit seinen Kompetenzen. Kompetenzen befähigen die Gestaltung der Wertschöpfung, indem sie eingesetzt werden, um relevante Aktivitäten für die betriebsinterne und die betriebsübergreifende Wertschöpfung zu bestimmen. Auch im AWFM-Modell werden für Ergebnisse eines Werkzeugbaubetriebs unterschiedliche Befähiger eingeführt. Befähiger der kollaborativen Wertschöpfung müssen daher als Funktion im Gestaltungsmodell berücksichtigt werden. Sowohl die Befähiger als auch das Ergebnis der Wertschöpfung sind Bestandteil der Gestaltung der Wertschöpfung. Sie beinhalten damit Elemente des Gestaltungsmodells, die auch ausgestaltet werden können.

Mit den drei definierten Funktionen Handlungsfelder, Ergebnis und Befähiger der kollaborativen Wertschöpfung können die ersten drei Unterforschungsfragen aus Kapitel 3.5 beantwortet werden. Das Ergebnis sowie die Befähiger der kollaborativen Wertschöpfung repräsentieren befähigende Faktoren für die Wertschöpfung. Betriebsinterne und betriebsübergreifende Wertschöpfung werden durch die Handlungsfelder der kollaborativen Wertschöpfung abgebildet. Die Positionierung eines Werkzeugbaubetriebs muss ebenso durch die Funktion Befähiger der kollaborativen Wertschöpfung aufgegriffen werden. Nach MÜLLER-STEWENS & LECHNER sind die Positionierung und die Wertschöpfung so miteinander verknüpft, dass sie sich gegenseitig beeinflussen. Damit ist es auch erforderlich, die Positionierung als Befähiger für die kollaborative Wertschöpfung einzubeziehen. Durch die drei definierten Funktionen sollen alle für die Gestaltung der Wertschöpfung relevanten Elemente beschrieben werden können.

Mit der vierten Unterforschungsfrage wird die Art und Weise aufgegriffen, mit der Wertschöpfung in einem Unternehmen umgesetzt werden soll. Damit wird einerseits beschrieben, wie die einzelnen Elemente ausgestaltet werden sollen. Andererseits wird dargestellt, wie eine Verknüpfung zwischen den unterschiedlichen Elementen des Modells erreicht wird. Dies wird im Gestaltungsmodell für Wertschöpfung durch die Beschreibung von Paradigmen erzielt. Diese stellen Erläuterungen dar, die für die Gestaltung der Wertschöpfung im Werkzeugbau maßgebend sind.[431]

Auf Grundlage der vier definierten Funktionen können so die vier Unterforschungsfragen sowie die handlungsleitende Forschungsfrage adressiert werden. Die vier Funktionen stellen die Struktur für das Gestaltungsmodell dar und sind in Abbildung 41 dargestellt.

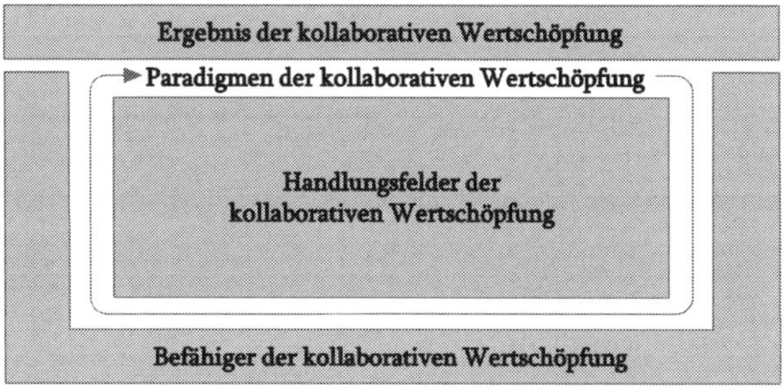

Abbildung 41: Funktionen des Gestaltungsmodells für kollaborative Wertschöpfung im industriellen Werkzeugbau

Das Ergebnis der Wertschöpfung stellt den Abschluss der Wertschöpfung dar und ist im Gestaltungsmodell über allen anderen Funktionen angeordnet. Befähiger geben grafisch den Rahmen für die Wertschöpfung in einem Betrieb vor. Die Handlungsfelder der Wertschöpfung fußen auf dem Fundament der Befähiger der kollaborativen Wertschöpfung. Gleichzeitig flankieren die Befähiger die Handlungsfelder und repräsentieren so die Verknüpfung zur Umsetzung der kollaborativen Wertschöpfung. Die Befähiger sowie das Ergebnis Wertschöpfung umfassen dabei die relevanten befähigenden Faktoren, die für die Wertschöpfung erforderlich sind. Mit einem festgelegten Rahmen für die Wertschöpfung muss auch die Wertschöpfung selbst eine Funktion für die Gestaltung der Wertschöpfung darstellen. Die Handlungsfelder der Wertschöpfung sind im Zentrum des Gestaltungsmodells angesiedelt. Diese Anordnung ist auch im Gestaltungsmodell von KLOTZBACH wiederzufinden. Die Handlungsfelder der kollaborativen Wertschöpfung bauen auf den Befähigern der Wertschöpfung auf und nutzen diese zur Wertschöpfung, um ein Ergebnis zu erzielen.

---

431 KUHN definiert ein Paradigma als eine Erläuterung, die in einem Fachgebiet maßgebend ist und sich wiederholt (vgl. Kuhn (1988): Revolutionen, S. 4).

4.3.1 Handlungsfelder der kollaborativen Wertschöpfung

Die Handlungsfelder der Wertschöpfung werden durch Elemente repräsentiert, die Teil des Gestaltungsmodells sind und in einem Werkzeugbaubetrieb weiter ausgestaltet werden können. Im Folgenden werden dazu zunächst die einzelnen Elemente hergeleitet und daraufhin für das Gestaltungsmodell in dieser Arbeit definiert.

4.3.1.1 Herleitung der Elemente

Aufbauend auf der in Kapitel 2.1.1 eingeführten Definition umfasst Wertschöpfung im Werkzeugbau alle Aktivitäten, die zur Erreichung der Betriebsziele ausgeführt werden. Die Handlungsfelder der Wertschöpfung setzen sich ausschließlich aus Aktivitäten zusammen. Diese Aktivitäten können im Werkzeugbau der betriebsinternen oder der betriebsübergreifenden Wertschöpfung zugeordnet werden. Die Handlungsfelder müssen dabei die aktuellen Herausforderungen der Wertschöpfung im Werkzeugbau berücksichtigen. Die vier Herausforderungen industrielle Auftragsabwicklung, Vernetzung mit Kunden, Vernetzung mit Lieferanten und Vernetzung von Standorten werden im Gestaltungsmodell für Wertschöpfung im Werkzeugbau jeweils durch Elemente aufgegriffen, die in der Summe zu den Handlungsfeldern der kollaborativen Wertschöpfung zusammengefasst werden. Die industrielle Auftragsabwicklung und die Standortvernetzung sind die Elemente, welche die betriebsinternen Handlungsfelder der Wertschöpfung beschreiben. Die betriebsübergreifende Wertschöpfung setzt sich aus den Elementen Kundenvernetzung und Lieferantenvernetzung zusammen.

4.3.1.2 Element industrielle Auftragsabwicklung

Das Element industrielle Auftragsabwicklung umfasst alle Aktivitäten der Auftragsabwicklung im Werkzeugbau. Die Auftragsabwicklung setzt sich aus auftragsneutralen und auftragsspezifischen Aktivitäten zusammen. Auftragsneutrale Aktivitäten sind die Marktanalyse, die Forschung und die Entwicklung sowie das Wissensmanagement, welche unabhängig von spezifischen Aufträgen eines Werkzeugbaubetriebs ausgeführt werden. Mit dem Vertrieb beginnen die auftragsspezifischen Aktivitäten der Auftragsabwicklung. Diese werden durch das Projektmanagement, das Engineering mit anschließender Konstruktion, den Einkauf, die Arbeitsvorbereitung, die mechanische Fertigung sowie die Montage und den Try-Out vervollständigt. Die Inhalte der einzelnen Aktivitäten sind ausführlich in Kapitel 2.2.2.4 beschrieben. Die Auftragsabwicklung hat industriellen Charakter, da sie am Gestaltungsmodell für den industriellen Werkzeugbau nach KLOTZBACH orientiert ist (vgl. Kapitel 2.2.2.1).[432] In Abbildung 42 sind die Definition und die Inhalte des Elements industrielle Auftragsabwicklung zusammengefasst.

[432] Vgl. Klotzbach (2007): Industrieller Werkzeugbau, S. 163ff.

Abbildung 42: Industrielle Auftragsabwicklung als Element der kollaborativen Wertschöpfung im industriellen Werkzeugbau

Ziel der industriellen Auftragsabwicklung ist die im Sinne der Betriebsziele effiziente betriebsinterne Wertschöpfung, die mit den übrigen Elementen abgestimmt ist und diese unterstützt. Die Industrialisierung nimmt insbesondere Bezug auf die betriebsinterne Wertschöpfung. Durch den Begriff der industriellen Auftragsabwicklung wird hervorgehoben, dass der industrielle Werkzeugbau den Betrachtungsbereich für diese Arbeit darstellt.

4.3.1.3 Element Kundenvernetzung

Die Kunden eines Werkzeugbaubetriebs geben Aufträge für Leistungen auf und nehmen diese ab. Die Kundenvernetzung stellt betriebsübergreifende Wertschöpfung eines Werkzeugbaubetriebs dar, die nicht in der industriellen Auftragsabwicklung enthalten ist. Sie umfasst Aktivitäten, die in direkter Zusammenarbeit zwischen einem Werkzeugbaubetrieb mit seinen Kunden und potenziellen Kunden durchgeführt werden oder diese unmittelbar unterstützen. Die Kundenvernetzung wird in vorgelagerte und nachgelagerte Kundenvernetzung unterschieden. Die vorgelagerte Kundenvernetzung beschreibt Aktivitäten zwischen einem Werkzeugbaubetrieb und der Produktentwicklung. Die nachgelagerte Kundenvernetzung beschreibt Aktivitäten zwischen einem Werkzeugbaubetrieb und der Serienproduktion. Teil der Kundenvernetzung sind auch die Aktivitäten zur Verknüpfung der vorgelagerten und der nachgelagerten Kundenvernetzung. Die Definition der Aktivitäten der Kundenvernetzung ist in Abbildung 43 dargestellt.

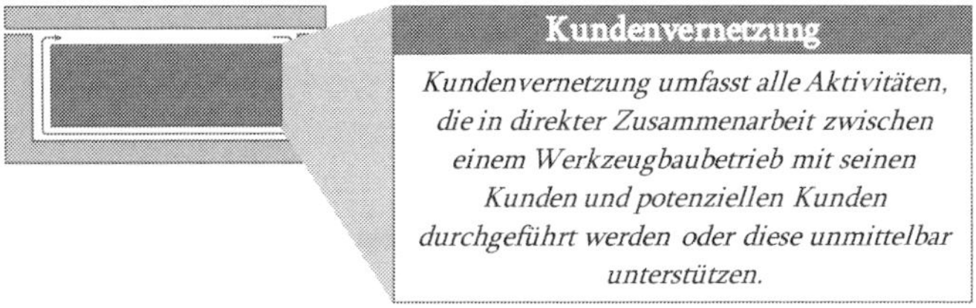

Abbildung 43: Kundenvernetzung als Element der kollaborativen Wertschöpfung im industriellen Werkzeugbau

Ziel der Kundenvernetzung ist die im Sinne der Betriebsziele effiziente betriebsübergreifende Wertschöpfung mit Kunden, die mit den übrigen Elementen abgestimmt ist und diese unterstützt. Mit dem Element Kundenvernetzung wird die Herausforderung der Vernetzung mit Kunden aufgegriffen und als Handlungsfeld der kollaborativen Wertschöpfung definiert.

4.3.1.4 Element Lieferantenvernetzung

Lieferanten eines Werkzeugbaubetriebs liefern beauftragte Leistungen, die der Werkzeugbaubetrieb für die betriebsinterne Wertschöpfung nutzt oder als Leistung direkt an seine Kunden weitergibt. Die Lieferantenvernetzung stellt betriebsübergreifende Wertschöpfung eines Werkzeugbaubetriebs dar, die nicht in der industriellen Auftragsabwicklung enthalten ist. Sie umfasst Aktivitäten, die in direkter Zusammenarbeit zwischen einem Werkzeugbaubetrieb mit seinen Lieferanten und potenziellen Lieferanten durchgeführt werden oder diese unmittelbar unterstützen. Die Lieferantenvernetzung kann kompetenzbasiert oder kapazitätsbasiert motiviert sein. Die kompetenzbasierte Lieferantenvernetzung wird für die Aktivitäten zur Herstellung aller Leistungen genutzt, die außerhalb der Kompetenzen eines Werkzeugbaubetriebs liegen und gar nicht betriebsintern ausgeführt werden sollten. Die kapazitätsbasierte Lieferantenvernetzung wird für Aktivitäten zur Herstellung aller Leistungen genutzt, die kapazitiv nicht betriebsintern ausgeführt werden können. Die Definition der Aktivitäten als Inhalt der Lieferantenvernetzung ist in Abbildung 44 dargestellt.

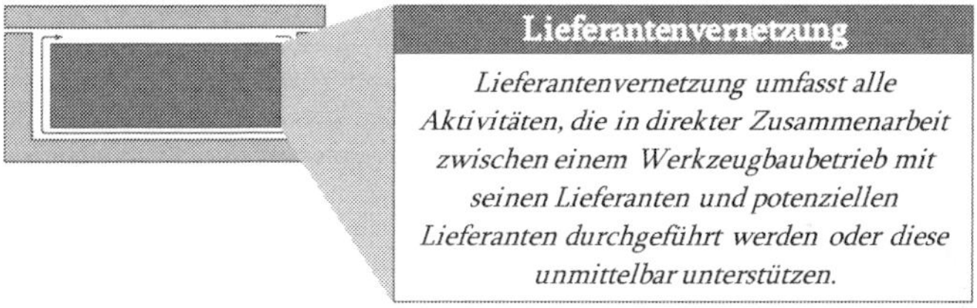

Abbildung 44: Lieferantenvernetzung als Element der kollaborativen Wertschöpfung im industriellen Werkzeugbau

Ziel der Lieferantenvernetzung ist die im Sinne der Betriebsziele effiziente betriebsübergreifende Wertschöpfung mit Lieferanten, welche auf die übrigen Elemente zur kollaborativen Wertschöpfung abgestimmt ist und diese unterstützt. Mit dem Element Lieferantenvernetzung wird die Herausforderung der Vernetzung mit Lieferanten aufgegriffen und als Handlungsfeld der Wertschöpfung definiert.

4.3.1.5 Element Standortvernetzung

Die Standortvernetzung stellt betriebsinterne Wertschöpfung eines Werkzeugbaubetriebs dar, die nicht in der industriellen Auftragsabwicklung enthalten ist. Sie umfasst Aktivitäten, die zur direkten Zusammenarbeit zwischen Standorten eines Werkzeugbaubetriebs durchgeführt werden oder diese unmittelbar unterstützen. Mit der Standortvernetzung ist jedoch immer die Wertschöpfung zwischen Standorten gemeint, die geografisch voneinander getrennt und in der Praxis meist unterschiedlich organisiert sind und von einem übergeordneten Unternehmen unabhängig voneinander bewertet werden. Die Standortvernetzung kann damit zur Unterstützung oder als Ergänzung aller Aktivitäten der übrigen Handlungsfelder der kollaborativen Wertschöpfung eingesetzt werden. Die Definition der für die Standortvernetzung relevanten Aktivitäten ist in Abbildung 45 dargestellt.

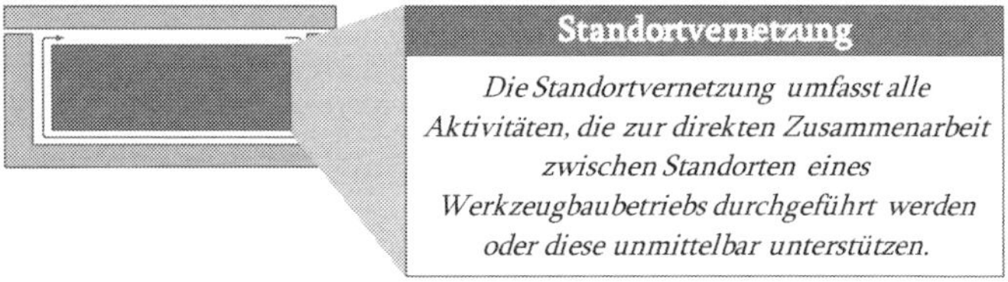

Abbildung 45: Standortvernetzung als Element der kollaborativen Wertschöpfung im industriellen Werkzeugbau

Ziel der Standortvernetzung ist die im Sinne der Betriebsziele effiziente betriebsinterne Wertschöpfung mit unterschiedlichen Standorten, welche mit den übrigen Elementen zur kollaborativen Wertschöpfung abgestimmt ist und diese unterstützt. Mit dem Element Standortvernetzung wird daher die Herausforderung der Vernetzung von Standorten aufgegriffen und als Handlungsfeld der kollaborativen Wertschöpfung definiert.

4.3.2 Ergebnis der kollaborativen Wertschöpfung

Das Ergebnis der kollaborativen Wertschöpfung wird durch ein Element repräsentiert, welches Teil des Gestaltungsmodells ist und in einem Werkzeugbaubetrieb weiter ausgestaltet werden muss. Im Folgenden wird zunächst das Element hergeleitet und daraufhin für das Gestaltungsmodell in dieser Arbeit definiert.

4.3.2.1 Herleitung des Elements

Die Wertschöpfung in einem Werkzeugbaubetrieb wird genutzt, um Aufträge abwickeln zu können. Den Abschluss der Auftragsabwicklung stellt die Vollendung einer Leistung für den Kunden dar. In Bezug auf einen Auftrag ist das Ergebnis der Wertschöpfung damit eine Leistung. Eine Leistung ist für einen Werkzeugbaubetrieb das zentrale Mittel, um Umsätze zu generieren und eine Grundlage für nachhaltige Wirtschaftlichkeit zu schaffen.

4.3.2.2 Element Leistungen

Die Gestaltung der Wertschöpfung im Werkzeugbau sollte sich grundsätzlich an den Leistungen orientieren. Dies sind die Erzeugnisse, die angeboten, gegen eine Vergütung verkauft werden und mit denen der Kundennutzen erfüllt werden kann. Neben den Leistungen des Werkzeugbaubetriebs selbst sind auch die Leistungen von vorhandenen und potenziellen Kunden sowie von vorhandenen und potenziellen Lieferanten zu berücksichtigen. In Kapitel 2.2.1.3 wurden die Leistungen beschrieben, die Werkzeugbaubetriebe anbieten können. Im Sinne dieser vorgenommenen Darstellung setzen sich die Leistungen, welche angeboten werden sollten, grundsätzlich aus Gütern und Dienstleistungen zusammen. Güter sind physische Leistungen, die ein Werkzeugbaubetrieb gegen einen definierten Preis anbietet und verkauft. Das umfangreichste Gut eines Werkzeugbaubetriebs ist das Werkzeug selbst. Dienstleistungen sind im Gegensatz dazu Leistungen, durch die ein Bedarf des Kunden adressiert wird, für die kein Gut oder materieller Wert im Vordergrund steht. Die Leistungen eines Werkzeugbaubetriebs umfassen in der Regel nicht das gesamte in Kapitel 2.2.1.3 vorgestellte Spektrum. Vielmehr wird eine Fokussierung auf einzelne dieser Leistungen vorgenommen. Nach KLOTZBACH ist diese Fokussierung eine Voraussetzung für den industriellen Werkzeugbau und damit auch für die Gestaltung der kollaborativen Wertschöpfung erforderlich.[433] Die Definition von Leistungen ist in Abbildung 46 dargestellt.

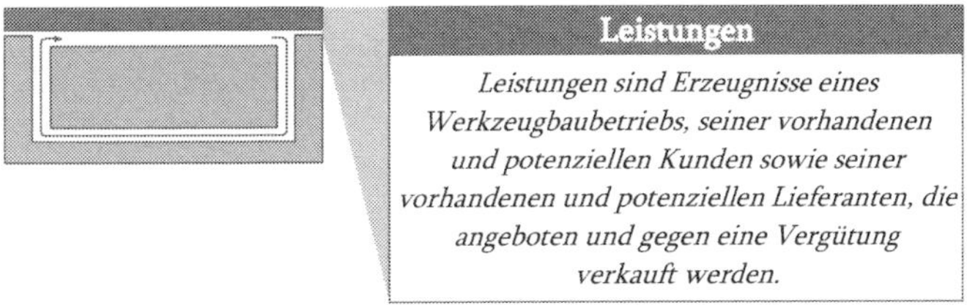

Abbildung 46: Leistungen als Element der kollaborativen Wertschöpfung im industriellen Werkzeugbau

4.3.3 Befähiger der kollaborativen Wertschöpfung

Die Befähiger der kollaborativen Wertschöpfung werden durch Elemente repräsentiert, die Teil des Gestaltungsmodells sind und in einem Werkzeugbaubetrieb weiter ausgestaltet werden können. Im Folgenden werden dazu zunächst die einzelnen Elemente hergeleitet und anschließend für das Gestaltungsmodell in dieser Arbeit definiert.

4.3.3.1 Herleitung der Elemente

Die Befähiger der Wertschöpfung eines Werkzeugbaubetriebs stellen im Gestaltungsmodell Elemente zur Unterstützung der kollaborativen Wertschöpfung selbst dar. Die Befähiger der kollaborativen Wertschöpfung müssen deshalb sowohl die betriebsinterne als auch die betriebsübergreifende Wertschöpfung eines Werkzeugbaubetriebs adressieren. MÜLLER-STEWENS & LECHNER definieren dazu den Begriff der Ressourcen. Im AWFM-Modell werden die Befähiger für Leistungsfähigkeit im Werkzeugbau durch Organisation, Ressourcen, Prozesse sowie Strategie und Führung dargestellt. Die Analyse der vorhande-

[433] Vgl. Klotzbach (2007): Industrieller Werkzeugbau, S. 165.

nen Ansätze für die Gestaltung von Wertschöpfung hat gezeigt, dass insbesondere die Kompetenzen als Befähiger für die Vernetzung im Rahmen betriebsübergreifender Wertschöpfung genutzt werden. Zur Identifikation von Unterschieden und Überschneidungen zwischen den unterschiedlichen Befähigern werden die in den unterschiedlichen Ansätzen beschriebenen Befähiger analysiert. Als Grundlage wird die umfassende Definition von Ressourcen nach MÜLLER-STEWENS & LECHNER verwendet, die in Abbildung 47 dargestellt ist.

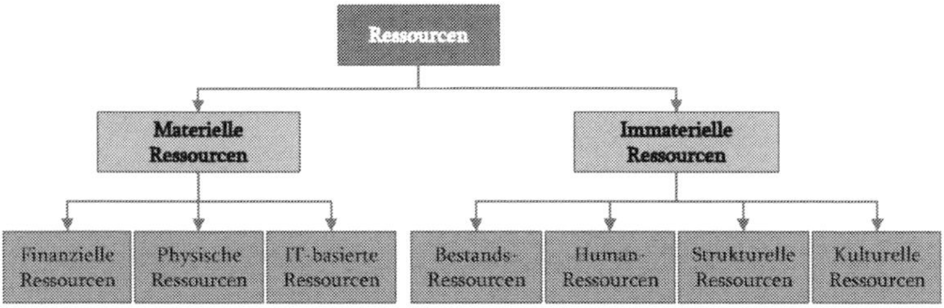

Abbildung 47: Ressourcen nach MÜLLER-STEWENS & LECHNER[434]

Die materiellen Ressourcen entsprechen zum Großteil der für den Werkzeugbau relevanten Definition von Ressourcen nach FRICK. Diese umfassen Finanzmittel, Mitarbeiter, Maschinen und IT-Systeme. FRICK definiert die Organisation im AWFM-Modell als die Aufbauorganisation, die Technologieorganisation und die Kooperationen eines Werkzeugbaubetriebs.[435] Somit adressiert diese Definition der Organisation insbesondere die strukturellen und kulturellen Ressourcen. Nach MÜLLER-STEWENS & LECHNER können Ressourcen Fähigkeiten eines Betriebs darstellen. Damit umfassen Ressourcen auch die Kompetenzen eines Betriebs, die in unterschiedlichen Ansätzen für die Gestaltung von Wertschöpfung explizit hervorgehoben werden. Wie in Kapitel 2.1.2 dargestellt, können Kompetenzen ebenso Aktivitäten darstellen oder eingesetzt werden, um die Positionierung und die Wertschöpfung eines Betriebs miteinander zu verknüpfen.

Inhaltlich ist festzustellen, dass die Befähiger für Wertschöpfung ähnlich interpretiert werden. Alle beschriebenen Interpretationen von Befähigern weisen jedoch Defizite in ihrer Eignung für die Gestaltung der Wertschöpfung auf. MÜLLER-STEWENS & LECHNER nehmen keinen Bezug auf den Umgang mit unterschiedlichen Ressourcen. So werden bspw. die in Bezug auf die Positionierung eines Betriebs relevanten Kompetenzen nicht separat hervorgehoben.[436] Durch den Sammelbegriff Ressourcen wird nicht deutlich, inwiefern unterschiedlich mit einzelnen Ressourcen umgegangen werden kann. Materielle Ressourcen können bspw. zu einem großen Teil durch monetäre Investitionen aufgebaut werden. Strukturelle oder kulturelle Ressourcen können nicht ausschließlich durch mo-

---

[434] I.A.a. Müller-Stewens & Lechner (2011): Strategisches Management, S. 199.

[435] Vgl. Frick (2006): Geschäftsmodelle, S. 51.

[436] Vgl. Müller-Stewens & Lechner (2011): Strategisches Management, S. 388ff.

netäre Investitionen kurzfristig aufgebaut werden. Im AWFM-Modell werden unterschiedliche Befähiger für Leistungsfähigkeit in einem Betrieb aufgezeigt. Es wird dabei jedoch nicht ausführlich auf die Inhalte der Befähiger eingegangen.[437] Bspw. wird nicht weiter detailliert, welche Inhalte der Organisation in Bezug auf Kooperationen berücksichtigt werden. Es wird auch nicht deutlich, ob oder wie Kompetenzen eines Betriebs einbezogen werden. Ursächlich kann der Verwendungszweck des AWFM-Modells zur Bewertung von Betrieben sein.[438] Es bildet den Status eines Betriebs ab und wird vorrangig nicht zu seiner Gestaltung eingesetzt. Es wird keine Unterscheidung von unterschiedlichen Befähigern vorgenommen, die den Umgang mit diesen im Rahmen der Gestaltung der Wertschöpfung einbezieht. Die analysierten Ansätze zur Gestaltung von Wertschöpfung haben insbesondere die Positionierung eines Unternehmens berücksichtigt und die Kompetenzen eines Betriebs für die Gestaltung der Wertschöpfung eingesetzt.

Von MÜLLER-STEWENS & LECHNER, FRICK sowie in den vorgestellten Ansätzen zur Gestaltung von Wertschöpfung werden Befähiger umfassend adressiert. In der bereits definierten Form sind sie jedoch nicht für die Gestaltung der Wertschöpfung geeignet. Für das Gestaltungsmodell in dieser Arbeit sollen die Befähiger die Positionierung eines Werkzeugbaubetriebs durch seine Kompetenzen berücksichtigen. Zusätzlich sollen Befähiger aufgegriffen werden, die als unterstützende Elemente für die Gestaltung der Wertschöpfung genutzt werden können. Dazu wird die Differenzierung zwischen Ressourcen und Organisation nach FRICK aus dem AWFM-Modell verwendet. Die für die Gestaltung der Wertschöpfung relevanten Ressourcen eines Werkzeugbaubetriebs sind dabei diejenigen, welche für die Umsetzung der Aktivitäten direkt eingesetzt werden. Durch die Organisation wird die Anordnung der Ressourcen bestimmt. Die Befähiger für die Gestaltung der Wertschöpfung sind damit die drei Elemente Kompetenzen, Ressourcen und Organisation eines Werkzeugbaubetriebs.

4.3.3.2 Element Kompetenzen

Für die Gestaltung der kollaborativen Wertschöpfung im Werkzeugbau ist die in Kapitel 2.1.3.3 vorgenommene Definition für Kompetenzen relevant. Kompetenzen stellen besondere Fähigkeiten dar, die zu einer Steigerung des Kundennutzens oder der Effizienz eines Werkzeugbaubetriebs eingesetzt werden können. Für die Gestaltung der kollaborativen Wertschöpfung müssen die Kompetenzen des Werkzeugbaubetriebs und die Kompetenzen der Kunden und Lieferanten sowie der potenziellen Kunden und Lieferanten berücksichtigt werden. Der Besitz von Kompetenzen ist damit eine Voraussetzung für Werkzeugbaubetriebe, um nachhaltig wettbewerbsfähig bleiben zu können.

---

[437] Vgl. Frick (2006): Geschäftsmodelle, S. 51f.

[438] Das AWFM-Modell wird zur Bewertung im Rahmen des Wettbewerbs EiP eingesetzt Daher werden die einzelnen Bestandteile nach FRICK nicht ausführlicher definiert und veröffentlicht (vgl. Frick (2006): Geschäftsmodelle, S. 50ff.).

Mit dem Element Kompetenzen wird die Positionierung eines Werkzeugbaubetriebs mit der Wertschöpfung verknüpft. Damit die Wertschöpfung zielorientiert zur Erreichung der Positionierung eingesetzt werden kann, müssen Positionierung und Wertschöpfung inhaltlich aufeinander abgestimmt sein. Die Wertschöpfung muss dabei mit der Positionierung verknüpft werden, um die angestrebte Positionierung erreichen zu können (vgl. Kapitel 2.1.2). Die Kompetenzen sind dazu das Bindeglied zwischen der Positionierung und der Wertschöpfung.

Kompetenzen müssen als besondere Fähigkeiten eines Betriebs logisch aus seiner Positionierung abgeleitet werden können. Sie sind jedoch keine konkrete Vorgabe, sondern vielmehr ein Bestandteil, der für die Gestaltung der kollaborativen Wertschöpfung einbezogen werden muss. Damit können Aktivitäten der Handlungsfelder der kollaborativen Wertschöpfung so gestaltet werden, dass sie Kompetenzen eines Werkzeugbaubetriebs umfassen. Gleichzeitig können sich Aktivitäten auch so entwickeln, dass sie zu Kompetenzen werden oder die Kompetenzen eines Werkzeugbaubetriebs beeinflussen. Dies kann wiederum Auswirkungen auf die Positionierung eines Werkzeugbaubetriebs haben. Die Verknüpfung zwischen der Positionierung und der Wertschöpfung muss daher nicht von der Positionierung ausgehen, sondern auch die Wertschöpfung kann Auswirkungen auf die Positionierung eines Werkzeugbaubetriebs haben. Das Bindeglied stellen unabhängig davon durchgängig die Kompetenzen dar. Damit wird das im General Management Navigator zugrunde liegende Verständnis von MÜLLER-STEWENS & LECHNER aufgegriffen, welches den Aspekt der Positionierung und den Aspekt der Wertschöpfung auch in keiner strengen Reihenfolge zueinander anordnet. Die Definition der Inhalte des Elements Kompetenzen ist in Abbildung 48 dargestellt.

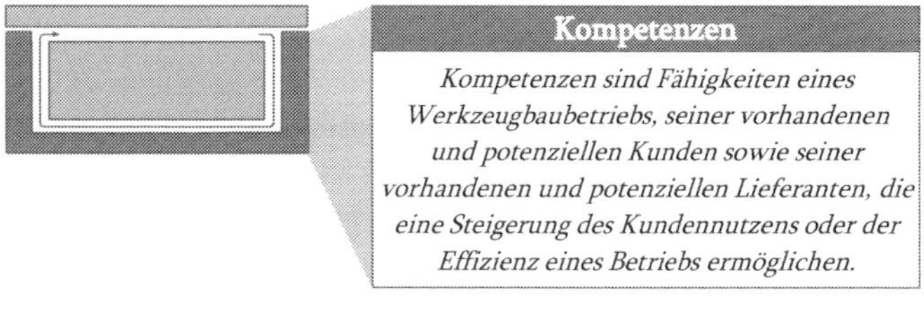

Abbildung 48: Kompetenzen als Element der kollaborativen Wertschöpfung im industriellen Werkzeugbau

Die Bestandteile der Kompetenzen sind die einzigen in Bezug auf alle Elemente, die auch anderen Elementen im Gestaltungsmodell zugeordnet werden könnten. Kompetenzen können weiterhin Aktivitäten darstellen, die sich in ihrem Einfluss auf den Kundennutzen oder die Effizienz eines Werkzeugbaubetriebs jedoch positiv von anderen Fähigkeiten unterscheiden. Vielfach kann eine Kompetenz nur durch eine bestimmte Ressource oder eine bestimmte Art der Organisation erreicht werden.[439]

---

[439] Vgl. Müller-Stewens & Lechner (2011). Strategisches Management, S. 55.

4.3.3.3 Element Ressourcen

Die Inhalte des Elements Ressourcen sollen auch die allgemeine Definition von Ressourcen aufgreifen, nach welcher diese „Mittel, die in die Produktion von Gütern und Dienstleistungen eingehen“[440] sind. Das Element Ressourcen umfasst die Ressourcen des Werkzeugbaubetriebs sowie die für seine Wertschöpfung relevanten Ressourcen der Kunden und Lieferanten sowie der potenziellen Kunden und Lieferanten. Die für die Gestaltung der kollaborativen Wertschöpfung relevanten Ressourcen sind diejenigen, welche für die Umsetzung der Aktivitäten direkt eingesetzt werden. Die für die Umsetzung der Aktivitäten erforderlichen Ressourcen sind finanzielle, physische, IT-Systemressourcen sowie Bestands- und Humanressourcen.[441]

Finanzielle Ressourcen sind das Kapital und die Zahlungsmittel eines Werkzeugbaubetriebs. Physische Ressourcen eines Werkzeugbaubetriebs sind alle Objekte eines Werkzeugbaubetriebs, die für die Wertschöpfung erforderlich sind. IT-Systemressourcen sind Software, die in einem Werkzeugbaubetrieb zur Wertschöpfung verwendet wird. Bestandsressourcen eines Werkzeugbaubetriebs werden durch betriebsspezifisches Vermögen dargestellt. Die Humanressourcen sind insbesondere die Mitarbeiter und ihr Wissen. Die Ressourcen sind in Abbildung 49 als Element der kollaborativen Wertschöpfung definiert.

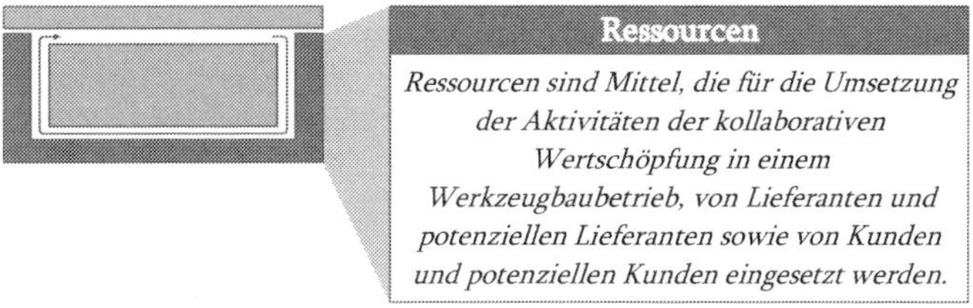

Abbildung 49: Ressourcen als Element der kollaborativen Wertschöpfung im industriellen Werkzeugbau

4.3.3.4 Element Organisation

Die Organisation eines Werkzeugbaubetriebs bestimmt die Anordnung der Ressourcen. Die Organisation setzt sich aus der Struktur sowie der Kultur eines Werkzeugbaubetriebs zusammen. Damit sind alle Inhalte der ausführlichen Definition von Ressourcen nach MÜLLER-STEWENS & LECHNER in den Befähigern der Wertschöpfung enthalten.[442] Für die Gestaltung der Wertschöpfung wird mit dem Element Organisation sowohl die Organisation des Werkzeugbaubetriebs als auch die Organisation der vorhandenen und potenziellen Kunden sowie der vorhandenen und potenziellen Lieferanten berücksichtigt.

---

[440] Vgl. o.V. (2013): Ressource.

[441] Vgl. Müller-Stewens & Lechner (2011): Strategisches Management, S. 197ff.

[442] Vgl. Müller-Stewens & Lechner (2011): Strategisches Management, S. 199.

Die Struktur eines Werkzeugbaubetriebs wird durch seine Aufbauorganisation, seine Ablauforganisation und seine Managementsysteme festgelegt. Mit der Aufbauorganisation wird die Struktur eines Betriebs bestimmt, indem ein Betrieb in arbeitsteilige Bereiche untergliedert wird.[443] Die Aufbauorganisation beschreibt die Strukturierung des Werkzeugbaubetriebs sowie seines Wertschöpfungsnetzwerks. Für die Gestaltung der kollaborativen Wertschöpfung ist die Ablauforganisation die Strukturierung der Aktivitäten der kollaborativen Wertschöpfung.[444] Managementsysteme werden als Grundlage zur Beurteilung und Auslegung der Aktivitäten in einem Betrieb genutzt.[445] In Bezug auf die Gestaltung der kollaborativen Wertschöpfung im Werkzeugbau sollen Managementsysteme für die Beurteilung und Auslegung der Aktivitäten in einem Werkzeugbaubetrieb und seinem Wertschöpfungsnetzwerk genutzt werden. Neben der Struktur müssen die Kultur eines Werkzeugbaubetriebs sowie die Kultur aller Kunden und Lieferanten und der potenziellen Kunden und Lieferanten durch die Organisation berücksichtigt werden. Die Organisation als Element der kollaborativen Wertschöpfung wird in Abbildung 50 definiert.

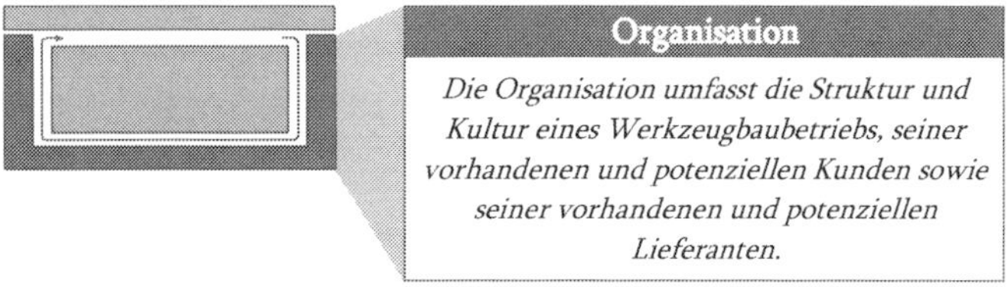

Abbildung 50: Organisation als Element der kollaborativen Wertschöpfung im industriellen Werkzeugbau

4.3.4 Paradigmen der kollaborativen Wertschöpfung

Die Paradigmen der Wertschöpfung beschreiben die Art und Weise der Umsetzung der kollaborativen Wertschöpfung. Sie sind damit als Teil der Gestaltung der Wertschöpfung zu berücksichtigen. Die Paradigmen orientieren sich an der Entwicklung der Wertschöpfung insgesamt sowie an der Entwicklung der Wertschöpfung im Werkzeugbau konkret. Durch die Paradigmen der kollaborativen Wertschöpfung wird vorgegeben, wie die Ausgestaltung eines Elements grundsätzlich erfolgen soll. Dies wird durch das Paradigma Standardisierung adressiert. Gleichzeitig soll durch die Paradigmen auch beschrieben werden, wie die unterschiedlichen Elemente der Wertschöpfung im Werkzeugbau miteinander abzustimmen sind, um die angestrebte Gestaltung der kollaborativen Wertschöpfung erreichen zu können. Die Abstimmung der Elemente wird durch das Paradigma Synchronisierung beschrieben. Durch die Adressierung der Paradigmen wird eine Abstimmung aller Elemente erreicht und das Erreichen der kollaborativen Wertschöpfung

[443] Vgl. Kosiol (1976): Organisation, S. 32; Bühner (2004): Organisationslehre, S. 11.

[444] Vgl. Macharzina & Wolf (2008): Unternehmensführung, S. 468.

[445] Vgl. Müller-Stewens & Lechner (2011): Strategisches Management, S. 395.

ermöglicht. Die Synchronisierung von standardisiert ausgestalteten Elementen ermöglicht die Hebung der Potenziale der betriebsinternen und der betriebsübergreifenden Wertschöpfung. Mit den Paradigmen der kollaborativen Wertschöpfung sollen die verändernden Umweltbedingungen eines Werkzeugbaubetriebs berücksichtigt werden. In standardisiert ausgestalteten Elementen können erforderliche Anpassungen durchgängig vorgenommenen werden. Die einzelnen Elemente haben teilweise direkten Bezug zu den Anspruchsgruppen wie Lieferanten und Kunden. Dadurch ausgelöste Veränderungen werden mit der Synchronisierung kontinuierlich zwischen allen Systeme abgestimmt. Die Paradigmen stellen dadurch im Gestaltungsmodell die für offene Systeme erforderliche Rückkopplung her (vgl. Kapitel 4.1.3).

4.3.4.1 Standardisierung

Die Standardisierung ist das Paradigma für die Ausgestaltung der einzelnen Elemente des Gestaltungsmodells und beschreibt die Entwicklung und Umsetzung von Standards. Der grundsätzliche Ansatz der Standardisierung geht auf die 2. industrielle Revolution zurück und wurde entwickelt, um Effizienz von Prozessen steigern zu können (vgl. Kapitel 2.1.6.2). In der Industrialisierung des Werkzeugbaus stellen die Produktstandardisierung und die Prozessstandardisierung einen zentralen Bestandteil dar. Damit wird die Standardisierung von Teilen der Leistungen sowie der betriebsinternen Aktivitäten beschrieben, um deren Wiederholhäufigkeit und somit die Effizienz der Wertschöpfung steigern zu können. Auch die Voraussetzung der Fokussierung für die Industrialisierung im Werkzeugbau beschreibt eine Form der Standardisierung von Leistungen oder Auftragsarten.[446] Vor diesem Hintergrund wird die Standardisierung als Paradigma für die Ausgestaltung aller Elemente verwendet. Die Standardisierung soll dabei eine Spezialisierung und Weiterentwicklung aller Elemente ermöglichen, die zur Steigerung der Effizienz der Wertschöpfung im Werkzeugbau führt.

4.3.4.2 Synchronisierung

Die Synchronisierung ist das Paradigma für die Abstimmung der einzelnen Elemente des Gestaltungsmodells. Durch die Synchronisierung wird die Effizienz der Wertschöpfung gesteigert.[447] POLUHA beschreibt in Bezug auf Synchronisierung insbesondere die Schnittstelle eines Betriebs zu Kunden und Lieferanten.[448] Für kollaborative Wertschöpfung im Werkzeugbau ist die Synchronisierung von besonderer Wichtigkeit, da durch diese die Verknüpfung von betriebsinterner und betriebsübergreifender Wertschöpfung erreicht wird. Die Funktionen sowie die einzelnen Elemente stehen in Bezug zueinander und sind damit auch voneinander abhängig. Diese Abhängigkeit bezieht sich sowohl auf unterschiedliche Elemente einer Funktion als auch auf Funktionen untereinander. Um die Effi-

---

[446] Vgl. Klotzbach (2007): Industrieller Werkzeugbau, S. 165f.

[447] Vgl. Grünwald (2013): Effektivität und Effizienz, S. 61.

[448] Vgl. Poluha (2010): SCOR-Modell, S. 65.

zienz der Wertschöpfung eines Werkzeugbaubetriebs steigern zu können, müssen die Abhängigkeiten zwischen allen Elementen berücksichtigt werden. Neben der Standardisierung der Elemente selbst soll deshalb eine Synchronisierung der einzelnen Elemente untereinander vorgenommen werden. Durch die Synchronisierung wird sichergestellt, dass alle Elemente durchgängig aufeinander abgestimmt sind und die Ausgestaltung der Elemente in einem Werkzeugbaubetrieb unter Berücksichtigung der anderen Elemente stattfindet.

4.4 Synthese

Die drei Funktionen Handlungsfelder, Ergebnis und Befähiger der kollaborativen Wertschöpfung setzen sich aus acht Elementen zusammen. Die Elemente zur Gestaltung der kollaborativen Wertschöpfung sowie die beiden Paradigmen werden als die zentralen Bestandteile des Gestaltungsmodells explizit dargestellt. Die Darstellung des Gestaltungsmodells in Abbildung 51 greift die Form der in Kapitel 4.3 abgebildeten Funktionen zur Gestaltung der Wertschöpfung auf. Mit der Darstellung des Gestaltungsmodells wird der Zusammenhang der einzelnen Funktionen und Elemente verdeutlicht.

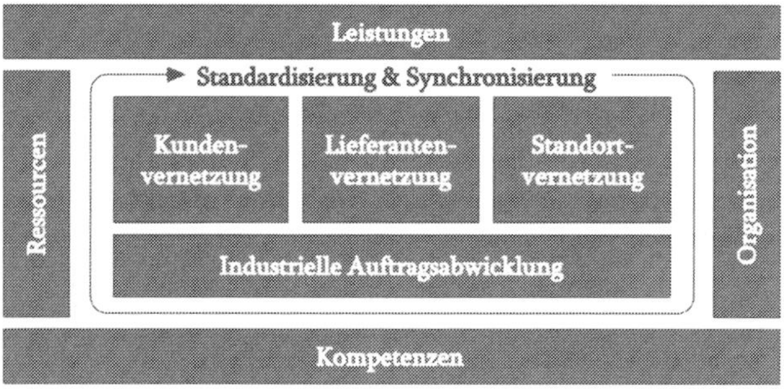

Abbildung 51: Das Gestaltungsmodell für kollaborative Wertschöpfung im industriellen Werkzeugbau

Die Handlungsfelder der kollaborativen Wertschöpfung stellen mit den Elementen der betriebsinternen und der betriebsübergreifenden Wertschöpfung das Zentrum des Gestaltungsmodells dar. Die industrielle Auftragsabwicklung ist die Basis für die Kundenvernetzung, die Lieferantenvernetzung und die Standortvernetzung. Damit wird deutlich, dass die betriebsübergreifende Wertschöpfung sowie die Standortvernetzung entlang der gesamten Auftragsabwicklung berücksichtigt werden müssen. Die Wertschöpfung mündet in den Leistungen als Ergebnis der kollaborativen Wertschöpfung, welches die obere Begrenzung des Gestaltungsmodells darstellt. Die Handlungsfelder der Wertschöpfung fußen auf den Kompetenzen als Basis des Gestaltungsmodells. Durch die Kompetenzen wird die Verknüpfung zwischen der Positionierung und der Wertschöpfung eines Werkzeugbaubetriebs hergestellt. Sie sind damit ein wichtiger Teil für den wirtschaftlichen Erfolg eines Werkzeugbaubetriebs. In vertikaler Richtung wird die Verknüpfung der Kompetenzen mit der Wertschöpfung eines Werkzeugbaubetriebs zur Erreichung von Leistungen deutlich. Die Kompetenzen sind auch eng mit der Organisation und den Ressourcen verknüpft, da diese aus der Organisation oder den Ressourcen erwachsen können. So wird verdeutlicht, dass Kompetenzen eines Werkzeugbaubetriebs aus den Ressourcen oder der Organisation erwachsen oder diese andersherum begründen können. Ressourcen und Organisation flankieren symmetrisch die Handlungsfelder der kollaborativen Wertschöpfung. Diese Position im Gestaltungsmodell verdeutlicht, dass beide Elemente für die Umsetzung der Wertschöpfung erforderlich sind. Die Standardisierung und die Synchronisierung als Paradigmen der Wertschöpfung bilden den Zusammenhalt der Handlungsfelder ab. Weiterhin werden durch die Paradigmen der Wertschöpfung die Handlungsfelder der kollaborativen Wertschöpfung als Zentrum des Gestaltungsmodells mit den Befähigern sowie dem Ergebnis der Wertschöpfung verbunden. Die Paradigmen grenzen unmittelbar an alle Elemente an und heben damit das Erfordernis der Standardisierung und Synchronisierung aller Elemente hervor. Die Synchronisierung stellt die erforderliche Abstimmung der Elemente sicher, die für kollaborative Wertschöpfung erforderlich ist.

Mit dem Gestaltungsmodell wird die Wertschöpfung in einem Werkzeugbaubetrieb abgebildet. Es verdeutlicht Werkzeugbaubetrieben in einem ganzheitlichen Ansatz, welche Elemente für die Gestaltung von kollaborativer Wertschöpfung im Werkzeugbau zu berücksichtigen sind und wie deren Ausgestaltung vorzunehmen ist. Es wurde damit ein Lösungsansatz entwickelt, der den Handlungsbedarf aus der Praxis und aus der Theorie adressiert und die in Kapitel 3.5 formulierten Forschungsfragen beantwortet.

Wie können betriebsinterne und betriebsübergreifende Wertschöpfung bei der Gestaltung von kollaborativer Wertschöpfung im industriellen Werkzeugbau berücksichtigt werden?

Die betriebsinterne und die betriebsübergreifende Wertschöpfung werden als Handlungsfelder der kollaborativen Wertschöpfung integriert. Die betriebsinterne Wertschöpfung wird dabei durch die industrielle Auftragsabwicklung und die Standortvernetzung repräsentiert. Die Kundenvernetzung und die Lieferantenvernetzung stellen die betriebsübergreifende Wertschöpfung eines Werkzeugbaubetriebs dar.

Wie kann bei der Gestaltung von kollaborativer Wertschöpfung im industriellen Werkzeugbau die Positionierung berücksichtigt werden?

Die Positionierung eines Werkzeugbaubetriebs wird mit der Wertschöpfung durch das Element Kompetenzen verknüpft. Die Kompetenzen stellen dabei Fähigkeiten dar, die die zielorientierte Umsetzung der Positionierung ermöglichen und als ein Teil der Befähiger der kollaborativen Wertschöpfung auch Element der Gestaltung der kollaborativen Wertschöpfung sind. Im Sinne des industriellen Werkzeugbaus nach KLOTZBACH stellen die Kompetenzen ebenso die Basis für die Gestaltung der kollaborativen Wertschöpfung dar.

Welche befähigenden Faktoren müssen bei der Gestaltung von kollaborativer Wertschöpfung im industriellen Werkzeugbau berücksichtigt werden?

Die befähigenden Faktoren für die Gestaltung der kollaborativen Wertschöpfung werden durch die Funktionen Ergebnis und Befähiger berücksichtigt. Als das Ergebnis stellen Leistungen die Orientierung für die kollaborative Wertschöpfung in einem Werkzeugbaubetrieb dar. Die Befähiger setzen sich aus den Kompetenzen, den Ressourcen und der Organisation zusammen. Diese sind damit Teil der Gestaltung der kollaborativen Wertschöpfung eines Werkzeugbaubetriebs. Die drei Elemente wurden dabei unter Berücksichtigung vorhandener Ansätze explizit für den Werkzeugbau definiert.

Wie muss kollaborative Wertschöpfung im industriellen Werkzeugbau ausgeführt werden?

Die Ausführung der kollaborativen Wertschöpfung wird durch die Funktion Paradigmen aufgegriffen. Das Paradigma der Standardisierung beschreibt die Ausgestaltung der einzelnen Elemente. Die Synchronisierung beschreibt die erforderliche Abstimmung aller Elemente der kollaborativen Wertschöpfung. Damit ist für die einzelnen Bestandteile sowie das Gestaltungsmodell insgesamt aufgezeigt worden, wie die Ausführung zu gestalten ist.

Wie muss ein Modell zur Gestaltung von kollaborativer Wertschöpfung im industriellen Werkzeugbau aufgebaut sein?

Mit den unterschiedlichen Elementen sowie den Paradigmen konnten die Unterforschungsfragen dieser Arbeit vollständig beantwortet werden. Mit dem Gestaltungsmodell für kollaborative Wertschöpfung im industriellen Werkzeugbau wird zudem die handlungsleitende Forschungsfrage beantwortet.

5 Detaillierung der Elemente des Gestaltungsmodells

In diesem Kapitel werden die Elemente des Gestaltungsmodells für kollaborative Wertschöpfung im industriellen Werkzeugbau detailliert. Damit wird die fünfte Phase der angewandten Forschung nach ULRICH zur Ableitung des Gestaltungsmodells abgeschlossen (vgl. Kapitel 1.4).

Aufbauend auf einer kurzen Einführung werden die Bestandteile eines Elements beschrieben. Für die Elemente industrielle Auftragsabwicklung, Kundenvernetzung, Lieferantenvernetzung und Standortvernetzung wird dazu auf ihre Aufgaben eingegangen. Mit diesen Aktivitäten der kollaborativen Wertschöpfung soll die Effizienz eines Werkzeugbaubetriebs gesteigert werden. Deshalb wird für diese Elemente explizit auf ihr Potenzial zur Steigerung der Leistungsfähigkeit eines Werkzeugbaubetriebs eingegangen. Als Ergebnis bzw. Befähiger der kollaborativen Wertschöpfung werden für die Elemente Leistungen, Kompetenzen, Ressourcen und Organisation ihre jeweiligen Bestandteile beschrieben. Die Aufgaben und Bestandteile der Elemente sind jeweils in einer Abbildung illustriert, die sich auf einen Standort eines Werkzeugbaubetriebs beziehen. Für alle Elemente des Gestaltungsmodells werden die Paradigmen Standardisierung und Synchronisierung detailliert.

5.1 Industrielle Auftragsabwicklung

Die industrielle Auftragsabwicklung eines Werkzeugbaubetriebs ist ein Element der kollaborativen Wertschöpfung, welches betriebsinterne Wertschöpfung umfasst (s. Abbildung 52).

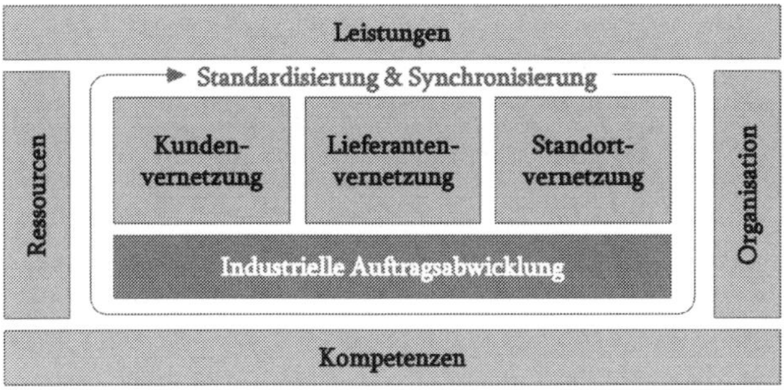

Abbildung 52: Industrielle Auftragsabwicklung im Gestaltungsmodell für kollaborative Wertschöpfung im industriellen Werkzeugbau

Die industrielle Auftragsabwicklung setzt sich aus den Aktivitäten zusammen, die in Kapitel 2.2.2.4 beschrieben worden sind. Zur Detaillierung des Elements werden zunächst die Aufgaben beschrieben, die mit der industriellen Auftragsabwicklung erfüllt werden müssen. Daraufhin werden die Ausgestaltung nach dem Paradigma der Standardisierung sowie die Abstimmung mit den übrigen Elementen nach dem Paradigma der Synchronisierung beschrieben. Abschließend wird auf die Potenziale der industriellen Auftragsabwicklung eingegangen.

5.1.1 Aufgaben

Die industrielle Auftragsabwicklung eines Werkzeugbaubetriebs ist die Grundlage für die Gestaltung von kollaborativer Wertschöpfung und setzt sich aus der auftragsneutralen sowie der auftragsspezifischen Auftragsabwicklung zusammen. Die industrielle Auftragsabwicklung umfasst einen Großteil der Aktivitäten, die in Kapitel 2.2.2.4 eingeführt wurden. Aktivitäten mit anderen Betrieben gehören nicht zur industriellen Auftragsabwicklung. Die Aktivitäten des Vertriebs werden durch die Kundenvernetzung übernommen, die Aktivitäten des Einkaufs sind der Lieferantenvernetzung zugeordnet. Damit können betriebsinterne und betriebsübergreifende Aktivitäten klar getrennt werden, um diese jeweils fokussiert und effizient ausführen zu können.

Im Rahmen der auftragsneutralen Auftragsabwicklung sollen mit der **Marktanalyse** sowie der **Forschung** und der **Entwicklung** zukünftige Leistungen, Aktivitäten und Kompetenzen gestaltet werden können. Die Marktanalyse kann bspw. zur Identifikation zukünftiger Entwicklungen des Marktes eines Werkzeugbaubetriebs dienen. Ergebnisse einer Marktanalyse können bspw. die zukünftigen Bedürfnisse der Kunden oder die Relevanz neuer Technologien sein. In der Entwicklung werden Lösungen erarbeitet, die die Leistungsfähigkeit eines Werkzeugbaubetriebs zukünftig verbessern können. Diese können aktuelle Probleme oder Defizite adressieren oder auch die Forschung nach neuen Lösungen ohne einen unmittelbaren Problembezug darstellen. Ergebnisse aus der Forschung und der Entwicklung können so auch für Marktanalysen genutzt werden, um zu prüfen, ob die Bewertung der Teilnehmer des Wertschöpfungsnetzwerks und damit das Potenzial zur Steigerung des Kundennutzens positiv ist.

Im **Wissensmanagement** wird relevantes Wissen eines Werkzeugbaubetriebs gespeichert und zur weiteren Verwendung gezielt zur Verfügung gestellt. Das Wissensmanagement muss dazu mit allen Aktivitäten der Wertschöpfung verknüpft werden, damit relevante Informationen und Daten zur Verfügung stehen. Durch ein durchgängiges Wissensmanagement können Werkzeugbaubetriebe vorhandenes Wissen für die effiziente Herstellung neuer Unikate und Kleinstserien nutzen.

Die Auftragsanbahnung mit dem Kunden wird durch die Kundenvernetzung übernommen. Mit der Auftragserteilung durch den Kunden beginnt die auftragsspezifische Auftragsabwicklung. Im **Projektmanagement** sollten Informationen in Echtzeit über den Status aller Leistungen vorliegen, die aktuell in einem Werkzeugbaubetrieb abgewickelt werden. Basierend auf diesen Informationen müssen Maßnahmen abgeleitet und umgesetzt werden, damit ein von der Planung abweichender Auftragsstatus dem Kunden ggf.

kommuniziert werden und verbessert werden kann. Nach der Fertigstellung eines Werkzeugs im Try-Out ist eine Nachkalkulation vorzunehmen, die Grundlage für die Kalkulation zukünftiger Leistungen darstellt.

Im **Engineering** und in der **Konstruktion** werden Werkzeuge anforderungsgerecht gestaltet. Einerseits müssen die Werkzeuge dazu eine langfristig maßhaltige und effiziente Serienproduktion ermöglichen. Andererseits sind die Leistungen so auszulegen, dass sie die Anforderungen an die Maßhaltigkeit und produzierte Bauteilstückzahl nicht stark übersteigen und effizient herstellbar sind.[449] Durch das Engineering werden Innovationen für die Serienproduktion in Bezug auf die Prozesse und die Bauteile ermöglicht.

In der **Arbeitsvorbereitung** soll der Einsatz von Ressourcen für die mechanische Fertigung sowie die Montage und den Try-Out geplant werden. Dazu sind Programme für die mechanische Bearbeitung zu erstellen, die die Bearbeitungszeiten bzw. relevanten Zeiträume für die Planung vorgeben. Die Bearbeitungsreihenfolgen der Technologien je Werkzeugkomponente werden so festgelegt, dass durch die Bearbeitung alle technischen Vorgaben aus dem Engineering und der Konstruktion berücksichtigt werden können und der Liefertermin eingehalten wird. Gleichzeitig sollten die Ressourcen des Werkzeugbaubetriebs bestmöglich ausgelastet werden.

In der **mechanischen Fertigung** werden die Komponenten von Werkzeugen gemäß den Vorgaben aus der Konstruktion hergestellt. Dazu muss die kurzfristige Steuerung der Herstellung der Komponenten erfolgen. Trotz der bekannten Bearbeitungszeiten aus der Arbeitsvorbereitung kann dort aufgrund der Vielzahl von Komponenten und Bearbeitungsverfahren keine minutiöse Planung der Bearbeitung in der mechanischen Fertigung vorgenommen werden. In der mechanischen Fertigung muss daher entschieden werden, zu welchem Zeitpunkt Werkzeugkomponenten aufgespannt und bearbeitet werden.

Die **Montage** sollte insbesondere zeitlich mit der mechanischen Fertigung abgestimmt sein. Sie kann nur effizient durchgeführt werden, wenn sämtliche Komponenten für die jeweiligen Montageschritte verfügbar sind, da sonst lange Wartezeiten entstehen können.

Im **Try-Out** werden Werkzeuge auf der Produktionsanlage so abgestimmt, dass maßhaltige Bauteile effizient produziert werden können und die Abnahme durch den Kunden erfolgen kann. Dabei ist der Aufwand für die Erprobung eines Werkzeugs im Try-Out meist nicht präzise vorhersehbar. Einige Werkzeugbaubetriebe verfügen über keine eigene Produktionsanlage für die Erprobung von Werkzeugen. Auf den Anlagen der Serienproduktion steht meist nur ein kurzer Zeitraum für die Erprobung zur Verfügung, da die Anlage sonst für die Serienproduktion von Teilen verwendet wird. Sofern für Anpassungen Akti-

---

[449] Für eine effiziente Herstellbarkeit müssen Werkzeugkomponenten so ausgelegt werden, dass sie gefertigt, geprüft und montiert werden können (vgl. Haberhauer & Bodenstein (2005): Maschinenelemente, S. 1f.). Der Ansatz dazu wird in der Literatur auch als Design for Manufacture (DFM; dt. fertigungsorientierte Konstruktion) oder Design for Manufacture and Assembly (DFMA; dt.: fertigungs- und montageorientierte Konstruktion) beschrieben (vgl. Boothroyd et al. (2011): Product Design, S. 1).

vitäten in der mechanischen Fertigung und der Montage erforderlich sind, sollten diese auch von der Arbeitsvorbereitung geplant werden. Alle Anpassungen sollten zusätzlich in die Vorgaben des Engineerings und der Konstruktion für ein Werkzeug übernommen werden. Aufgebautes Wissen ist durch das Wissensmanagement zu berücksichtigen.

Mit der industriellen Auftragsabwicklung werden die Aktivitäten der eingeführten Auftragsabwicklung in Kapitel 2.2.2.4 aufgegriffen. Durch die Reduzierung um die betriebsübergreifenden Aktivitäten im Vertrieb und dem Einkauf kann die Auftragsabwicklung fokussierter erfolgen. Die Aufgaben des Handlungsfelds industrielle Auftragsabwicklung sind die Aktivitäten der auftragsneutralen und der auftragsspezifischen Auftragsabwicklung. Sie sind in Abbildung 53 für einen Standort eines Werkzeugbaubetriebs dargestellt. Der Wirkzusammenhang mehrerer Standorte eines Werkzeugbaubetriebs wird in Kapitel 5.4 aufgegriffen.

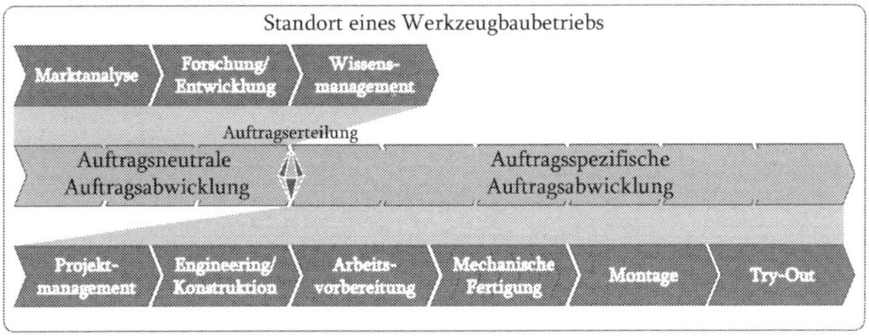

Abbildung 53: Aufgaben der industriellen Auftragsabwicklung

5.1.2 Standardisierung

Durch die Standardisierung der Aktivitäten eines Werkzeugbaubetriebs kann die Effizienz der Auftragsabwicklung gesteigert werden. Dies hat KLOTZBACH durch sein Gestaltungsmodell für den industriellen Werkzeugbau beschrieben.[450] Die Standardisierung ist ein Paradigma für die kollaborative Wertschöpfung, um auch in der Unikat- und Kleinstserienherstellung Wiederholungen und damit Lern- und Skaleneffekte generieren zu können. Die Standardisierung ist gleichermaßen für die Aktivitäten der auftragsneutralen wie der auftragsspezifischen Auftragsabwicklung relevant.

Die **Marktanalyse** sollte einer definierten Vorgehensweise folgen und mit festgelegten Kriterien durchgeführt werden. Die für die Analyse relevanten Märkte oder Unternehmen sind anhand von Kriterien zu identifizieren, die sich z.B. an der Größe des Marktes oder der Entwicklung des Marktes orientieren. Mit einem standardisierten Ablauf der Analyse wird daraufhin sichergestellt, dass die Ergebnisse eine belastbare Grundlage für Entscheidungen oder folgende Aktivitäten des Werkzeugbaubetriebs sind.

[450] Vgl. Klotzbach (2007): Industrieller Werkzeugbau.

In der **Forschung** und **Entwicklung** sind standardisierte Abläufe zur Generierung von Innovationen erforderlich. So sollten Ergebnisse der Forschung und Entwicklung festgelegte Anforderungen erfüllen, um diese in der auftragsspezifischen Auftragsabwicklung nutzen zu können. Gleichzeitig sollte zu definierten Zeitpunkten mit festgelegten Entscheidungskriterien über die Fortsetzung oder den Abbruch der Forschung und Entwicklung an einem Thema geurteilt werden.

Durch das **Wissensmanagement** sollte Wissen in einer einheitlichen Struktur gespeichert und zielgerichtet weitergegeben werden können. Die Aufnahme von Wissen sollte mit einer definierten Vorlage erfolgen, damit Informationen einheitlich erfasst werden und Vergleiche zwischen unterschiedlichen Aufträgen vorgenommen werden können. Die Zeitpunkte für die Aufnahme oder die Aktualisierung von Wissen für unterschiedliche Aufträge sollten grundsätzlich vorgegeben werden, damit gewonnenes Wissens durchgängig gespeichert wird und nicht verloren geht.

Projektmanagement kann genutzt werden, um die relevanten Informationen festzulegen und in Echtzeit bereitzustellen. Der Umgang mit Informationen zu Meilensteinen entlang der Auftragsabwicklung sollte so standardisiert sein, dass die Auftragsstatus jederzeit aktuell sind. Damit kann auch entschieden werden, wann Maßnahmen einzuleiten sind oder bspw. der Kunde informiert werden sollte. Der Abgleich der tatsächlichen Aufwände für eine Leistung sowie die Nachkalkulation sollten zu definierten Zeitpunkten erfolgen, um auf drohende Budgetüberschreitungen frühzeitig reagieren zu können.

Das **Engineering** und die **Konstruktion** können auch als kreative Aktivitäten bezeichnet werden, da kein verallgemeinerbarer Standard für das Engineering und die Konstruktion von Werkzeugen besteht. Die Produktstandardisierung nach KLOTZBACH aufgreifend sollte hier die Standardisierung von Komponenten und ihre wiederholte Verwendung in der Konstruktion unterschiedlicher Leistungen vorgenommen werden.[451] Mit einer wiederholbaren Abfolge wird es so ermöglicht, dass zu einem einheitlichen Zeitpunkt während einer Konstruktion standardisierte Komponenten gesucht und eingesetzt werden. Außerdem wird gewährleistet, dass immer die gleichen Informationen auf den Zeichnungen enthalten sind. Die Standardisierung hat im Engineering und in der Konstruktion besondere Wichtigkeit, da die Detaillierung von Leistungen und den dazugehörigen Komponenten großen Einfluss auf den Aufwand in den folgenden Aktivitäten der Auftragsabwicklung hat.[452]

Zur Erfüllung der beschriebenen Anforderungen an Maßhaltigkeit, Termin und Auslastung müssen auch die Aktivitäten in der **Arbeitsvorbereitung** einem einheitlichen Ablauf folgen. Die Reihenfolge der Festlegung der Bearbeitungsreihenfolgen, Programmierung

[451] Vgl. Klotzbach (2007): Industrieller Werkzeugbau, S. 168ff.

[452] In der Literatur wird in diesem Zusammenhang auch von der 10er-Regel gesprochen. Diese besagt, dass die Kosten in den folgenden Bereichen durch eine Änderung der Konstruktion jeweils um den Faktor 10 steigen (vgl. Meyer et al. (2009): Integrale Auslegung, S. 7; Ehrlenspiel & Meerkamm (2013): Produktentwicklung, S. 143).

sowie Planung der Ressourcen für die folgenden Aktivitäten sollte dabei grundsätzlich definiert sein. Mit der standardisierten Ausgestaltung der Arbeitsvorbereitung kann die von KLOTZBACH beschriebene Fließfertigung und Taktung in der mechanischen Fertigung und in der Montage erreicht werden.[453]

Die Ausgestaltung der **mechanischen Fertigung** eines Werkzeugbaubetriebs erfordert insbesondere einen Standard für die Steuerung der mechanischen Bearbeitung einzelner Werkzeugkomponenten. Dabei sind die unterschiedlichen Lauf- und Rüstzeiten der Maschinen zu berücksichtigen. Dies ermöglicht, dass die Bearbeitung gemäß dem durch die Arbeitsvorbereitung vorgegebenen Fluss folgt und die Ressourcen in der mechanischen Fertigung gleichzeitig ausgelastet sind.

Die **Montage** sollte jeweils einer definierten Vorgehensweise für vergleichbare Werkzeuge folgen. Durch die Standardisierung im Engineering und in der Konstruktion weist der Aufbau von Werkzeugen eine einheitliche Struktur auf. Damit kann die Montage für unterschiedliche Werkzeuge einem einheitlichen Standard folgen. Dadurch wird die Montage effizienter ausgeführt und kann so geplant werden, dass sie einem durch die Arbeitsvorbereitung vorgegebenen Fluss folgt.

Mit einem definierten Ablauf im **Try-Out** eines Werkzeugbaubetriebs sollen die Dauer und der Aufwand für den Try-Out von vergleichbaren Werkzeugen geringen Schwankungen unterliegen. Dabei sollten mehrere Try-Out-Schleifen berücksichtigt und gleichzeitig möglicher Aufwand in anderen Aktivitäten der Auftragsabwicklung im Rahmen von erforderlichen Anpassungen einbezogen werden. Damit kann auch im Try-Out ein Fluss unterschiedlicher Aufträge realisiert werden und die Planbarkeit der Auftragsabwicklung insgesamt wird gesteigert.

5.1.3 Synchronisierung

Mit Synchronisierung wird die industrielle Auftragsabwicklung mit allen übrigen Elementen der kollaborativen Wertschöpfung abgestimmt. Zur Herstellung eines Werkzeugs müssen alle Aktivitäten der industriellen Auftragsabwicklung ausgeführt werden. Die Kundenvernetzung ist der industriellen Auftragsabwicklung unmittelbar vor- bzw. nachgelagert. Gleichzeitig können Aktivitäten der industriellen Auftragsabwicklung auch von Lieferanten und nicht von einem Werkzeugbaubetrieb selbst ausgeführt werden. Auch die Verteilung der Aktivitäten auf unterschiedliche Standorte eines Werkzeugbaubetriebs ist möglich. Die Synchronisierung der industriellen Auftragsabwicklung mit den Elementen **Kundenvernetzung**, **Lieferantenvernetzung** und **Standortvernetzung** ist deshalb kontinuierlich zu berücksichtigen. Damit erfolgt eine kontinuierliche Abstimmung innerhalb der Handlungsfelder der kollaborativen Wertschöpfung in Bezug auf alle Aktivitäten der industriellen Auftragsabwicklung.

---

[453] Vgl. Klotzbach (2007): Industrieller Werkzeugbau, S. 173ff.

Die industrielle Auftragsabwicklung muss grundsätzlich das Spektrum an **Leistungen** aus Gütern und Dienstleistungen eines Werkzeugbaubetriebs berücksichtigen. Dazu gehören auch die unterschiedlichen Auftragsarten eines Werkzeugbaubetriebs (vgl. Kapitel 2.2.1.3). Die Synchronisierung der industriellen Auftragsabwicklung mit den Leistungen muss erfolgen, damit die Aktivitäten auf die Anforderungen abgestimmt sind. Es wird so sichergestellt, dass alle Aktivitäten der industriellen Auftragsabwicklung den Wert der Leistungen eines Werkzeugbaubetriebs für den Kunden steigern.

Die Ausführung der industriellen Auftragsabwicklung ist ohne die Befähiger der kollaborativen Wertschöpfung nicht möglich. **Kompetenzen** ermöglichen einem Werkzeugbaubetrieb die Steigerung seiner Leistungsfähigkeit und eine Differenzierung gegenüber dem Wettbewerb. Die Kompetenzen müssen deshalb in der industriellen Auftragsabwicklung genutzt werden und sollten Teil der betriebsinternen Wertschöpfung sein. Durch die Synchronisierung wird sichergestellt, dass die Kompetenzen in der betriebsinternen Wertschöpfung adressiert werden. Zusätzlich wird damit die Gestaltung der kollaborativen Wertschöpfung mit der Positionierung eines Werkzeugbaubetriebs verknüpft.[454] **Ressourcen** führen die Aktivitäten der industriellen Auftragsabwicklung aus. Die Synchronisierung ist hier erforderlich, um sicherzustellen, dass mit den vorhandenen Ressourcen die Aktivitäten ausgeführt werden können. Mit der **Organisation** werden die Rahmenbedingungen für die Handlungsfelder der kollaborativen Wertschöpfung geschaffen. Mit der Synchronisierung werden die Strukturen und Verantwortlichkeiten für die industrielle Auftragsabwicklung mit der Aufbau- und Ablauforganisation eines Werkzeugbaubetriebs abgestimmt.

5.1.4 Potenziale

Die industrielle Auftragsabwicklung birgt Potenziale zur Verbesserung der Werte Kostenbeherrschung, Komplexitätsbeherrschung, Prozessbeherrschung, und Mitarbeiterentwicklung (vgl. Kapitel 2.2.2.2). Unabhängig von den konkreten Betriebszielen und der Positionierung eines Werkzeugbaubetriebs können seine Leistungsfähigkeit bzw. das Preis-/Nutzenverhältnis für den Kunden damit verbessert werden. Die Potenziale sind als Auswirkungen auf die Werte im Werkzeugbau in Abbildung 54 zusammengefasst.

---

[454] In Kapitel 4.3.3 wurde beschrieben, dass die Schnittstelle zwischen Positionierung und Wertschöpfung eines Werkzeugbaubetriebs durch die Kompetenzen adressiert wird.

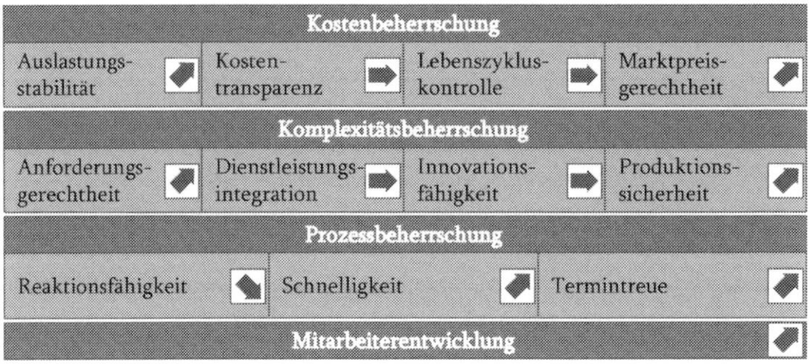

Abbildung 54: Potenziale der industriellen Auftragsabwicklung

Die Auslastung der Ressourcen wird durch standardisierte Abläufe und die Planung von Aktivitäten gesteigert. Dadurch werden Einsparungen erzielt und die Kosten für die Herstellung von Leistungen verringert. Dies resultiert in einer besseren **Kostenbeherrschung**.

Mit einer industriellen Auftragsabwicklung als Teil der kollaborativen Wertschöpfung wird die **Komplexitätsbeherrschung** eines Werkzeugbaubetriebs verbessert. Durch Wiederholungen mit standardisierten Aktivitäten können die konkreten Anforderungen einer Leistung konkreter adressiert werden. Zusätzlich werden mit der industriellen Auftragsabwicklung Wiederholungen von Fehlern vermieden, wodurch die Produktionssicherheit für den Kunden gesteigert wird.

Zunächst wird mit der industriellen Auftragsabwicklung die Reaktionsfähigkeit für den Kunden verschlechtert, da die vorhandene Planung eingehalten werden muss und die Bearbeitung von Aufträgen mit hoher Dringlichkeit nicht immer umgehend begonnen werden kann. Durch eigene Standards muss die Auftragsabwicklung einer Leistung auch die Aktivitäten für andere Aufträge berücksichtigen. Damit sind die Aktivitäten weniger flexibel ausführbar. Die Schnelligkeit und die Termintreue können jedoch signifikant verbessert werden. Insgesamt werden dem Kunden Leistungen schneller und zuverlässiger zur Verfügung gestellt. Mit standardisierten und geplanten Aktivitäten können Leerlauf- oder Wartezeiten verringert und die Auftragsabwicklung durchgängig geplant werden. Mit der industriellen Auftragsabwicklung kann ein Werkzeugbaubetrieb seine **Prozessbeherrschung** somit erheblich steigern.

Mit der industriellen Auftragsabwicklung kann die **Mitarbeiterentwicklung** verbessert werden. Definierte und standardisiert ausgestaltete Aktivitäten können gezielter erlernt werden. Damit kann eine Spezialisierung und zielorientierte Aus- und Weiterbildung der Mitarbeiter eines Werkzeugbaubetriebs erfolgen.

5.2 Kundenvernetzung

Seit der Begründung des Lean Thinking in den 1990er Jahren wird Wertschöpfung mit Kundenbedürfnissen und dem Kundennutzen verknüpft. Kundenvernetzung ist betriebsübergreifende Wertschöpfung in Zusammenarbeit mit dem Kunden (vgl. Kapitel 2.1.5.2; s. Abbildung 55). Zur Detaillierung des Elements werden zunächst die Aufgaben beschrieben, die mit der Kundenvernetzung adressiert werden sollen. Daraufhin wird die Ausgestaltung nach den Paradigmen der kollaborativen Wertschöpfung beschrieben. Abschließend wird auf die Potenziale der Kundenvernetzung als Teil der kollaborativen Wertschöpfung eingegangen. Die Kundenvernetzung ist sowohl für die Zusammenarbeit mit aktuellen Kunden als auch mit potenziellen Kunden eines Werkzeugbaubetriebs relevant.

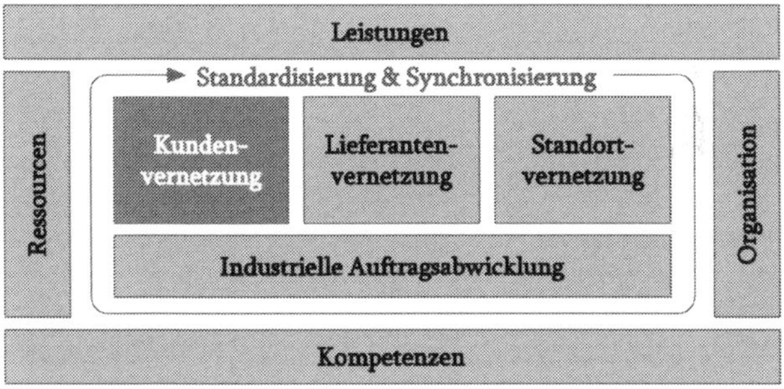

Abbildung 55: Kundenvernetzung im Gestaltungsmodell für kollaborative Wertschöpfung im industriellen Werkzeugbau

5.2.1 Aufgaben

Die Kundenvernetzung sollte von einem Werkzeugbaubetrieb sowohl auftragsspezifisch als auch auftragsneutral adressiert werden. Die vorgelagerte und die nachgelagerte Kundenvernetzung mit der Produktentwicklung bzw. der Serienproduktion stellen die auftragsspezifische Kundenvernetzung dar. Zusätzlich sollte unabhängig von spezifischen Aufträgen ein kontinuierlicher Austausch zwischen einem Werkzeugbaubetrieb und seinen Kunden stattfinden. Damit können Hierarchien der betriebsübergreifenden Wertschöpfung abgebaut und langfristig ein partnerschaftliches Verhältnis etabliert werden. Wissen, das an der Schnittstelle mit Kunden in der Produktentwicklung oder in der Serienproduktion gewonnen wurde, sollte durch eine Verknüpfung auch an der jeweils anderen Schnittstelle verfügbar sein. Die vier zentralen Aufgaben der Kundenvernetzung sind in Abbildung 56 beschrieben und werden im Folgenden ausführlich vorgestellt.

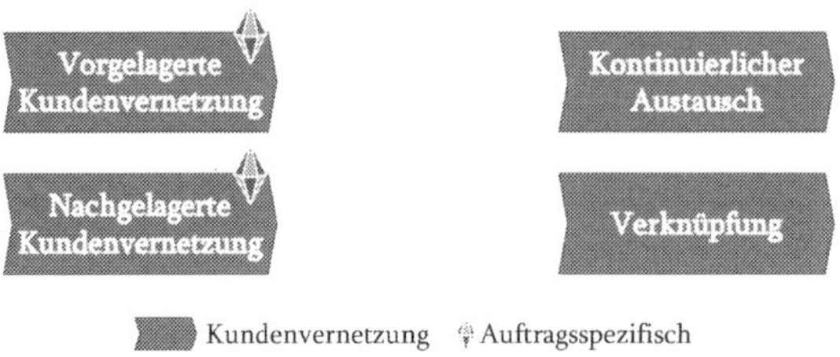

Abbildung 56: Aufgaben der Kundenvernetzung

Aufgabe der **vorgelagerten Kundenvernetzung** ist es, die Leistungen eines Werkzeugbaubetriebs adressatengerecht gegenüber Kunden und potenziellen Kunden anzubieten. Dazu sind Angebote für Leistungen zu erstellen, die auf dem erwarteten Aufwand für diese Leistung basieren. Dabei sind insbesondere die Nachkalkulationen abgeschlossener Aufträge von vergleichbaren Leistungen zu berücksichtigen. Zusätzlich kann auch Marketing betrieben werden. Aktuell sind Aktivitäten zum proaktiven Marketing von Leistungen von Werkzeugbaubetrieben nur in geringem Ausmaß vorhanden. In einigen Werkzeugbaubetrieben wird Marketing inzwischen eingesetzt und kann zu Erhöhung der Attraktivität der Leistungen für den Kunden führen.[455] Im Rahmen eines erteilten Auftrags oder der Auftragsanbahnung soll der Kunde in der Gestaltung seiner Bauteile so unterstützt werden, dass das Wissen aus dem Werkzeugbau in die Produktentwicklung einfließen kann. Dabei ist einerseits zu berücksichtigen, dass vor der Auftragserteilung der Aufwand begrenzt werden sollte, da dieser meist nicht verrechnet werden kann. Andererseits kann durch die zielgerichtete vorgelagerte Kundenvernetzung auch die Auftragswahrscheinlichkeit erhöht werden. Sowohl die Machbarkeit als auch die mögliche Effizienz in der Serienproduktion von Bauteilen können für den Kunden von einem Werkzeugbaubetrieb bereits untersucht werden, wenn die Produktentwicklung noch nicht vollständig abgeschlossen ist. Im Rahmen der Untersuchung wird bspw. durch Simulation geprüft, wie das Anspritzverhalten oder die Entformung von Bauteilen tatsächlich realisiert werden kann. Aufgrund der gewonnenen Ergebnisse kann eine Anpassung des Bauteils erforderlich sein. Durch die Anwendung der vorgelagerten Kundenvernetzung wird sichergestellt, dass die spezifizierten Bauteile, die meist die Eingangsgrößen für das Engineering und die Konstruktion darstellen, ausschließlich mit der gewünschten Effizienz und Maßhaltigkeit in der Serienproduktion hergestellt werden können. Damit wird der Bedarf an Anpassungen von Bauteilzeichnungen und eine damit verbundene Veränderung der Werkzeuge reduziert. Auch der Vertrieb selbst kann durch vorgelagerte Kundenvernetzung unterstützt werden. Vielfach besitzen Einkäufer des Kunden begrenztes Wissen über Werkzeuge. Ein Werkzeugbaubetrieb muss bei den Kunden ein Verständnis für seine Leistungen und ihre

[455] Als ein Beispiel hierzu dient die Formenbau Glittenberg GmbH. Sie bewirbt durch Marketing ihre Werkzeuge der Black Edition, welche eine besondere Beschichtung aufweisen, die sich optisch von anderen Leistungen unterscheiden und über verbesserte Tribologie- und Verschleißeigenschaften verfügen (vgl. Glittenberg (2014): Black Edition). Die Formenbau Glittenberg GmbH war jeweils Finalist des Wettbewerbs EiP in den Jahren 2012 und 2013.

jeweiligen Eigenschaften entwickeln. Bspw. kann sich ein höherer Preis eines Werkzeugs über den Lebenszyklus amortisieren, wenn die Kosten für den Kunden in der Instandhaltung des Werkzeugs dadurch gesenkt werden können.

Mit der **nachgelagerten Kundenvernetzung** wird der Kunde an der Schnittstelle zur Serienproduktion adressiert. Dazu sollte der Werkzeugbaubetrieb regelmäßiges Reporting des Status der Auftragsabwicklung für eine Leistung betreiben.[456] Diese Form der Kundenvernetzung ist mit dem Projektmanagement eines Werkzeugbaubetriebs verknüpft. Der Kunde weiß kontinuierlich, wann die beauftragte Leistung fertiggestellt werden soll und wird bei möglichen Änderungen von Terminen frühzeitig einbezogen. Nach dem Try-Out eines Werkzeugs sollte der Kunde durch einen Werkzeugbaubetrieb beim Anlauf seiner Serienproduktion unterstützt werden. Das Wissen eines Werkzeugbaubetriebs sowie die gesammelten Erfahrungen aus dem Try-Out können durch Kundenvernetzung für den Kunden so genutzt werden, dass der Serienanlauf weniger Zeit und Ressourcen der Serienproduktion in Anspruch nimmt. Nach dem Serienanlauf sollte ein Werkzeugbaubetrieb seine Kompetenzen und sein Wissen über den gesamten Lebenszyklus seiner Werkzeuge zur Verfügung stellen. Die nachgelagerte Kundenvernetzung muss dazu Aktivitäten für den Serienanlauf sowie Änderungen, Reparaturen und Instandhaltung berücksichtigen. Durch die proaktive Adressierung dieser Aktivitäten können diese vom Kunden als Leistungen wahrgenommen werden, die einen zusätzlichen Nutzen darstellen. Der Werkzeugbau wird damit zum Partner für eine effiziente Serienproduktion. Mit der nachgelagerten Kundenvernetzung wird so auch die Verfügbarkeit der Werkzeuge insgesamt gesteigert und Zielwerte der Serienproduktion wie die Overall Equipment Effectiveness (OEE) der Serienanlage können durch den Werkzeugbau gesteigert werden.[457] Die nachgelagerte Kundenvernetzung sollte die Leistungsdaten der Werkzeuge bzw. der Serienanlagen mit den Werkzeugen über den gesamten Lebenszyklus verfolgen. Dazu gehören bspw. Kosten für Verschleißkomponenten eines Werkzeugs oder werkzeugbedingte Stillstandskosten der Serienanlagen. Diese Daten sind über die Hub- oder Schusszahl zu analysieren.[458] Damit können Entwicklungen, die für ein Werkzeug vorgenommen wurden, validiert werden und zusätzlich Verbesserungspotenziale für zukünftige Leistungen eines Werkzeugbaubetriebs abgeleitet werden.

Die Kundenvernetzung sollte zudem auftragsneutral erfolgen. Dabei sollte sie einen **kontinuierlichen Austausch** mit Kunden umfassen. Der Austausch sollte dabei als Teil eines partnerschaftlichen Verhältnisses zwischen einem Werkzeugbaubetrieb und seinen Kunden interpretiert werden. Damit entsteht eine Plattform für einen gegenseitigen Austausch in Bezug auf gemeinsame Weiterentwicklungen oder zukünftig erforderliche

---

[456] Vgl. Pitsch (2014): Vernetzung von Standorten, S. 117.

[457] Die OEE wird in der Serienproduktion als gängige Kennzahl für die Bestimmung der Effizienz von Serienanlagen eingesetzt. Sie berücksichtigt die Verfügbarkeit der Serienanlage, den Durchsatz gemessen an einem Vorgabedurchsatz sowie der produzierten Teilequalität (vgl. Godfrey (2002): OEE, S. 109ff.). Diese drei Parameter werden durch die Leistungsfähigkeit eines Werkzeugs beeinflusst.

[458] Vgl. Komorek (2013): Lebenszyklusoptimierung, S. 25ff.

Kapazitäten. Im Sinne einer kollaborativen Beziehung sollen Kunden in Marktanalysen oder die Entwicklung eines Werkzeugbaubetriebs proaktiv einbezogen werden. Dabei können konkrete Inhalte aus Marktanalysen und Entwicklungen adressiert werden. Entwicklungen eines Werkzeugbaubetriebs sind dadurch auf die Bedarfe des Kunden abgestimmt und erreichen so früher Marktreife.

Im Rahmen der Kundenvernetzung sollte außerdem eine **Verknüpfung** der vorgelagerten, der nachgelagerten Kundenvernetzung und des kontinuierlichen Austauschs vorgenommen werden. Aus der nachgelagerten Kundenvernetzung gewonnenes Wissen muss für die vorgelagerte Kundenvernetzung unmittelbar berücksichtigt werden. Daten zur Leistungsfähigkeit von Werkzeugen aus der Serienproduktion oder Informationen zu Instandhaltungen und Reparaturen können dadurch bei der Entwicklung neuer Bauteile und Werkzeuge berücksichtigt werden. Weiterhin können grundsätzliche Themen abgeleitet werden, die im Rahmen der auftragsneutralen Kundenvernetzung adressiert und weiterentwickelt werden sollen.

Aufbauend auf der detaillierten Vorstellung der Aufgaben ist in Abbildung 57 ihr Wirkzusammenhang mit der zuvor vorgestellten industriellen Auftragsabwicklung dargestellt (vgl. Kapitel 5.1.1). Die industrielle Auftragsabwicklung ist im Zentrum abgebildet und wird von der Kundenvernetzung umschlossen. Die Kundenvernetzung ist hier beispielhaft für einen Standort eines Werkzeugbaubetriebs abgebildet. Der Wirkzusammenhang mehrerer Standorte wird in Kapitel 5.4 aufgegriffen.

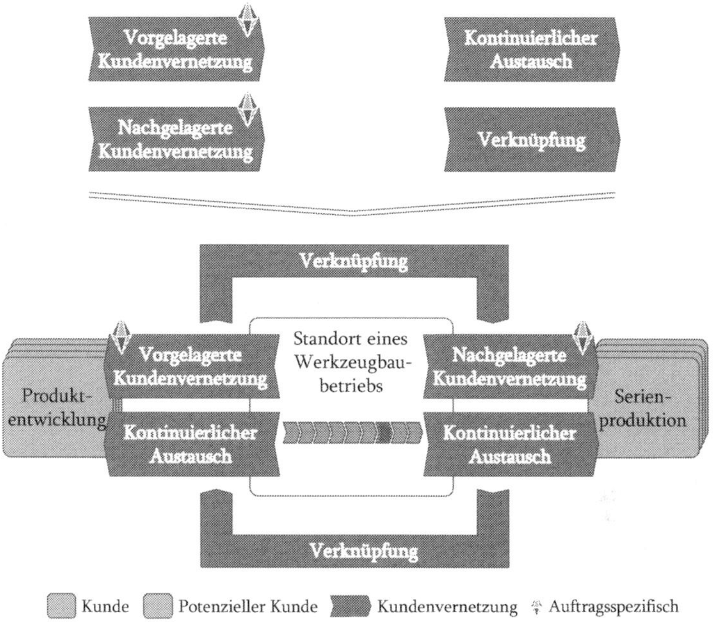

Abbildung 57: Wirkzusammenhang der Kundenvernetzung

Die Kundenvernetzung ermöglicht eine Verbesserung der Außendarstellung der Leistungen eines Werkzeugbaubetriebs. Zusätzlich können sich durch Kundenvernetzung neue Leistungen ergeben, die ein Werkzeugbaubetrieb seinen Kunden anbieten kann. Die beschriebene Kundenvernetzung stellt gleichzeitig eine Abkehr vom aktuellen Verständnis in der Praxis dar (s. Kapitel 2.2.3). Fehlende rechtliche Rahmenbedingungen oder Bedenken hinsichtlich der Eigentumsverteilung von Wissen zwischen einem Werkzeugbaubetrieb und seinen Kunden müssen proaktiv aufgegriffen werden, um die Potenziale der Kundenvernetzung langfristig nutzen zu können.

5.2.2 Standardisierung

Durch die Kundenvernetzung werden neue Aktivitäten der Wertschöpfung im Werkzeugbau dargestellt. Diese können nur erfolgreich als Teil der kollaborativen Wertschöpfung genutzt werden, wenn sie standardisiert ausgestaltet werden, um mit Wiederholungen Lern- und Skaleneffekte zu erzielen und die Aktivitäten sowie die Schnittstelle zu Kunden zu beherrschen.

Die **vorgelagerte Kundenvernetzung** sollte so ausgestaltet werden, dass der Austausch mit dem Kunden in Bezug auf einzelne Bauteile oder Aufträge frühzeitig und zu definierten Zeitpunkten stattfindet. Dazu sollten auch in der vorgelagerten Kundenvernetzung definierte Meilensteine genutzt werden. Damit wird sichergestellt, dass in der Produktentwicklung Vorgaben in der Machbarkeit von Bauteilen berücksichtigt werden. In der Auftragsanbahnung sollte jedes Angebot und der Kontakt zu jedem Kunden einheitlich aufgebaut sein. Eine Kalkulation mit standardisierten Größen, die die Nachkalkulationen abgeschlossener Aufträge berücksichtigt, stellt eine Grundlage für die Einhaltung von geplanten Budgets für eine Leistung dar.

Auch der Ablauf der **nachgelagerten Kundenvernetzung** sollte anhand von standardisierten Meilensteinen strukturiert werden. Dies ist erforderlich, um den Kunden zuverlässig in der Serienproduktion unterstützen zu können und gleichzeitig Lern- und Skaleneffekte in den eigenen Aktivitäten zu erzielen. Da die nachgelagerte Kundenvernetzung abhängig vom Bedarf des Kunden ist, sollten die Meilensteine modular gestaltet werden, sodass bspw. die Aufnahme von Leistungsdaten über den Lebenszyklus von Werkzeugen einem Standard folgt, jedoch nur bei Bedarf durch den Kunden durchgeführt wird.

Der **kontinuierliche Austausch** sollte in regelmäßigen Abständen zu Themen durchgeführt werden, die von einem Werkzeugbaubetrieb und seinen Kunden definiert werden. Da der kontinuierliche Austausch keinen Bezug zu einem aktuellen Auftrag hat, erfolgt er im traditionellen Verständnis vieler Betriebe neben dem Tagesgeschäft und ist nicht Teil dessen. Um den kontinuierlichen Austausch als Teil des Tagesgeschäfts zu etablieren, ist dieser zu festgelegten Zeitpunkten in zu definierenden Inhalten vorzunehmen. Dadurch werden Kunden für den kontinuierlichen Austausch sensibilisiert werden und er wird Teil des Tagesgeschäfts für den Werkzeugbaubetrieb sowie seine Kunden.

Die **Verknüpfung** der vor- und nachgelagerten Kundenvernetzung sollte einem standardisierten Ablauf folgen, damit generiertes Wissen für zukünftige Aufträge durchgängig verwendet werden kann. So sollten bspw. Analyseergebnisse von Leistungsdaten von Werkzeugen auf Serienanlagen durchgängig zurückgeführt und für die Verbesserung zukünftiger Leistungen genutzt werden.

5.2.3 Synchronisierung

Die Kundenvernetzung eines Werkzeugbaubetriebs muss mit allen weiteren Elementen der kollaborativen Wertschöpfung im Werkzeugbau synchronisiert werden. Zwischen der Kundenvernetzung und der **industriellen Auftragsabwicklung** sind unterschiedliche Wechselwirkungen zu berücksichtigen. In Bezug auf die vorgelagerte Kundenvernetzung werden insbesondere die Aktivitäten im Engineering und in der Konstruktion eines Werkzeugbaubetriebs unterstützt. Mit standardisierten Informationen zu Bauteilen werden auch die Standardisierung und die Leistungsfähigkeit in Engineering und Konstruktion eines Werkzeugbaubetriebs gesteigert. Gleichzeitig kann mit nachgelagerter Kundenvernetzung die Nachfrage nach Aktivitäten der industriellen Auftragsabwicklung gesteigert werden. Dies ist bspw. für das Projektmanagement oder die mechanische Fertigung und die Montage von Werkzeugkomponenten zur Reparatur oder Instandhaltung der Fall. Mit der standardisierten Kundenvernetzung kann die Planbarkeit von Aktivitäten der industriellen Auftragsabwicklung gesteigert werden. Weiterhin sollte Wissensmanagement mit der Kundenvernetzung verknüpft sein. Relevantes Wissen, welches im Rahmen der Kundenvernetzung generiert wird, sollte durch das Wissensmanagement für zukünftige Aktivitäten genutzt werden können. Der kontinuierliche Austausch sollte mit der industriellen Auftragsabwicklung, der **Lieferantenvernetzung** und der **Kundenvernetzung** abgestimmt sein. Damit können für neue Entwicklungen gleichzeitig die Anforderungen der Kunden sowie die spezialisierten Fähigkeiten eines Werkzeugbaubetriebs und seiner Lieferanten genutzt werden. Die übrigen Aktivitäten der Kundenvernetzung können von einem Werkzeugbaubetrieb ohne Abstimmung mit der Lieferantenvernetzung adressiert werden. Eine Ausnahme stellt die Übernahme von Aktivitäten der Kundenvernetzung durch Lieferanten dar. In diesem Fall ist eine direkte auftragsspezifische Synchronisierung der Kundenvernetzung mit der Lieferantenvernetzung erforderlich.

Die **Leistungen** für den Kunden sollten durchgängig mit der Kundenvernetzung abgestimmt sein. Mit Kundenvernetzung wird die Effizienz der Wertschöpfung für etablierte sowie neue Leistungen eines Werkzeugbaubetriebs gesteigert. Dienstleistungen wie die Beratung von Kunden können direkt durch die Kundenvernetzung adressiert werden.

Für die Ausführung der Kundenvernetzung müssen die Befähiger der kollaborativen Wertschöpfung vorhanden sein. Mit Kundenvernetzung können **Kompetenzen** von Werkzeugbaubetrieben besser gegenüber dem Kunden präsentiert werden. Die Kundenvernetzung kann nur mit geeigneten **Ressourcen** ausgeführt werden. Für die Kundenvernetzung werden insbesondere qualifizierte Mitarbeiter sowie IT-Systemressourcen benötigt. Damit ist es möglich, mit synchronisierten Systemen an den Schnittstellen zwischen einem Werkzeugbaubetrieb, der Produktentwicklung und der Serienproduktion den Datenaustausch zu automatisieren.[459] Zusätzlich sind auch die Ressourcen der Kunden, wie. z.B. Serienanlagen, zu berücksichtigen. Der Ablauf der Kundenvernetzung und insbesondere die Verknüpfung mit der industriellen Auftragsabwicklung sollten durch die **Organisation** eines Werkzeugbaubetriebs vorgegeben werden. Die Kundenvernetzung und das damit einhergehende partnerschaftliche Verhältnis mit Kunden sollte zusätzlich mit dem Managementsystem eines Werkzeugbaubetriebs abgestimmt sein.

5.2.4 Potenziale

Mit Kundenvernetzung werden die Werte Kostenbeherrschung, Komplexitätsbeherrschung, Prozessbeherrschung, und Mitarbeiterentwicklung jeweils verbessert. Unabhängig von den konkreten Betriebszielen und der Positionierung eines Werkzeugbaubetriebs können seine Leistungsfähigkeit bzw. das Preis-/Nutzenverhältnis für den Kunden mittels der Kundenvernetzung gesteigert werden. Die Potenziale sind als Auswirkungen auf die Werte im Werkzeugbau in Abbildung 58 zusammengefasst.

---

[459] Vgl. Schuh et al. (2013): Wertschöpfungsnetzwerke, S. 43ff.

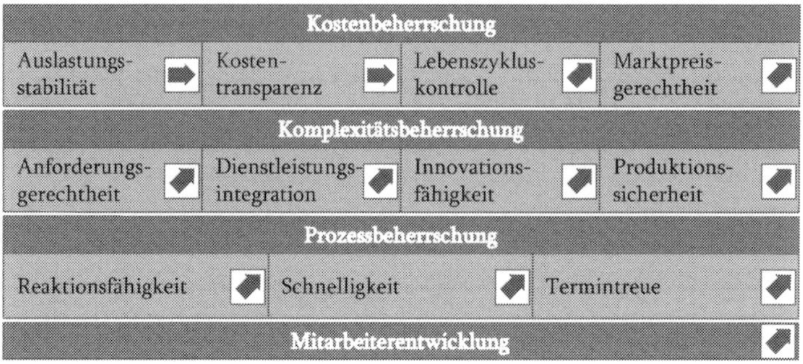

Abbildung 58: Potenziale der Kundenvernetzung

Die Aktivitäten der **Kundenvernetzung** verursachen zunächst zusätzliche Kosten, die jedoch durch eine verbesserte Lebenszykluskontrolle und Marktpreisgerechtheit überkompensiert werden können. Mit Kundenvernetzung kann ein Werkzeugbaubetrieb seine Kunden zielgerichtet über den gesamten Lebenszyklus von Werkzeugen betreuen. Damit können langfristig die Kosten für den Kunden nach der Übergabe eines Neuwerkzeugs gesenkt werden. Zusätzlich nimmt der Kunde Leistungen des Werkzeugbaus auch entlang des gesamten Lebenszyklus wahr und der Werkzeugbaubetrieb gewinnt neue Informationen über den Kunden. Mit der Kundenvernetzung ist es einem Werkzeugbaubetrieb damit möglich, anhand des Lebenszykluspreises von Werkzeugen statt des Einstandspreises gemessen zu werden. Die **Kostenbeherrschung** kann durch die Kundenvernetzung somit gesteigert werden.

Mit der Kundenvernetzung wird insbesondere die **Komplexitätsbeherrschung** eines Werkzeugbaubetriebs verbessert. Die Anforderungen des Kunden sind transparent und frühzeitig bekannt. Die Leistungen des Werkzeugbaubetriebs können damit eine höhere Anforderungsgerechtheit aufweisen und die Produktionssicherheit nimmt zu. Durch die Kundenvernetzung wird auch die Dienstleistungsintegration für den Kunden in der Produktentwicklung sowie in der Serienproduktion gesteigert. Der frühzeitige Kontakt zur Produktentwicklung sowie die analysierten Leistungsdaten aus der Serienproduktion ermöglichen zudem die zielgerichtete Entwicklung von Innovationen.

Die **Prozessbeherrschung** eines Werkzeugbaubetriebs kann durch die Kundenvernetzung ebenfalls verbessert werden. Die vorhandenen Informationen durch die vorgelagerte Kundenvernetzung führen zu einer höheren Schnelligkeit und Termintreue in der Auftragsabwicklung. Der enge Kontakt zum Kunden und das durchgängige Reporting des Status von Aufträgen können einen Werkzeugbaubetrieb ebenfalls bei der Verschiebung von Terminen mit dem Kunden unterstützen.

Mit der Kundenvernetzung entsteht neues Wissen in einem Werkzeugbaubetrieb. Dadurch kann die **Mitarbeiterentwicklung** in neuen Bereichen durch gezielte Aus- und Weiterbildung unterstützt werden.

5.3 Lieferantenvernetzung

Für den Werkzeugbau soll Lieferantenvernetzung als Teil der kollaborativen Wertschöpfung als wechselseitige Zusammenarbeit zwischen einem Werkzeugbaubetrieb und seinen Lieferanten sowie seinen potenziellen Lieferanten adressiert werden (s. Abbildung 59).

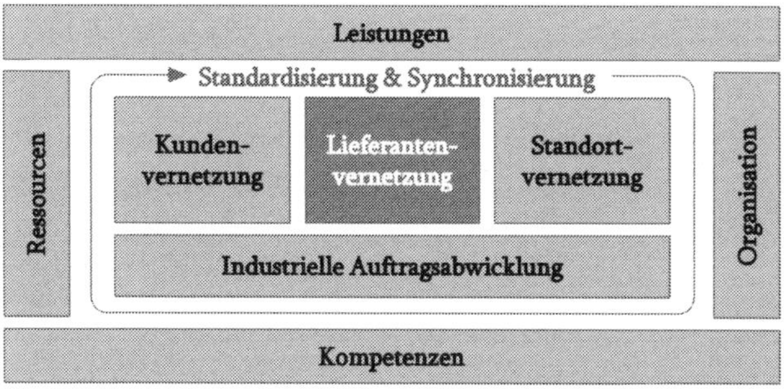

Abbildung 59: Lieferantenvernetzung im Gestaltungsmodell für kollaborative Wertschöpfung im industriellen Werkzeugbau

Zu Detaillierung der Lieferantenvernetzung werden zunächst die Aufgaben beschrieben, die mit der Lieferantenvernetzung adressiert werden sollten. Daraufhin wird die Ausgestaltung nach den Paradigmen der kollaborativen Wertschöpfung beschrieben. Abschließend wird auf die Potenziale der Lieferantenvernetzung als Teil der kollaborativen Wertschöpfung eingegangen.

5.3.1 Aufgaben

Die Lieferantenvernetzung sollte auftragsspezifisch und auftragsneutral vorgenommen werden. Die auftragsspezifische Lieferantenvernetzung sollte kompetenz- oder kapazitätsbasiert stattfinden.[460] Durch die Qualifizierung von Lieferanten sollen Lieferanten identifiziert, ausgewählt und entwickelt werden, welche durch die auftragsspezifische Lieferantenvernetzung adressiert werden können. Im Rahmen der auftragsneutralen Lieferantenvernetzung soll kontinuierlicher Austausch zwischen einem Werkzeugbaubetrieb und seinen Lieferanten oder potenziellen Lieferanten vorgenommen werden. Mit einem kontinuierlichen Austausch können Hierarchien der betriebsübergreifenden Wertschöpfung abgebaut werden und langfristig kann ein partnerschaftliches Verhältnis entstehen. Die vier zentralen Aufgaben der Lieferantenvernetzung sind in Abbildung 60 dargestellt und werden im Folgenden detailliert vorgestellt.

[460] Vgl. Schuh et al. (2013): Value Creation Depth, S. 183ff.

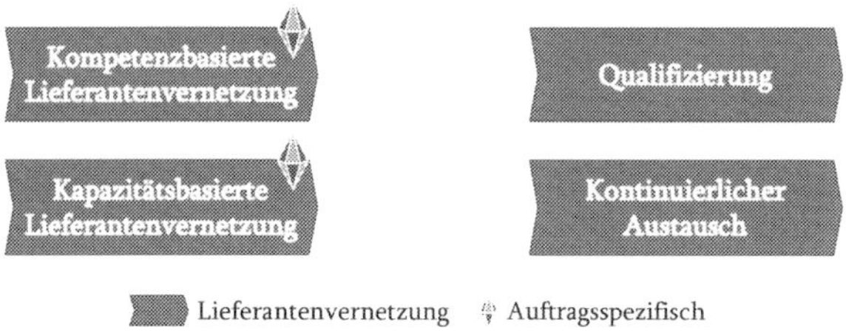

Abbildung 60: Aufgaben der Lieferantenvernetzung

Die **kompetenzbasierte Lieferantenvernetzung** nutzt ein Werkzeugbaubetrieb für die Beschaffung von Leistungen, die nicht betriebsintern verrichtet werden. Sie wird für Aktivitäten genutzt, für die eine Entscheidung zum Outsourcing getroffen wurde. Die Leistungen der Lieferanten können entweder der industriellen Auftragsabwicklung vorgelagert sein oder parallel dazu ausgeführt werden. Leistungen von Lieferanten sind nachgelagert nur für die Aktivitäten der Kundenvernetzung erforderlich. Wie in Kapitel 5.2.3 beschrieben, stellt dies jedoch einen Ausnahmefall dar. Zu den Leistungen, die der eigenen Wertschöpfung vorgelagert beschafft werden, zählen typischerweise Normalien und Rohmaterial, die für die mechanische Fertigung oder die Montage von Werkzeugen benötigt werden. Bei diesen vorgelagerten Leistungen sollte ein Werkzeugbaubetrieb Lieferantenvernetzung so nutzen, dass die Leistungen der Lieferanten möglichst unmittelbar für die betriebsinterne Wertschöpfung verwendet werden können. So kann die Beauftragung bspw. durch ein Kanban-System vereinfacht werden und der Aufwand für die Beschaffung im Werkzeugbaubetrieb wird reduziert.[461] Auch die Beschaffung von Rohmaterial kann in den spezifischen Dimensionen für die Werkzeugkomponenten erfolgen. Rohmaterial kann so auftragsspezifisch bestellt werden. Kompetenzarme Aktivitäten wie der Zuschnitt von Rohmaterial können an einen spezialisierten Lieferanten abgegeben und die Kapitalbindung reduziert werden, da Rohmaterial erst für die unmittelbar bevorstehende mechanische Fertigung beschafft werden muss und Lagerkosten entfallen. Für die Aktivitäten, die parallel zur betriebsinternen Wertschöpfung an einem Auftrag verrichtet werden, plant die Lieferantenvernetzung die Leistungen der Lieferanten terminlich ein. Dazu ist auch die Wertschöpfung der Lieferanten vom Projektmanagement sowie der Arbeitsvorbereitung zu berücksichtigen. Mit einer Lieferantenvernetzung sollte ein Werkzeugbaubetrieb für die betriebsinterne Wertschöpfung grundsätzlich jederzeit über den Status von Leistungen des Lieferanten informiert sein können.

Die **kapazitätsbasierte Lieferantenvernetzung** nutzt ein Werkzeugbaubetrieb, um mit den im Werkzeugbau typischen Nachfrageschwankungen effizient umgehen zu können. Sie wird eingesetzt, wenn die Nachfrage vom Kunden die eigenen Kapazitäten eines Werkzeugbaubetriebs übersteigt. Sie wird für Aktivitäten genutzt, für die eine Entscheidung

[461] Vgl. Cimorelli (2013): Kanban, S. 1ff.

zur Fremdvergabe als Ergebnis von Make-or-Buy getroffen wurde. Die zu geringe Kapazität kann dabei unterschiedliche Ressourcen eines Werkzeugbaubetriebs betreffen. Für einzelne Aktivitäten ist es deshalb möglich, dass die Lieferantenvernetzung nicht mit spezialisierten Lieferanten vorgenommen wird. Die Nachfrageschwankungen im Werkzeugbau sind meist nicht nur spezifisch für einzelne Unternehmen, sondern sind abhängig von der Branche des Kunden. Deshalb ist es möglich, dass spezialisierte Lieferanten zeitgleich keine ausreichenden internen Kapazitäten haben, da andere Betriebe mit ähnlichen Kunden die Lieferanten bereits auslasten. Grundsätzlich muss sichergestellt werden, dass der Lieferant die Anforderungen des Werkzeugbaubetriebs an die Qualität der Leistungen erfüllt. Die Beziehung zu anderen Werkzeugbaubetrieben kann möglicherweise auch beidseitig genutzt werden. Bei geringer eigener Nachfrage kann ein Werkzeugbaubetrieb als Lieferant für andere Werkzeugbaubetriebe auftreten, die andere Kunden haben und nicht über ausreichend eigene Kapazitäten verfügen.

Im Rahmen der Lieferantenvernetzung findet auch die **Qualifizierung** von Lieferanten statt. Dabei sollten Anforderungen an einen Lieferanten definiert werden. Auf Grundlage dieser Anforderungen sollten potenzielle Lieferanten identifiziert und bewertet werden. Mit der Bewertung kann die Auswahl von Lieferanten vorgenommen werden. Die Bewertung der Lieferanten sollte auch für vorhandene Lieferanten eines Werkzeugbaubetriebs vorgenommen werden.[462] Damit wird sichergestellt, dass ein Werkzeugbaubetrieb ausschließlich die Lieferanten einsetzt, die die definierten Anforderungen erfüllen. Grundsätzlich sollten mit der Lieferantenvernetzung die Lieferanten genutzt werden, die auf bestimmte Leistungen spezialisiert sind. Damit können einerseits die Kompetenzen der Zulieferer genutzt werden. Andererseits sind die Lieferanten durch ihre Spezialisierung meist in der Lage, ihre Wertschöpfung durch die Nutzung von Lern- und Skaleneffekten effizienter zu gestalten. Diese Kostenvorteile können teilweise an Werkzeugbaubetriebe weitergegeben werden.

Auftragsneutral sollte auch ein **kontinuierlicher Austausch** zwischen einem Werkzeugbaubetrieb und seinen Lieferanten und potenziellen Lieferanten etabliert werden. Lieferanten sind dabei Teil des Wertschöpfungsnetzwerks eines Werkzeugbaubetriebs. Die Vernetzung sollte dabei so gestaltet sein, dass ein Werkzeugbaubetrieb und ein Lieferant ein partnerschaftliches Verhältnis pflegen. Durch die Lieferantenvernetzung entsteht dadurch auch eine Plattform für gegenseitigen Austausch in Bezug auf gemeinsame Weiterentwicklungen oder zukünftig erforderliche Kapazitäten. Die zielgerichtete Entwicklung wird damit beschleunigt und zusätzlich auch die auftragsspezifische Lieferantenvernetzung unterstützt.

In Abbildung 61 ist der Wirkzusammenhang der Lieferantenvernetzung für einen Standort eines Werkzeugbaubetriebs dargestellt. Der Wirkzusammenhang unterschiedlicher

[462] Vgl. Wannewetsch (2009): Verhandlungsführung, S. 105ff.; Hofbauer & Hellwig (2012): Vertriebsmanagement, S. 417ff.

Standorte wird in Kapitel 5.4 adressiert. Diese Abbildung orientiert sich an der industriellen Auftragsabwicklung, die im Zentrum steht (vgl. Kapitel 5.1.1). Die kompetenzbasierte Lieferantenvernetzung wird dabei für Aktivitäten vorgenommen, die vom Standort eines Werkzeugbaubetriebs nicht selbst übernommen werden können. Die Aktivitäten, für die kapazitätsbasierte Lieferantenvernetzung genutzt wird, sind redundant zu Aktivitäten, die auch der Standort des Werkzeugbaubetriebs ausführen kann. Die kompetenzbasierte Lieferantenvernetzung und die kapazitätsbasierte Lieferantenvernetzung sind in der Abbildung in unterschiedliche Richtungen angeordnet. Es ist jedoch auch möglich, dass ein Lieferant sowohl zur kompetenzbasierten als auch zur kapazitätsbasierten Lieferantenvernetzung genutzt wird. Deshalb sind die abgebildeten Lieferanten nicht unterschiedlich benannt. Die Lieferantenvernetzung in der Regel nicht für die Aktivitäten der Kundenvernetzung relevant ist, ist die Kundenvernetzung in der Abbildung nicht berücksichtigt.

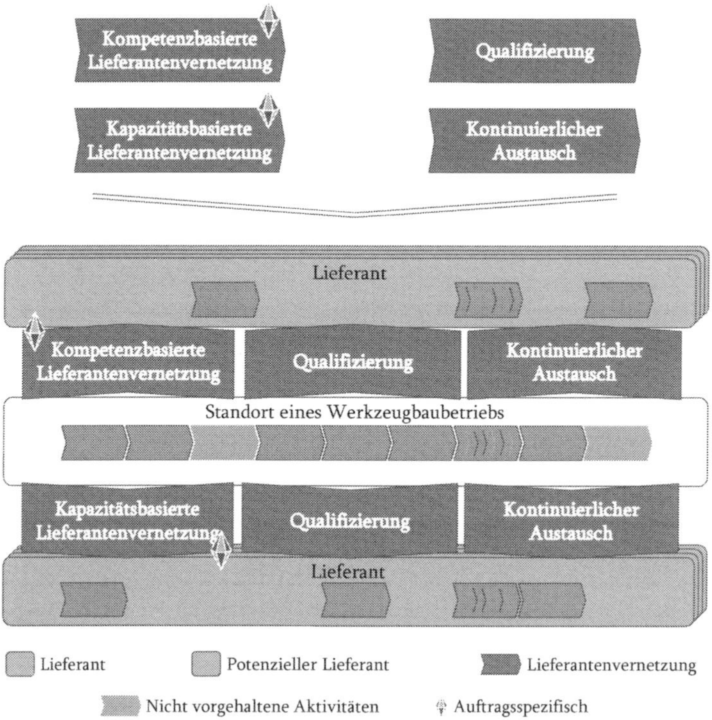

Abbildung 61: Wirkzusammenhang der Lieferantenvernetzung

Mit der Lieferantenvernetzung soll die Zusammenarbeit zwischen einem Werkzeugbaubetrieb und seinen Lieferanten verbessert werden und damit die Effizienz der Wertschöpfung eines Werkzeugbaubetriebs erhöhen. Die Lieferantenvernetzung ist auch ein Element der kollaborativen Wertschöpfung, wodurch der Nutzen eines Werkzeugbaubetriebs für seine Kunden gesteigert werden soll. Die beschriebene Lieferantenvernetzung stellt gleichzeitig eine Abkehr vom aktuellen Verständnis in der Praxis dar (s. Kapitel 2.2.3). Fehlende rechtliche Rahmenbedingungen oder Bedenken hinsichtlich der Eigentumsverteilung von Wissen zwischen einem Werkzeugbaubetrieb und seinen Lieferanten müssen proaktiv aufgegriffen werden, um die Potenziale der Kundenvernetzung langfristig nutzen zu können.

5.3.2 Standardisierung

Lieferantenvernetzung umfasst Aktivitäten, die von einem Werkzeugbaubetrieb auftragsspezifisch und auftragsneutral vorgenommen werden. Für die effiziente Ausführung sollten auch in der Lieferantenvernetzung Wiederholungen durch eine Standardisierung erreicht werden, um Lern- und Skaleneffekte zu nutzen.

Die **kompetenzbasierte Lieferantenvernetzung** sollte einem definierten Ablauf folgen. Mit der Konstruktion eines Werkzeugs sollte dabei für einen Auftrag definiert sein, welche Leistungen von Lieferanten beschafft werden. Insbesondere die Kommunikation zwischen einem Werkzeugbaubetrieb und seinen Lieferanten sollte zu festgelegten Zeitpunkten und Inhalten erfolgen. Damit wird die zuverlässige Herstellung von Leistungen durch den Lieferanten unterstützt. Der Werkzeugbaubetrieb ist damit im Fall von Verzögerungen beim Lieferanten frühzeitig informiert und kann Maßnahmen einleiten.

Auch der Ablauf für die **kapazitätsbasierte Lieferantenvernetzung** sollte einheitlich definiert sein. Dabei muss insbesondere festgelegt sein , wann kapazitätsbasierte Lieferantenvernetzung für einen Auftrag initiiert wird. Der Ablauf muss dazu die Kommunikation mit dem Projektmanagement einbeziehen, welchem die geplante Auslastung des Werkzeugbaubetriebs bekannt ist. Mit dem festgelegten Ablauf muss auch einheitlich definiert werden, welche Maßnahmen bei Terminverschiebungen eingeleitet werden sollen.

Die **Qualifizierung** von Lieferanten sollte für potenzielle Lieferanten sowie für vorhandene Lieferanten einem definierten Ablauf folgen. Gleichzeitig sollten für die Qualifizierung festgelegte Kriterien angewendet werden. Die Kriterien können dabei für Lieferanten für kompetenzbasierte Lieferantenvernetzung und Lieferanten für kapazitätsbasierte Lieferantenvernetzung variieren. Durch eine standardisierte Bewertung mit festgelegten Kriterien wird sichergestellt, dass ausschließlich Lieferanten ausgewählt werden, die eine vergleichbare Leistungsfähigkeit aufweisen. Damit wird auch das Fehlerrisiko in anderen Aktivitäten verringert, welches durch fehlerhafte und verspätete Lieferungen entsteht. Bei mangelnder Verfügbarkeit von Lieferanten sollte ein standardisiertes Vorgehen für die kurzfristige Identifikation neuer Lieferanten verfolgt werden.

Mit einem definierten Ablauf des **kontinuierlichen Austauschs** mit Lieferanten und potenziellen Lieferanten soll gewährleistet werden, dass alle relevanten Informationen an Lieferanten und potenzielle Lieferanten weitergegeben werden. Dazu gehört die Abstimmung von bevorstehenden Aufträgen und welche Forderungen der Werkzeugbaubetrieb an die Leistungen der Lieferanten stellt. Zusätzlich sollte auch der Austausch zur Weiterentwicklung von definierten Themen regelmäßig stattfinden. Da der kontinuierliche Austausch keinen Bezug zu einem aktuellen Auftrag hat, erfolgt er im traditionellen Verständnis vieler Betriebe neben dem Tagesgeschäft und ist nicht Teil dessen. Um den kontinuierlichen Austausch als Teil des Tagesgeschäfts zu etablieren, ist dieser regelmäßig und mit einem standardisierten Ablauf vorzunehmen. Dies ist eine wichtige Voraussetzung für ein partnerschaftliches Verhältnis zwischen einem Werkzeugbaubetrieb und seinen Lieferanten.

5.3.3 Synchronisierung

Die Lieferantenvernetzung eines Werkzeugbaubetriebs muss mit allen weiteren Elementen der kollaborativen Wertschöpfung im Werkzeugbau synchronisiert werden. Für die Herstellung von Leistungen sind Aktivitäten erforderlich, die entweder in der **industriellen Auftragsabwicklung** enthalten sein müssen oder durch die Lieferantenvernetzung adressiert werden. Eine Anpassung der Aktivitäten für die Erstellung von Leistungen muss grundsätzlich zwischen einem Werkzeugbaubetrieb und seinen Lieferanten abgestimmt werden. Durch die Synchronisierung mit der industriellen Auftragsabwicklung können Kapazitätsengpässe kurzfristig von Lieferanten übernommen werden. Die Synchronisierung ist auch für die Termine und die Planung eines Werkzeugbaubetriebs relevant. Ein Großteil der Leistungen von Lieferanten wird vom Werkzeugbaubetrieb für Aktivitäten der industriellen Auftragsabwicklung benötigt. Dazu müssen die Leistungen der Lieferanten für die industrielle Auftragsabwicklung termingerecht zur Verfügung stehen. Die Lieferantenvernetzung und die **Kundenvernetzung** müssen dann abgestimmt werden, wenn Aktivitäten der Kundenvernetzung von Lieferanten übernommen werden sollen. Wie in Kapitel 5.2.3 beschrieben, stellt dies einen Ausnahmefall für Werkzeugbaubetriebe dar. Die Aktivitäten der Kundenvernetzung und der Lieferantenvernetzung können für spezifische Aufträge weitestgehend separat voneinander berücksichtigt werden. Insbesondere ist die auftragsspezifische Kundenvernetzung vor- und nachgelagert der industriellen Auftragsabwicklung und damit auch vor und nach der Lieferantenvernetzung vorzunehmen. Gleichzeitig kann auch für die Lieferantenvernetzung die Synchronisierung so genutzt werden, dass der kontinuierliche Austausch zwischen einem Werkzeugbaubetrieb und seinen Kunden und Lieferanten parallelisiert ausgeführt wird. Deshalb ist dafür auch eine Synchronisierung mit der **Standortvernetzung** erforderlich. Die kompetenzbasierte Lieferantenvernetzung sollte Aktivitäten adressieren, die in der betriebsinternen Wertschöpfung insgesamt nicht abgedeckt werden. Dabei muss auch die Verteilung der Aktivitäten zwischen den Standorten berücksichtigt werden. Bei großen Unterschieden in der geografischen Verortung einzelner Standorte ist es möglich, dass standortbedingt andere Lieferanten genutzt werden müssen. Dies ist auch für die kapazitätsbasierte Lieferantenvernetzung relevant.

Zwischen den **Leistungen** und der Lieferantenvernetzung eines Werkzeugbaubetriebs sollte kontinuierlich eine Synchronisierung vorgenommen werden. Durch die Leistungen gegenüber dem Kunden eines Werkzeugbaubetriebs werden die Aktivitäten in der Wertschöpfung bestimmt. Sie stellen damit auch eine Vorgabe für die Aktivitäten dar, die mit der Lieferantenvernetzung adressiert werden. Gemeinsame Weiterentwicklungen eines Werkzeugbaubetriebs zusammen mit Lieferanten können zudem zu neuen Leistungen führen, die ein Werkzeugbaubetrieb gegenüber seinen Kunden anbieten kann. Änderungen in den Leistungen oder der Lieferantenvernetzung können direkte Auswirkungen auf das jeweils andere Element haben.

Für die Ausführung der Kundenvernetzung müssen die Befähiger der kollaborativen Wertschöpfung vorhanden sein. Mit den **Kompetenzen** eines Werkzeugbaubetriebs werden implizit auch die Aktivitäten definiert, die von Lieferanten adressiert werden sollten. Die **Ressourcen** eines Werkzeugbaubetriebs sind eng mit den Kompetenzen und der betriebsinternen Wertschöpfung eines Werkzeugbaubetriebs verknüpft. Für die Ausführung der Lieferantenvernetzung sind geeignete Humanressourcen und IT-Systemressourcen erforderlich. Die Lieferantenvernetzung sollte mit der **Organisation** eines Werkzeugbaubetriebs synchronisiert werden. Die Ablauforganisation ist bei der Lieferantenvernetzung zu berücksichtigen, damit die Leistungen der Lieferanten für die Auftragsabwicklung verwendet werden können.

5.3.4 Potenziale

Die Lieferantenvernetzung birgt Potenziale zur Verbesserung der Werte Kostenbeherrschung, Komplexitätsbeherrschung, Prozessbeherrschung und Mitarbeiterentwicklung. Unabhängig von den konkreten Betriebszielen und der Positionierung eines Werkzeugbaubetriebs können seine Leistungsfähigkeit bzw. das Preis-/Nutzenverhältnis für den Kunden mittels der Lieferantenvernetzung gesteigert werden. Die Potenziale sind als Auswirkungen auf die Werte im Werkzeugbau in Abbildung 62 zusammengefasst.

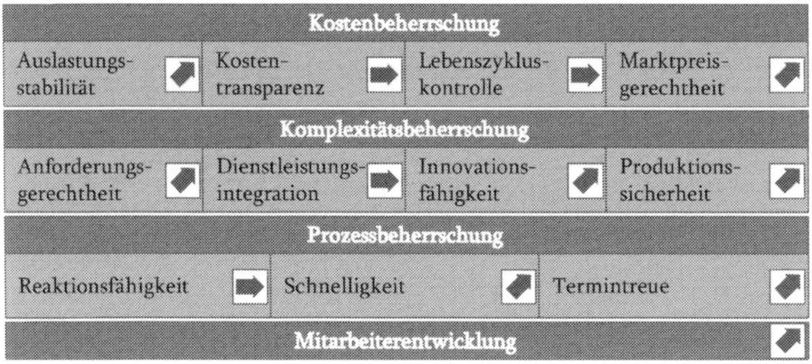

Abbildung 62: Potenziale der Lieferantenvernetzung

Mit der Lieferantenvernetzung kann eine höhere **Kostenbeherrschung** erzielt werden. Durch ein Netzwerk aus Lieferanten kann eine hohe Auslastung stabilisiert werden. Gleichzeitig wird die Marktpreisgerechtheit gesteigert. Durch die mögliche Spezialisierung einzelner Aktivitäten in der betriebsinternen Wertschöpfung sowie bei Lieferanten können jeweils Lern- und Skaleneffekte generiert werden. Kostenvorteile der Lieferanten können teilweise an Werkzeugbaubetriebe weitergegeben werden.

Mit der Lieferantenvernetzung wird die **Komplexitätsbeherrschung** eines Werkzeugbaubetriebs verbessert. Durch die Einbindung von Lieferanten kann eine höhere Spezialisierung in Bezug auf alle Aktivitäten erreicht werden. Damit können die Anforderungsgerechtheit und die Produktionssicherheit für den Kunden insgesamt gesteigert werden. Die Spezialisierung sowie der zielgerichtete kontinuierliche Austausch mit den Lieferanten unterstützt zusätzlich die Innovationsfähigkeit eines Werkzeugbaubetriebs.

Die Schnelligkeit kann durch auftragsspezifische Lieferantenvernetzung verbessert werden, indem die Ausführung von Aktivitäten entlang der Auftragsabwicklung parallelisiert wird. Gleichzeitig kann dadurch auch die Termintreue verbessert werden, da neben den internen Kapazitäten auch Kapazitäten von Lieferanten zur Verfügung stehen. Auch bei hoher interner Auslastung können die Termine gegenüber dem Kunden so eingehalten werden. Damit kann die **Prozessbeherrschung** mit der Lieferantenvernetzung gesteigert werden.

Mit der Lieferantenvernetzung entsteht neues Wissen in einem Werkzeugbaubetrieb, wodurch die **Mitarbeiterentwicklung** verbessert wird. Mitarbeiter können spezialisierter aus- und weitergebildet werden.

5.4 Standortvernetzung

Die Standortvernetzung soll zur Verbesserung der Zusammenarbeit zwischen unterschiedlichen Standorten eines Werkzeugbaubetriebs genutzt werden (s. Abbildung 63).

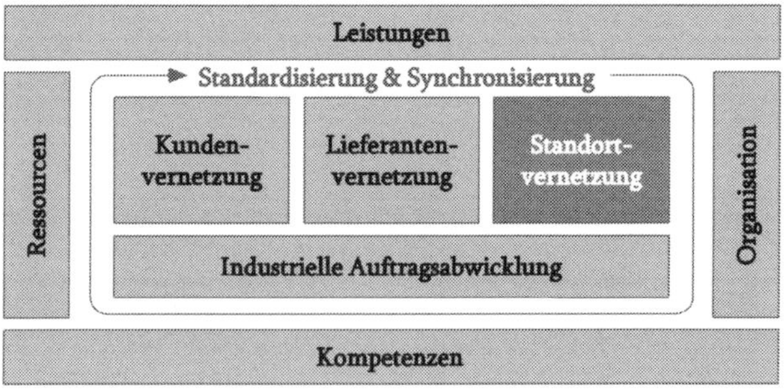

Abbildung 63: Standortvernetzung im Gestaltungsmodell für kollaborative Wertschöpfung im industriellen Werkzeugbau

Die Auswahl von Standorten ist nicht Bestandteil der Wertschöpfung eines Werkzeugbaubetriebs. In der Literatur wird die Auswahl von Standorten der Strategie zugeordnet.[463] In der Praxis stellen Standorte eines Werkzeugbaubetriebs häufig nicht das Resultat einer strategischen Auswahl von Standorten dar, die mit der Positionierung abgestimmt ist. Die historische Entwicklung des Betriebs oder Investitionsentscheidungen des einem internen Werkzeugbaubetrieb übergeordneten Unternehmens sind vielfach der Grund für die vorhandenen Standorte. Mit der Standortvernetzung sollen bestehende Standorte jeweils so genutzt werden, dass sie als Element der kollaborativen Wertschöpfung zur effizienten Erreichung der Betriebsziele beitragen.

Zu Detaillierung des Elements werden zunächst die Aufgaben beschrieben, die mit der Standortvernetzung adressiert werden. Daraufhin wird die Ausgestaltung nach den Paradigmen der kollaborativen Wertschöpfung detailliert. Abschließend wird auf die Potenziale der Standortvernetzung als Teil der kollaborativen Wertschöpfung eingegangen. Die Potenziale werden in Bezug auf die in Kapitel 2.2.2.2 vorgestellten Wertinhalte im Werkzeugbau erläutert.

Für Werkzeugbaubetriebe, die aus einem Standort bestehen, entfällt die Standortvernetzung. Für diese ist die Standortvernetzung kein Element der kollaborativen Wertschöpfung. Die Entwicklung im Werkzeugbau zeigt jedoch, dass die Anzahl von Standorten eines Werkzeugbaubetriebs zukünftig steigen wird (vgl. Kapitel 2.2.3.5). Werkzeugbaubetriebe, die aktuell nur über einen Standort verfügen, sollten sich deshalb mit den Aufgaben und den Potenzialen der Standortvernetzung auseinandersetzen. Das Gestaltungsmodell hat mit dem Ausschluss der Standortvernetzung auch Gültigkeit für Werkzeugbaubetriebe mit einem Standort.

5.4.1 Aufgaben

Die Standortvernetzung sollte auftragsspezifisch und auftragsneutral vorgenommen werden. Die auftragsspezifische Standortvernetzung sollte durchgängig und sporadisch eingesetzt werden. Im Rahmen der auftragsneutralen Standortvernetzung sollten die Verteilung von Aktivitäten und Verantwortlichkeiten zwischen den einzelnen Standorten sowie ein kontinuierlicher Austausch vorgenommen werden. Dazu ist zwischen den unterschiedlichen Standorten ein partnerschaftliches Verhältnis erforderlich. Grundsätzlich muss als Teil dessen ein einheitliches Verständnis für die Kompetenzen sowie die Leistungen jedes Standorts etabliert werden. Die Vorteile der zentralen sowie der dezentralen Auslegung von Standorten sollen gebündelt werden, damit gemeinsame Entwicklungen beschleunigt und die Leistungsfähigkeit eines Werkzeugbaubetriebs gesteigert werden können. Die vier zentralen Aufgaben der Standortvernetzung sind in Abbildung 64 dargestellt und werden im Folgenden detailliert beschrieben.

---

[463] Vgl. Hansmann (2006): Industrielles Management, S. 106; Schulte (2009): Strategische Standortplanung, S. 333ff.

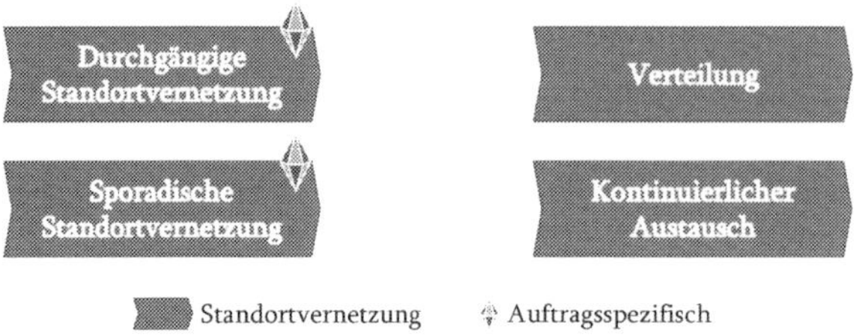

Abbildung 64: Aufgaben der Standortvernetzung

Die Standortvernetzung zur auftragsspezifischen Auftragsabwicklung kann alle Aktivitäten der industriellen Auftragsabwicklung, der Kundenvernetzung und der Lieferantenvernetzung aufgreifen. **Durchgängige Standortvernetzung** wird vorgenommen, wenn ein Standort über Kompetenzen oder Ressourcen verfügt, die die übrigen Standorte nicht besitzen. Die durchgängige Standortvernetzung ist grundsätzlich mit der kompetenzbasierten Lieferantenvernetzung vergleichbar. Da die durchgängige Standortvernetzung jedoch betriebsinterne Wertschöpfung darstellt, bedeutet dies nicht, dass die von einem anderen Standort ausgeführte Kompetenz nicht zu den Kompetenzen des Werkzeugbaubetriebs gehört. Vielmehr besteht durch die Standortvernetzung als Teil der betriebsinternen Wertschöpfung die Möglichkeit, Aktivitäten und Kompetenzen an einzelnen Standorten zu bündeln und diese gleichzeitig dem gesamten Werkzeugbaubetrieb zur Verfügung zu stellen.

Die **sporadische Standortvernetzung** zwischen Werkzeugbaubetrieben kann genutzt werden, um Überlastungen von einzelnen Standorten ausgleichen zu können. Wenn die Kapazitäten eines Werkzeugbaustandortes ausgelastet sind, kann er auf verfügbare Kapazitäten eines anderen Werkzeugbaustandortes zurückgreifen. Die sporadische Standortvernetzung ist damit vergleichbar mit der kapazitätsbasierten Lieferantenvernetzung. Sie kann für alle Aktivitäten der übrigen drei Handlungsfelder der kollaborativen Wertschöpfung eingesetzt werden.

Die auftragsspezifische Standortvernetzung kann als betriebsinterne Wertschöpfung effizienter gestaltet werden als eine betriebsübergreifende Wertschöpfung. Im Gegensatz zu einem Lieferanten sind die Qualität der Wertschöpfung von Standorten sowie ihre Fähigkeiten meist bekannt. Weiterhin besteht dabei eine geringere Gefahr des Verlustes von Kompetenzen an einen externen Betrieb. Für Leistungen eines Standorts, die der Werkzeugbaubetrieb an seine Kunden verkauft, können Kompetenzen verwendet werden, die sich aus den Kompetenzen von unterschiedlichen Standorten zusammensetzen.

Mit der **Verteilung** von Aktivitäten und Verantwortlichkeiten zwischen den Standorten wird festgelegt, welche Aktivitäten und welche Kompetenzen dem Werkzeugbaubetrieb von jedem Standort zur Verfügung gestellt werden. Dabei können bewusst Komplemente oder Redundanzen geschaffen werden, um die Spezialisierung zu unterstützen oder Verfügbarkeiten zu sichern. Mit den Kompetenzen wird damit festgelegt, wie jeder Standort die Positionierung eines Werkzeugbaubetriebs adressiert. Aufbauend auf den Kompetenzen und Leistungen sollte eine Definition aller Aktivitäten der industriellen Auftragsabwicklung, der Kundenvernetzung und der Lieferantenvernetzung auf die einzelnen Standorte vorgenommen werden. Dabei sind die geografischen Vorgaben durch die Standorte zu berücksichtigen. In Bezug auf Kundenvernetzung sollte bspw. die Nähe zwischen Kunden und einem Standort jeweils berücksichtigt werden.

Die auftragsneutrale Standortvernetzung erfordert einen **kontinuierlichen Austausch** in Bezug auf alle Aktivitäten der industriellen Auftragsabwicklung, der Kundenvernetzung und der Lieferantenvernetzung. Dadurch können die Aktivitäten wie auch die Leistungen und Kompetenzen eines Werkzeugbaubetriebs zielgerichtet weiterentwickelt werden.

PITSCH hat für die Verteilung von Aktivitäten und Verantwortlichkeiten zwischen Standorten eines Werkzeugbaubetriebs Kompetenzfelder und eine Vorgehensweise zur Identifikation dieser in einem Werkzeugbaubetrieb mit unterschiedlichen Standorten entwickelt. Dabei werden die Leistungen eines Werkzeugbaubetriebs und seiner Standorte in Bezug auf ihren Kundennutzen sowie ihre Wirkungen auf die Kompetenzen untersucht. Basierend auf dieser Analyse werden Kompetenzfelder entwickelt, für die einzelne Standorte verantwortlich sind. Dieser Ansatz ist in unterschiedlichen Betrieben validiert worden und kann damit für die Abstimmung von Standorten verwendet werden.[464]

Die Verteilung insgesamt sowie die Entwicklung der Kompetenzfelder konkret können auch eine Grundlage für den kontinuierlichen Austausch zwischen Standorten eines Werkzeugbaubetriebs darstellen. Kompetenzfelder können dazu verwendet werden, eine Standortvernetzung mit Lead-Kompetenzfeldern für unterschiedliche Kompetenzen oder Kompetenzfelder zu nutzen. Die Verantwortlichkeiten stellen dabei einen Lead eines Standortes in einem Werkzeugbaubetrieb dar. Ein Lead-Standort gibt dabei sein Wissen und seine Entwicklung für die Wertschöpfung im gesamten Betrieb weiter.[465]

Die Aufgaben der Standortvernetzung sind in Abbildung 65 zusammengefasst. Die durchgängige Standortvernetzung und die sporadische Standortvernetzung sind darin in unterschiedliche Richtungen angeordnet. Es ist jedoch auch möglich, dass ein Standort sowohl zur durchgängigen als auch zur sporadischen Lieferantenvernetzung genutzt wird. Deshalb sind die abgebildeten Standorte nicht unterschiedlich benannt. Wie bereits für die Kundenvernetzung und die Lieferantenvernetzung steht auch hier die industrielle Auftragsabwicklung im Zentrum (vgl. Kapitel 5.1.1). Die Standortvernetzung kann zusätzlich auch für die Kundenvernetzung und die Lieferantenvernetzung angewendet werden. Deshalb sind diese in der Abbildung ebenfalls berücksichtigt.

---

[464] Vgl. Pitsch (2014): Vernetzung von Standorten, S. 89ff.

[465] Vgl. Pitsch (2014): Vernetzung von Standorten, S. 99ff.

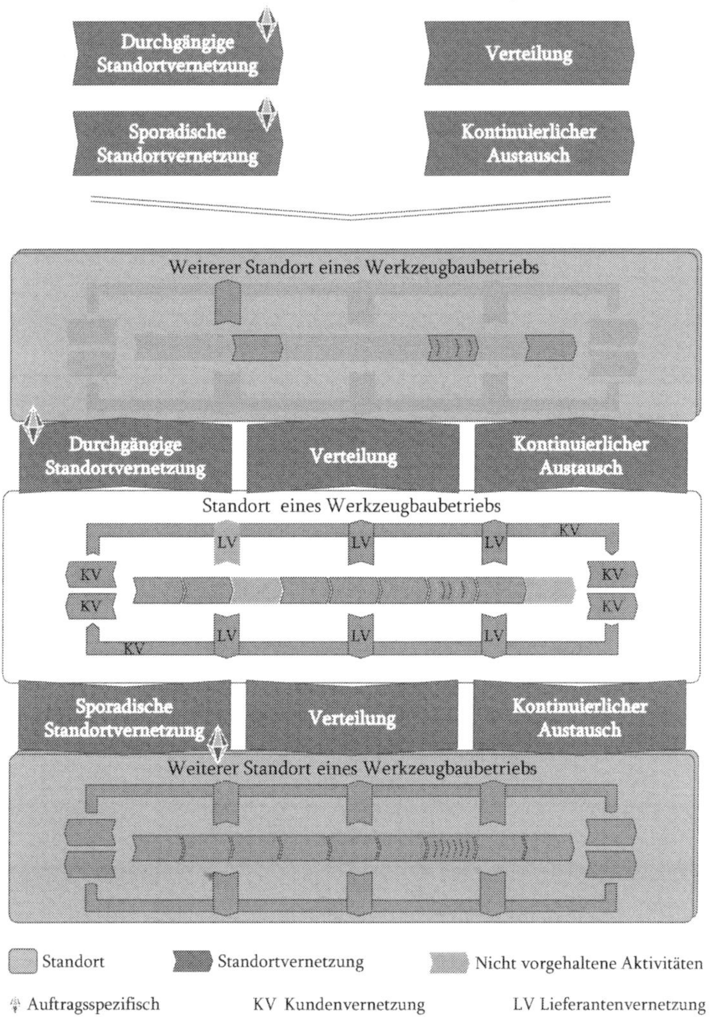

Abbildung 65: Wirkzusammenhang der Standortvernetzung

Mit der Standortvernetzung soll die Zusammenarbeit der Standorte eines Werkzeugbaubetriebs verbessert werden. Die Standortvernetzung ist auch ein Element der kollaborativen Wertschöpfung, wodurch der Nutzen eines Werkzeugbaubetriebs für seine Kunden gesteigert werden soll. Die Rahmenbedingungen für ein partnerschaftliches Verhältnis innerhalb eines Werkzeugbaubetriebs sind besser als für ein betriebsübergreifendes Verhältnis mit Kunden oder Lieferanten. Die beschriebene Standortvernetzung stellt jedoch auch eine Abkehr der verbreiteten zentralen oder dezentralen Auslegung von Standorten dar. Hemmnisse für die Standortvernetzung, wie redundante Verantwortlichkeiten für Kompetenzen an unterschiedlichen Standorten, sollten daher in einem Werkzeugbaubetrieb proaktiv adressiert werden.

5.4.2 Standardisierung

Standardisierung sollte in Bezug auf alle Aufgaben der Standortvernetzung angewendet werden. Die **durchgängige Standortvernetzung** und die **sporadische Standortvernetzung** sollten nach dem Paradigma der Standardisierung ausgestaltet werden. Zwar ermöglicht die betriebsinterne Wertschöpfung zwischen den Standorten vielfach Flexibilität, da verursachte Kosten unabhängig vom Standort für den Werkzeugbaubetrieb entstehen. Die Standardisierung ist jedoch erforderlich, um auch in der Standortvernetzung Wiederholungen zu generieren und ihre Effizienz zu steigern.

Die Aktivitäten und Verantwortlichkeiten sollten unter der Berücksichtigung von Kompetenzen und Leistungen den Standorten eines Werkzeugbaubetriebs zugeordnet werden. Die **Verteilung** der Aktivitäten und Verantwortlichkeiten sollte dazu einem Standard folgen, damit jeweils die gleiche Grundlage für die Verteilung vorliegt. Weiterhin sollte die Verteilung regelmäßig aktualisiert werden, damit mögliche Entwicklungen an Standorten in Bezug auf die Kompetenzen und Leistungen in die Verteilung einbezogen werden können.

Auch der **kontinuierliche Austausch** zwischen Standorten sollte einem Standard folgen. Dabei muss sichergestellt werden, dass die relevanten Informationen in Bezug auf die Aktivitäten der industriellen Auftragsabwicklung, der Kundenvernetzung und der Standortvernetzung ausgewertet werden. Da der kontinuierliche Austausch keinen direkten Bezug zu einem aktuellen Auftrag hat, erfolgt er im traditionellen Verständnis vieler noch zentral oder dezentral ausgelegter Standorte neben dem Tagesgeschäft und ist nicht Teil dessen. Um den kontinuierlichen Austausch als Teil des Tagesgeschäfts zu etablieren, ist dieser regelmäßig und mit einem definierten Ablauf auszugestalten. Dies stellt eine Grundlage für ein partnerschaftliches Verhältnis zwischen den Standorten dar.

5.4.3 Synchronisierung

Die Standortvernetzung eines Werkzeugbaubetriebs muss mit allen weiteren Elementen der kollaborativen Wertschöpfung im Werkzeugbau synchronisiert werden.

Mit der Standortvernetzung können die Aktivitäten der **industriellen Auftragsabwicklung**, der **Kundenvernetzung** und der **Lieferantenvernetzung** adressiert werden. Deshalb sollte die Standortvernetzung mit diesen Elementen abgestimmt sein. Zum kontinuierlichen Austausch sollte die Synchronisierung der Standortvernetzung mit der Kundenvernetzung und der Lieferantenvernetzung gemeinsam vorgenommen werden. Damit können gemeinsame Entwicklungen mit Kunden und Lieferanten zielgerichtet vorgenommen werden.

Die Standortvernetzung muss mit den **Leistungen** eines Werkzeugbaubetriebs synchronisiert sein. Diese können insbesondere Einfluss auf die Verteilung der Aktivitäten und Verantwortlichkeiten auf die einzelnen Standorte haben. Nach PITSCH stellen die Leistungen einen Teil von Kompetenzfeldern dar, die als Basis für die Standortvernetzung eingesetzt werden können.[466]

Für die Ausführung der Kundenvernetzung müssen die Befähiger der kollaborativen Wertschöpfung vorhanden sein. Die Standortvernetzung sollte mit den **Kompetenzen** eines Werkzeugbaubetriebs synchronisiert sein. An den Standorten können so jeweils die Aktivitäten ausgeführt werden, für die Kompetenzen vorhanden sind. Dazu sind auch die **Ressourcen** eines Werkzeugbaubetriebs an den unterschiedlichen Standorten zu berücksichtigen. Die Standortvernetzung sollte auch mit der **Organisation**, insbesondere der Aufbau- und der Ablauforganisation, abgestimmt sein. Die Aufteilung der Aktivitäten kann zu einer Steigerung der Leistungsfähigkeit führen, wenn die Aktivitäten einheitlich definiert sind und diese durch klare Schnittstellen auch unterschiedlichen Standorten zugeordnet werden können.

5.4.4 Potenziale

Die Standortvernetzung birgt Potenziale zur Verbesserung der Werte Kostenbeherrschung, Komplexitätsbeherrschung, Prozessbeherrschung, und Mitarbeiterentwicklung. Unabhängig von den konkreten Betriebszielen und der Positionierung eines Werkzeugbaubetriebs können seine Leistungsfähigkeit bzw. das Preis-/Nutzenverhältnis für den Kunden mittels der Standortvernetzung gesteigert werden. Die Potenziale sind als Auswirkungen auf die Werte im Werkzeugbau in Abbildung 66 zusammengefasst.

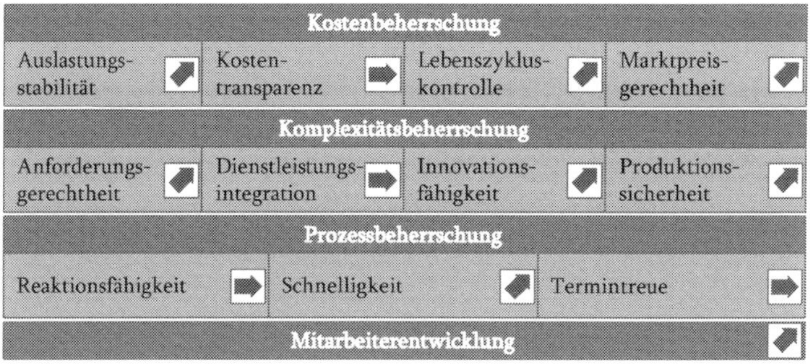

Abbildung 66: Potenziale der Standortvernetzung

Mit unterschiedlichen Standorten kann der Einsatz von Ressourcen abgestimmt werden und eine Verbesserung der Auslastungsstabilität wird erreicht. Auch die Lebenszykluskontrolle wird gesteigert, da durch den kontinuierlichen Austausch die Kundenvernet-

[466] Vgl. Pitsch (2014): Vernetzung von Standorten, S. 126ff.

zung zielorientiert weiterentwickelt werden kann. Durch die mögliche Spezialisierung einzelner Aktivitäten in der Wertschöpfung an einem Standort können jeweils Lern- und Skaleneffekte generiert werden. Damit können die Kosten für einen Werkzeugbaubetrieb insgesamt gesenkt und die Marktpreisgerechtheit gesteigert werden. Dabei unterstützt auch der kontinuierliche Austausch im Rahmen der Lieferantenvernetzung. Resultierend daraus steigt die Kostenbeherrschung eines Werkzeugbaubetriebs.

Mit der Standortvernetzung kann ein Werkzeugbaubetrieb seine **Komplexitätsbeherrschung** verbessern. Ähnlich wie in Bezug auf die Lieferantenvernetzung wird mit der Standortvernetzung eine höhere Spezialisierung einzelner Standorte erreicht. Damit können die Anforderungsgerechtheit, die Innovationsfähigkeit und die Produktionssicherheit gesteigert werden. Das Potenzial der Standortvernetzung ist dabei im Rahmen der im Werkzeugbaubetrieb insgesamt verfügbaren Ressourcen größer als bei der Lieferantenvernetzung, da keine betriebsübergreifenden Rahmenbedingungen geschaffen werden müssen.

Die **Prozessbeherrschung** kann ebenfalls mit der Standortvernetzung gesteigert werden. Die Schnelligkeit wird durch auftragsspezifische Standortvernetzung gefördert, indem die Ausführung von Aktivitäten entlang der Auftragsabwicklung parallelisiert wird.

Mit der Standortvernetzung entsteht neues Wissen in einem Werkzeugbaubetrieb in Bezug auf alle Elemente der kollaborativen Wertschöpfung, welches die **Mitarbeiterentwicklung** verbessert. Dadurch können Mitarbeiter in neuen Bereichen aus- und weitergebildet werden. Mit der Möglichkeit zu einer intensiveren Spezialisierung der Standorte kann vorhandenes Wissen vertieft werden.

5.5 Leistungen

Die Leistungen eines Werkzeugbaubetriebs stellen das Ergebnis der kollaborativen Wertschöpfung im Werkzeugbau dar (s. Abbildung 67).

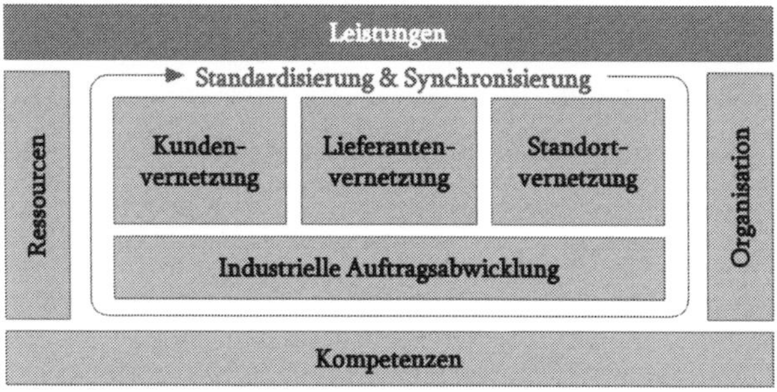

Abbildung 67: Leistungen im Gestaltungsmodell für kollaborative Wertschöpfung im industriellen Werkzeugbau

Die in Kapitel 2.2.1.3 vorgestellten Leistungen sind dabei mögliche spezifische Leistungen für die Gestaltung der Wertschöpfung eines Werkzeugbaubetriebs. Als Ergebnis der Wertschöpfung sind Leistungen das zentrale Mittel, um den Kundennutzen kurz- und langfristig zu schaffen. Damit kommt ihnen für die Wertschöpfung sowie für die Erreichung der Betriebsziele eines Werkzeugbaubetriebs eine zentrale Bedeutung zu. Im Werkzeugbau insgesamt sind die Margen gering und schwanken stark zwischen den unterschiedlichen Leistungen. Durchschnittlich beträgt die Umsatzrendite eines Werkzeugbaubetriebs 6%.[467] Damit werden die Relevanz sowie das Potenzial der Leistungen sowie der Gestaltung dieser verdeutlicht.

Zu Detaillierung des Elements werden zunächst die Bestandteile der Leistungen der kollaborativen Wertschöpfung beschrieben. Daraufhin wird die Ausgestaltung nach den Paradigmen der kollaborativen Wertschöpfung detailliert.

5.5.1 Bestandteile

Leistungen eines Werkzeugbaubetriebs sind entweder Güter, Dienstleistungen oder eine Kombination aus beiden. Sie sind das Ergebnis der kollaborativen Wertschöpfung. Güter sind ein physisches Produkt, welches durch unterschiedliche Aktivitäten erstellt wird. Dienstleistungen stellen selbst Aktivitäten dar, die an einen Kunden direkt verkauft werden. Die beiden Bestandteile sind mit Beispielen in Abbildung 68 dargestellt.

Gut	Dienstleistung
Beispiele:	**Beispiele:**
▪ Blechverarbeitungswerkzeug	▪ Bauteilgestaltung
▪ Spritzgießwerkzeug	▪ Serienanlaufunterstützung

Abbildung 68: Bestandteile der Leistungen

Die Leistungen eines Werkzeugbaubetriebs können sich aus unterschiedlichen Gütern und aus Dienstleistungen zusammensetzen. Die angebotenen **Güter** machen den Großteil des Umsatzes von Werkzeugbaubetrieben aus. In Bezug auf die Komplexität der Leistung sowie auf den Anteil des Umsatzes stellen Werkzeuge den größten Teil dar (s. Kapitel 2.2.1.3). Das Werkzeug selbst ist die Leistung, welche für den Kunden zur Umsetzung der Serienproduktion zwingend erforderlich ist. Die Güter eines Werkzeugbaubetriebs sollten dazu kontinuierlich weiterentwickelt werden. Während sich der grundsätzliche Mechanismus des Formens von Bauteilen in den vergangenen Jahrzehnten nicht verändert hat, können bspw. in der Werkzeugtechnik durch Mechanik oder Oberflächenbeschaffenheit Verbesserungen der Güter für die Serienproduktion des Kunden erreicht werden.

Neben den Gütern kann ein Werkzeugbaubetrieb seinen Kunden **Dienstleistungen** anbieten. In den vergangenen Jahren hat die Wichtigkeit von Dienstleistungen und deren Ver-

---

[467] WZL/IPT (2014): Datenbank Werkzeugbau, Stand Januar 2014. Für die Auswertung der Daten von Werkzeugbaubetrieben wurden Daten aus den vergangenen fünf Jahren verwendet.

knüpfung mit Gütern zugenommen.[468] Durch diese Verbindung kann ein Werkzeugbaubetrieb vollständiger Systemanbieter für seine Kunden sein.[469] Mit dem expliziten Angebot von Dienstleistungen kann es auch gelingen, Leistungen zu verkaufen, die vom Kunden bisher nicht als eigene Leistung eines Werkzeugbaubetriebs wahrgenommen wurden. Vielfach werden Aktivitäten wie die Betreuung oder Beratung von Werkzeugbaubetrieben verrichtet, ohne diese als Leistung anzubieten und damit eine Vergütung für den im Werkzeugbaubetrieb entstandenen Aufwand zu erhalten. Im Werkzeugbau werden Dienstleistungen auch Teil von CPS sein, die die aktuelle Entwicklung der Wertschöpfung im Rahmen von Industrie 4.0 für den Werkzeugbau aufgreifen. Über Sensoren in den Werkzeugen kann ein Werkzeugbaubetrieb definierte Parameter der Serienproduktion bzw. des Werkzeugs in Echtzeit prüfen und proaktiv Dienstleistungen für den Kunden anbieten.[470]

Der Wirkzusammenhang der Leistungen mit Handlungsfeldern der kollaborativen Wertschöpfung ist in Abbildung 69 dargestellt.[471] Darin wird verdeutlicht, dass sich ein Gut aus einer Summe von Aktivitäten und physischem Material entlang der Auftragsabwicklung zusammensetzt. Dienstleistungen können nur einzelne Aktivitäten umfassen.

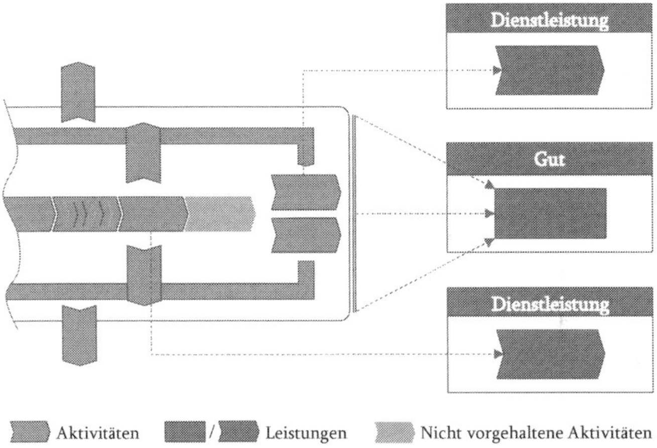

Abbildung 69: Wirkzusammenhang der Leistungen als Ergebnis von kollaborativer Wertschöpfung

[468] Schuh et al. (2009): Toolmaking for the Future, S. 30.

[469] SCHUH ET AL. beschreiben die Fähigkeit zum Angebot von derartigen Systemen als eine der aktuellen Anforderungen an den Werkzeugbau (vgl. Schuh et al. (2013): Wertschöpfungsnetzwerke, S. 12f.).

[470] Vgl. Schuh et al. (2010): Leistungsbündel, S. 77.

[471] Die hier verwendete schematische Darstellung der vier Handlungsfelder der kollaborativen Wertschöpfung wurde in Abbildung 65 in Kapitel 5.4.1 eingeführt.

5.5.2 Standardisierung

Das Angebot an Leistungen eines Werkzeugbaubetriebs sollte standardisiert sein. Nach KLOTZBACH ist dies eine Voraussetzung für den industriellen Werkzeugbau. Mit einem standardisierten Spektrum an Leistungen soll dabei eine Fokussierung ermöglicht werden.[472] Die Fokussierung ist eine gezielte Einschränkung der Leistungen, die von einem Werkzeugbaubetrieb angeboten werden. Damit soll die Effizienz der Wertschöpfung gesteigert werden, indem durch Wiederholungen Lern- und Skaleneffekte in der Wertschöpfung genutzt werden können.

Die Standardisierung von **Gütern** greift auch das Handlungsfeld Produktstandardisierung des industriellen Werkzeugbaus nach KLOTZBACH auf.[473] Güter sollten danach in standardisierte Module gegliedert werden, die für zukünftige Güter wiederverwendet werden können. Leistungen, die aus unterschiedlichen Modulen konfiguriert werden, sind für den Kunden ein individuelles Gut, dessen Komponenten einem Werkzeugbaubetrieb jedoch bekannt. Die Effizienz der Wertschöpfung der Komponenten und Leistungen kann damit gesteigert werden.

Die Standardisierung von **Dienstleistungen** sollte grundsätzlich analog zur Standardisierung von Gütern vorgenommen werden. Auch Dienstleistungen sollten sich aus definierten Modulen zusammensetzen, die ein Werkzeugbaubetrieb möglichst häufig für unterschiedliche Kunden nutzen kann und die für einen Kunden gleichzeitig eine attraktive Dienstleistung darstellen.

Die Standardisierung von Leistungen ist zentraler Bestandteil des industriellen Werkzeugbaus sowie für kollaborative Wertschöpfung im Werkzeugbau. Im Zuge der Vernetzung der Wertschöpfung nimmt die Relevanz der Standardisierung von Leistungen für kollaborative Wertschöpfung im Werkzeugbau weiter zu. Mit einer höheren Anzahl von Aktivitäten in verschiedenen Betrieben und Standorten kann die Wertschöpfung nur beherrscht werden, wenn diese für standardisierte Leistungen ausgeführt wird.

5.5.3 Synchronisierung

Die Leistungen eines Werkzeugbaubetriebs müssen als Ergebnis mit den Aktivitäten der Handlungsfelder der kollaborativen Wertschöpfung synchronisiert werden.

Leistungen stellen die Orientierung für die kollaborative Wertschöpfung dar. Alle Aktivitäten der kollaborativen Wertschöpfung sind so zusammenzuführen, dass ein Werkzeugbaubetrieb die Ergebnisse als Leistungen an seine Kunden verkaufen kann. Die **industrielle Auftragsabwicklung** umfasst die für die Herstellung der Leistungen erforderlichen Aktivitäten. Mit der **Kundenvernetzung** wird die Darstellung von Leistungen eines Werkzeugbaubetriebs gegenüber dem Kunden verbessert. Weiterhin können Kundenver-

[472] Vgl. Klotzbach (2007): Industrieller Werkzeugbau, S. 145ff.

[473] Vgl. Klotzbach (2007): Industrieller Werkzeugbau, S. 168ff.

netzung oder Teile dieser als eigene Leistungen angeboten werden. Die Leistungen müssen nicht durchgängig und direkt mit der **Lieferantenvernetzung** und der **Standortvernetzung** abgestimmt werden. Die Lieferantenvernetzung und die Standortvernetzung sind direkt mit Aktivitäten der industriellen Auftragsabwicklung verknüpft und haben darüber nur indirekten Bezug zu den Leistungen.

Die Befähiger der kollaborativen Wertschöpfung sollten auch mit den Leistungen eines Werkzeugbaubetriebs abgestimmt sein, um sie mit den Handlungsfeldern der kollaborativen Wertschöpfung zielgerichtet nutzen zu können. Mit den **Kompetenzen** sollten zentrale Eigenschaften der Leistungen eines Werkzeugbaubetriebs ausgeprägt werden. Damit ist es einem Werkzeugbaubetrieb möglich, Leistungen anzubieten, mit denen eine Differenzierung gegenüber dem Wettbewerb erreicht wird. Zudem muss durch eine Synchronisierung der Leistungen mit den Kompetenzen auch sichergestellt werden, dass die Positionierung nicht nur in den Aktivitäten, sondern auch im Ergebnis der Wertschöpfung sichtbar wird. Die Leistungen eines Werkzeugbaubetriebs müssen mit den **Ressourcen** in Bezug auf ihre Anforderungen abgestimmt werden, damit mit den Ressourcen Leistungen zur Adressierung der Anforderungen und des Kundennutzens insgesamt hergestellt werden können. Die Leistungen sollten auch mit dem Managementsystem als Bestandteil der **Organisation** synchronisiert werden. So können Leistungen für bestimmte Kunden bspw. eine Zertifizierung erfordern.

5.6 Kompetenzen

Kompetenzen stellen die Verknüpfung der kollaborativen Wertschöpfung mit der Positionierung her (vgl. Kapitel 4.3.3.2). Gleichzeitig sind sie die Basis für die Gestaltung der kollaborativen Wertschöpfung (s. Abbildung 70).

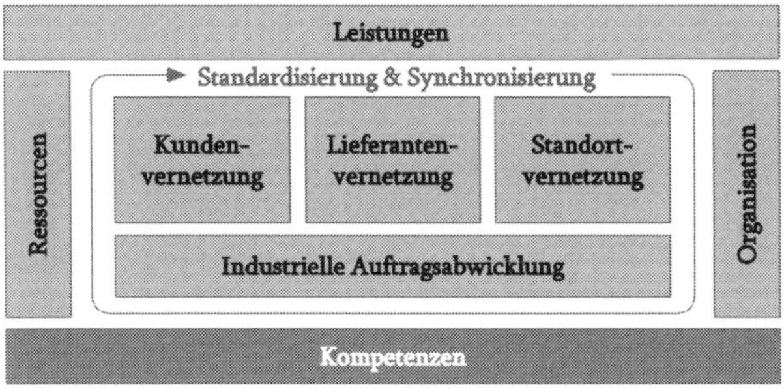

Abbildung 70: Kompetenzen im Gestaltungsmodell für kollaborative Wertschöpfung im industriellen Werkzeugbau

Kompetenzen wurden in Kapitel 2.1.3.3 als Fähigkeiten definiert, die direkten Einfluss auf den Kundennutzen und die Effizienz eines Betriebs haben. Weiterhin wurde bereits auf die enge Verknüpfung von Ressourcen und Kompetenzen eingegangen, die auch im Gestaltungsmodell aufgegriffen wird (vgl. Kapitel 2.1.3). In Bezug auf die Gestaltung der kollaborativen Wertschöpfung ist eine Kompetenz eine Aktivität. Eine Ressource selbst kann nicht direkt die Effizienz eines Betriebs steigern. Dies ist nur durch eine Aktivität möglich, die durch eine Ressource ausgeführt wird. Kompetenzen sind damit die Aktivitäten, mittels derer sich ein Werkzeugbaubetrieb von anderen Betrieben differenzieren kann.

Zu Detaillierung des Elements werden zunächst die Aufgaben der Kompetenzen als Befähiger der kollaborativen Wertschöpfung beschrieben. Daraufhin werden die Paradigmen der kollaborativen Wertschöpfung in Bezug auf die Kompetenzen beschrieben.

5.6.1 Bestandteile

Ein Werkzeugbaubetrieb sollte über eigene Kompetenzen verfügen und diese bewusst im Rahmen der Wertschöpfung einsetzen. Als Befähiger für die Gestaltung der Wertschöpfung können investitionsbasierte und wissensbasierte Kompetenzen eingesetzt werden. Investitionsbasierte Kompetenzen kann sich ein Werkzeugbaubetrieb mit einer einmaligen Investition aneignen. Für die Erlangung wissensbasierter Kompetenzen muss zunächst Wissen entwickelt werden, um daraus eine Kompetenz aufzubauen. Die Unterscheidung dieser Arten von Kompetenzen orientiert sich an der Entstehung von Kompetenzen. Dies ist statthaft, da so ausgedrückt wird, wie aufwendig die Generierung der Kompetenzen ist und wie hoch die Imitierbarkeit durch Wettbewerber ist. Da sich die Positionierung immer auch am Vergleich zum Wettbewerb orientiert, sollten Kompetenzen eingesetzt werden, deren Imitierbarkeit gering ist. Die beiden Bestandteile der Kompetenzen sind in Abbildung 71 mit Beispielen dargestellt und werden im Folgenden detailliert beschrieben.

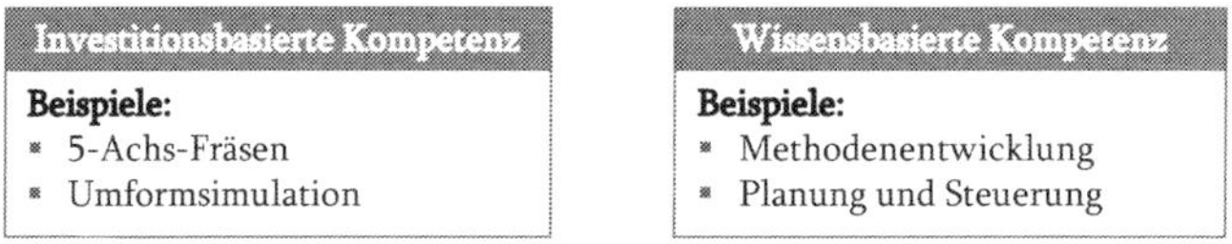

Abbildung 71: Bestandteile der Kompetenzen

Investitionsbasierte Kompetenzen beschreiben Aktivitäten, die mit definierten Ressourcen ausgeführt werden, in die ein Werkzeugbaubetrieb investieren kann. Ein Beispiel für eine investitionsbasierte Kompetenz ist die Fähigkeit der generativen Fertigung. Der Aufbau solcher Kompetenzen erfordert eine Investition zur Anschaffung dieser Ressource. Für diese Aktivität selber ist nur ein begrenztes dazu aufgebautes Wissen erforderlich. Investitionsbasierte Kompetenzen können damit in kurzer Zeit erreicht werden. Sie sollten jedoch jeweils mit den konkreten Aktivitäten und Leistungen eines Werkzeugbaubetriebs abgestimmt sein. Um investitionsbasierte Kompetenzen erfolgreich nutzen zu können, sollten diese entweder am Markt neue Ressourcen darstellen oder nur für spezifische Leistungen relevant sein, für die wenig Wettbewerb besteht. Investitionsbasierte Kompetenzen können auf dieser Grundlage von einem Werkzeugbaubetrieb vielfach weiterentwickelt werden. Diese Weiterentwicklung ist erforderlich, da die Kompetenz vom

Wettbewerb durch eine Investition imitiert werden kann. Langfristig sollten investitionsbasierte Kompetenzen genutzt werden, um diese zu wissensbasierten Kompetenzen weiterzuentwickeln.

Wissensbasierte Kompetenzen sind Aktivitäten, für die spezifisches Wissen erforderlich ist, welches in einem Werkzeugbaubetrieb entwickelt worden ist. Eine wissensbasierte Kompetenz ist jede Kompetenz, für die umfangreiches und spezifisches Wissen eines Werkzeugbaubetriebs erforderlich ist. Wissensbasierte Kompetenzen können langfristig erhalten werden, da diese nicht durch einfache Maßnahmen wie eine Investition von einem anderen Werkzeugbaubetrieb imitiert werden können. Sie erfordern jedoch hohe Aufwände für ihre Entwicklung, die meist über einen längeren Zeitraum andauert. Eine wissensbasierte Kompetenz kann z.B. eine bestimmte Systematik zur Planung und Steuerung der mechanischen Fertigung eines Werkzeugbaubetriebs darstellen, mittels derer die Termintreue und die Schnelligkeit für den Kunden erhöht werden können.

Wissensbasierte Kompetenzen sollten einem Werkzeugbaubetrieb die langfristige Differenzierung ermöglichen. Bedingt durch Entwicklungen von Wettbewerbern oder Veränderungen der Anforderungen der Kunden sollten wissensbasierte Kompetenzen jedoch kontinuierlich entwickelt und weiterentwickelt werden. Für die sukzessive Entwicklung von Kompetenzen sollten auch investitionsbasierte Kompetenzen genutzt werden, mit denen aktuelle Trends aufgegriffen und frühzeitig für den eigenen Werkzeugbaubetrieb genutzt werden können.

Der Wirkzusammenhang von investitionsbasierten und wissensbasierten Kompetenzen mit den Handlungsfeldern der kollaborativen Wertschöpfung ist in Abbildung 72 dargestellt.[474] Darin wird verdeutlicht, dass Kompetenzen Teil der Aktivitäten der kollaborativen Wertschöpfung im Werkzeugbau sind. Während wissensbasierte Kompetenzen vor dem Einsatz in der kollaborativen Wertschöpfung erst entwickelt werden müssen, können investitionsbasierte Kompetenzen kurzfristig geschaffen und eingesetzt werden.

---

[474] Die hier verwendete schematische Darstellung der vier Handlungsfelder der kollaborativen Wertschöpfung wurde in Abbildung 65 in Kapitel 5.4.1 eingeführt.

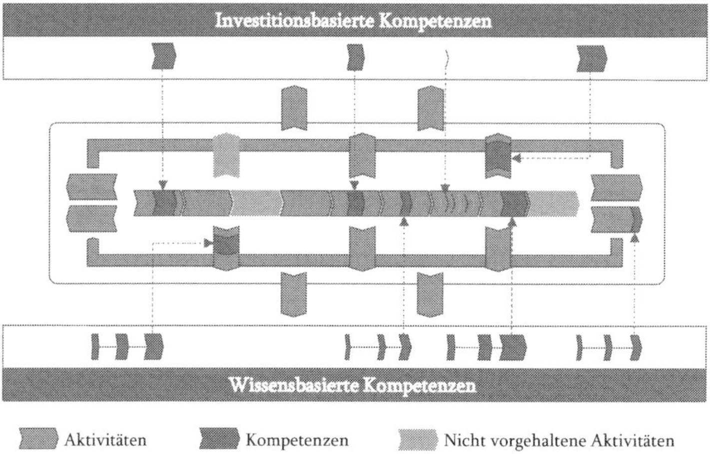

Abbildung 72: Wirkzusammenhang der Kompetenzen als Befähiger von kollaborativer Wertschöpfung

5.6.2 Standardisierung

Die Kompetenzen eines Werkzeugbaubetriebs sollten für die eigene Wertschöpfung eines Werkzeugbaubetriebs so ausgestaltet sein, dass sie einen definierten Teil der Auftragsabwicklung darstellen. Mit der Standardisierung von Kompetenzen sollen damit Kompetenzen nicht in Bezug auf ihre Bestandteile standardisiert werden. Vielmehr muss die Beschreibung von **investitionsbasierten Kompetenzen** und **wissensbasierten Kompetenzen** eines Werkzeugbaubetriebs standardisiert sein, damit diese bei der Gestaltung der kollaborativen Wertschöpfung berücksichtigt werden können.

5.6.3 Synchronisierung

Die Kompetenzen müssen als Befähiger der kollaborativen Wertschöpfung mit weiteren Elementen der kollaborativen Wertschöpfung im Werkzeugbau synchronisiert werden.

Kompetenzen können ein Teil der **industriellen Auftragsabwicklung**, der **Kundenvernetzung**, der **Lieferantenvernetzung** oder der **Standortvernetzung** eines Werkzeugbaubetriebs sein. Über die Schnittstelle zum Kunden muss sichergestellt werden, dass das Ergebnis der Kompetenzen in Form von Leistungen vom Kunden wahrgenommen wird. Eine Abstimmung ist insbesondere zwischen den Kompetenzen und der Lieferantenvernetzung erforderlich. Mit der Lieferantenvernetzung sollten Leistungen von Lieferanten beschafft werden, die nicht zu den Kompetenzen eines Werkzeugbaubetriebs gehören. Mit der Standortvernetzung sollen die Aktivitäten zwischen Standorten so verteilt werden, dass jeweils Kompetenzen an einzelnen Standorten genutzt werden können. Mit den

Aktivitäten können zusätzlich neue Kompetenzen eines Werkzeugbaubetriebs oder von Kunden und Lieferanten entstehen.

Die Leistungen eines Werkzeugbaubetriebs sollten Eigenschaften aufweisen, die durch den Einsatz der Kompetenzen eines Werkzeugbaubetriebs erzeugt werden. Dadurch wird mit den Leistungen als Ergebnis der kollaborativen Wertschöpfung Differenzierung gegenüber dem Wettbewerb erreicht.

Auch die übrigen Befähiger der kollaborativen Wertschöpfung sollten mit den Kompetenzen eines Werkzeugbaubetriebs abgestimmt sein. Mit den **Ressourcen** werden die Kompetenzen ausgeführt. In Bezug auf die **Organisation** sollte die Synchronisierung im Managementsystem eines Werkzeugbaubetriebs berücksichtigt werden.

5.7 Ressourcen

Mit Ressourcen wird die Ausführung der Aktivitäten der kollaborativen Wertschöpfung vorgenommen (s. Abbildung 73).

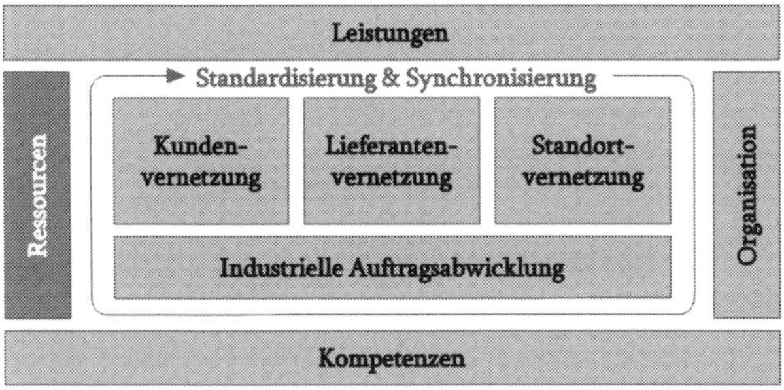

Abbildung 73: Ressourcen im Gestaltungsmodell für kollaborative Wertschöpfung im industriellen Werkzeugbau

Dabei sind die Ressourcen aller Betriebe des Wertschöpfungsnetzwerks eines Werkzeugbaubetriebs zu berücksichtigen. Die Ressourcen sollten in der hier beschriebenen Form genutzt werden, um kollaborative Wertschöpfung auszuführen und die zuvor aufgeführten Potenziale zu heben.

Zu Detaillierung des Elements werden zunächst die Bestandteile der Ressourcen beschrieben. Daraufhin wird die Ausgestaltung nach den Paradigmen der kollaborativen Wertschöpfung erläutert.

5.7.1 Bestandteile

Die für die Gestaltung der Wertschöpfung relevanten Ressourcen aller Betriebe des Wertschöpfungsnetzwerks eines Werkzeugbaubetriebs setzen sich aus finanziellen Ressourcen, physischen Ressourcen, IT-Systemressourcen, Bestandsressourcen und Humanressourcen zusammen.[475] Diese sind in Abbildung 74 mit Beispielen dargestellt und werden im Folgenden detailliert vorgestellt.

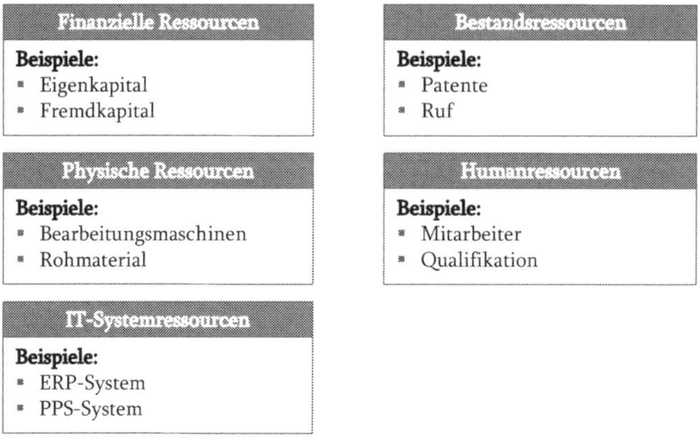

Abbildung 74: Bestandteile der Ressourcen

Die **finanziellen Ressourcen** eines Werkzeugbaubetriebs sind die Grundlage für nachhaltige Geschäftstätigkeit sowie für Investitionen. Sie setzen sich aus Eigenkapitel, Fremdkapital und Zahlungsmitteln zusammensetzen. Fehlendes Kapital kann dazu führen, dass die Gestaltung der Wertschöpfung angepasst werden muss, um kurzfristig neues Kapital generieren zu können. Finanzielle Ressourcen müssen in allen Betrieben des Wertschöpfungsnetzwerks eines Werkzeugbaubetriebs vorhanden sein, um eine langfristige Vernetzung sicherzustellen sowie Investitionen vornehmen zu können.

Die **physischen Ressourcen** sind für die Umsetzung der Aktivitäten der Wertschöpfung erforderlich. Die Infrastruktur wird, wie Flächen und Gebäude, für die Umsetzung der Wertschöpfung eingesetzt. Sie kann Möglichkeiten oder Restriktionen für die Umsetzung von Aktivitäten sowie die Allokation von Maschinen darstellen. Außerdem sind auch die Objekte Bestandteile der physischen Ressourcen, die durch die Wertschöpfung verarbeitet und verbraucht werden. Dies sind Halbzeuge, Hilfs- und Betriebsstoffe, Normalien und Rohmaterial. Da alle Aktivitäten der Auftragsabwicklung im Werkzeugbau Maschinen, wie Computer, Fertigungsmaschinen oder Automatisierungsanlagen, erfordern, ist dies bei der Zuordnung von Aktivitäten zu einem Betrieb oder Standort zu berücksichtigen. Gleichzeitig sind die zuletzt beschriebenen Ressourcen vielfach auch mit den Kompetenzen eines Betriebs verknüpft, die für die Zuordnung von Aktivitäten in diesem vorhanden sein sollten. Die Maschinen für die Umsetzung der Aktivitäten müssen meist mit entsprechenden IT-basierten Ressourcen abgestimmt sein, um diese einsetzen zu können.

---

[475] Für die Definition der Ressourcen und die Unterscheidung zwischen Ressourcen und Organisation wurde in Kapitel 4.3.3.1 die Beschreibung von materiellen und immateriellen Ressourcen nach MÜLLER-STEWENS & LECHNER verwendet.

IT-Systemressourcen werden durchgängig für die Wertschöpfung in einem Werkzeugbaubetrieb verwendet. Während ein ERP-System in unterschiedlichen Bereichen genutzt wird, sind zusätzlich weitere IT-Systemressourcen entlang der gesamten Auftragsabwicklung erforderlich. Dies sind bspw. IT-Systeme für das Engineering und die Konstruktion, das Projektmanagement, die Steuerung von Maschinen in der mechanischen Fertigung oder die Fehleraufnahme im Try-Out.[476] Auch die Vernetzung wird durch IT-Systeme unterstützt, die bspw. als Plattform für die Entwicklung oder den kontinuierlichen Austausch der Betriebe eines Wertschöpfungsnetzwerks genutzt werden können. Der verstärkte Einsatz von IT-Systemressourcen wird auch als Digitalisierung beschrieben und verdeutlicht die Relevanz der Entwicklung der kollaborativen Wertschöpfung im Werkzeugbau im Sinne von Industrie 4.0.[477]

Die **Bestandsressourcen** setzten sich aus dem mitarbeiterunabhängigen Wissen, den Patenten sowie dem Ruf der jeweiligen Betriebe des Wertschöpfungsnetzwerks eines Werkzeugbaubetriebs zusammen. Insbesondere das mitarbeiterunabhängige Wissen ist für wissensbasierte Kompetenzen erforderlich und deshalb für die Gestaltung der kollaborativen Wertschöpfung zu berücksichtigen. Kompetenzen oder besonders kompetenzintensive Leistungen können von einem Werkzeugbaubetrieb durch Patente geschützt werden. Mit dem Ruf wird die Darstellung eines Betriebs nach außen verbessert und vielfach eine hohe Leistungsfähigkeit eines Betriebs indiziert. Ein Werkzeugbaubetrieb kann damit leichter in Kontakt zum Kunden treten und möglicherweise ein höheres Preisniveau erreichen. Insbesondere Lieferanten eines Werkzeugbaubetriebs mit einem guten Ruf verlangen möglicherweise höhere Preise von einem Werkzeugbaubetrieb.

Die **Humanressourcen** sind die Mitarbeiter und ihre Qualifikation der Betriebe und potenziellen Betriebe des Wertschöpfungsnetzwerks eines Werkzeugbaubetriebs. Für alle Aktivitäten eines Werkzeugbaubetriebs sowie der Betriebe seines Wertschöpfungsnetzwerks insgesamt müssen Mitarbeiter mit einer geeigneten Qualifikation vorhanden sein. Die Entwicklung zu einer kollaborativen Wertschöpfung muss von Mitarbeitern vorgenommen werden. Insbesondere durch die Vernetzung als Teil der Wertschöpfung entstehen neben den traditionellen Aktivitäten neue Aktivitäten, die von Mitarbeitern ausgeführt werden müssen.

In Abbildung 75 ist der Wirkzusammenhang der Bestandteile der Ressourcen mit den Handlungsfeldern der kollaborativen Wertschöpfung dargestellt.[478] Die Abbildung illustriert die Zuordnung jedoch lediglich schematisch. Es wird deutlich, dass für alle Aktivitäten Ressourcen erforderlich sind. Für eine Aktivität können alle Arten von Ressourcen

---

[476] Vgl. Komorek et al. (2013): Wissensrückführung, S. 80f.

[477] SCHUH ET AL. beschreiben die Entwicklung der Digitalisierung und haben für die Vernetzung mit Kunden und mit Lieferanten für den Werkzeugbau relevante IT-basierte Ressourcen identifiziert (vgl. Schuh et al. (2013): Digitalization, S. 1976ff.; Schuh et al. (2013): Wertschöpfungsnetzwerke, S. 40ff.).

[478] Die hier verwendete schematische Darstellung der vier Handlungsfelder der kollaborativen Wertschöpfung wurde in Abbildung 65 in Kapitel 5.4.1 eingeführt.

eingesetzt werden. Für die Umsetzung einer Aktivität ist mindestens eine Ressource erforderlich.

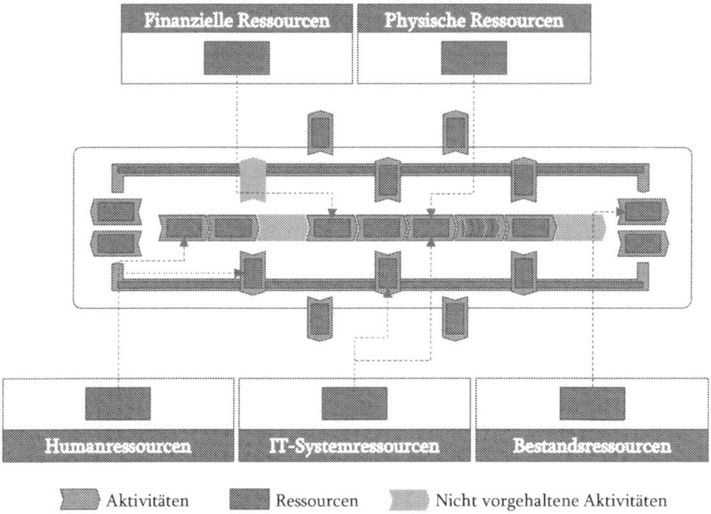

Abbildung 75: Wirkzusammenhang der Ressourcen als Befähiger von kollaborativer Wertschöpfung

5.7.2 Standardisierung

Die Ressourcen, die im Rahmen der Aktivitäten der Wertschöpfung direkt verwendet werden, sollten standardisiert ausgestaltet werden, um diese flexibel einsetzen zu können und Informationsverluste an Schnittstellen zu vermeiden. Die Flächen und Gebäude in unterschiedlichen Betrieben können davon ausgenommen werden, da die Infrastruktur in vielen Betrieben sowie an den unterschiedlichen Standorten eine Vorgabe darstellt. In Bezug auf die Bestandsressourcen ist keine explizite Standardisierung erforderlich, da durch diese implizit oder explizit bestimmte Fähigkeiten eines Betriebs oder Standorts dargestellt werden. Diese Fähigkeiten basieren vielfach auf Entwicklungen in einem Betrieb oder an einem Standort.

Die **physischen Ressourcen** sollten so standardisiert werden, dass für vergleichbare Aktivitäten die gleichen Ressourcen eingesetzt werden. So sollte das verwendete Rohmaterial für eine Leistung sowie für den Großteil der Leistungen insgesamt standardisiert werden. Auch die Computer, Fertigungsmaschinen und Automatisierungsanlagen sollten standardisiert werden, damit alle Maschinen beherrscht werden, bei Wiederholungen zur Erreichung identischer Ergebnisse genutzt und auch von unterschiedlichen Mitarbeitern bedient werden können. Fehler oder Komplikationen mit Maschinen können damit einfacher und schneller behoben werden. Wie zuvor beschrieben, ist die Standardisierung von

Flächen und Gebäuden vielfach nicht praktikabel. Wenn hier jedoch auch eine Standardisierung möglich ist, kann dies die Flexibilität der Zuordnung und Ausführung von Aktivitäten in einem Wertschöpfungsnetzwerk steigern und damit zu einer höheren Effizienz beitragen.

Die Standardisierung ist insbesondere für die **IT-Systemressourcen** der Betriebe und Standorte in einem Wertschöpfungsnetzwerk eines Werkzeugbaubetriebs erforderlich. Die überwiegende Mehrheit wird heute über Softwaresysteme gesteuert. Insbesondere Datenformate sollen so standardisiert sein, dass sie zwischen einzelnen Maschinen, Standorten und Betrieben Daten transferiert werden können, ohne diese dazu zu verändern und damit zusätzlichen Aufwand oder das Risiko eines Transfers fehlerhafter Daten zu verursachen. Mit der Standardisierung können auch Medienbrüche und redundante Daten vermieden werden, die eine häufige Quelle von Fehlern in der Auftragsabwicklung darstellen.[479]

Ausnahmen von der Standardisierung können insbesondere für die physischen Ressourcen und die IT-Systemressourcen getroffen werden. Ressourcen, die im Markt noch nicht verbreitet sind oder nicht dem Standard eines Werkzeugbaubetriebs entsprechen, können Kompetenzen ermöglichen. Ausnahmen sind damit sinnvoll, wenn diese zur Entwicklung von Kompetenzen genutzt werden und so die Differenzierung eines Werkzeugbaubetriebs fördern.

Die Mitarbeiter als Hauptbestandteil der **Humanressourcen** selbst können nicht standardisiert werden. Insbesondere in Bezug auf die Ausgestaltung der Kommunikation der Mitarbeiter sind mitarbeiter-, betriebs- oder standortspezifische Eigenschaften individuell zu berücksichtigen, um Informationsverluste zu vermeiden.[480] Die Standardisierung der zuvor beschriebenen Ressourcen ist erforderlich, damit Mitarbeiter flexibel für die Arbeit mit unterschiedlichen physischen Ressourcen sowie IT-Systemressourcen eingesetzt werden können. Dazu sollte die Qualifikation von Mitarbeitern standardisiert werden. Mit einer standardisierten Qualifikation können unterschiedliche Mitarbeiter für vergleichbare Aktivitäten eingesetzt werden und dabei betriebs- und standortunabhängig gleiche Ergebnisse erzielt werden.

5.7.3 Synchronisierung

Die Ressourcen müssen als Befähiger der kollaborativen Wertschöpfung mit weiteren Elementen der kollaborativen Wertschöpfung im Werkzeugbau synchronisiert werden.

[479] Vgl Schuh et al. (2013): Wertschöpfungsnetzwerke, S. 37. Grundsätzlich nimmt das Datenvolumen in der Entwicklung und Herstellung von Produkten zu (vgl. Kagermann et al. (2013): Industrie 4.0, S. 94f.). In diesem Zusammenhang ist auch im Werkzeugbau der transparente und schnelle Umgang mit großen Datenmengen erforderlich (vgl. Schuh (2013): Werkzeugbau 4.0, S. 4).

[480] Vgl. Komorek (1998): Integrierte Produktentwicklung, S. 343ff.

Mit den Ressourcen werden alle Aktivitäten der Handlungsfelder der Wertschöpfung ausgeführt. Deshalb sollten die industrielle Auftragsabwicklung, die Kundenvernetzung, die Lieferantenvernetzung und die Standortvernetzung mit den Ressourcen abgestimmt sein. Im Rahmen der **Kundenvernetzung** sowie der **Lieferantenvernetzung** sind insbesondere Humanressourcen sowie auch IT-Systemressourcen eines Werkzeugbaubetriebs zu berücksichtigen, mit denen Aktivitäten ausgeführt werden sollen, die im Werkzeugbau noch nicht etabliert sind. Gleichzeitig müssen auch die Ressourcen der Kunden und Lieferanten berücksichtigt werden. Die Ressourcen eines Werkzeugbaubetriebs werden auch mit der **Standortvernetzung** synchronisiert. Betriebsintern kann dabei auch die Möglichkeit bestehen, einzelne Ressourcen zwischen Standorten zu verlagern. Mit allen Ressourcen müssen die jeweils vorgesehenen Aktivitäten durchgeführt werden können und gleichzeitig soll mit den Ressourcen eine hohe Auslastung erreicht werden.

Durch die **Leistungen** werden auch Anforderungen an die Aktivitäten vorgegeben. Um bestimmen zu können, ob die erforderlichen Aktivitäten mit den Ressourcen ausgeführt werden können, muss eine durchgängige Synchronisierung der Ressourcen mit den Leistungen vorgenommen werden.

Die Ressourcen sollten auch mit den beiden übrigen Befähigern der kollaborativen Wertschöpfung synchronisiert werden. Mit den Ressourcen müssen auch die **Kompetenzen** ausgeführt werden. Die Ausführung dieser Aktivitäten ist für einen Werkzeugbaubetrieb sowie Kunden und Lieferanten von hoher Wichtigkeit, da hierdurch die Differenzierung gefördert wird. Eine durchgängige Synchronisierung der Ressourcen und Kompetenzen sollte deshalb vorgenommen werden. Die Ressourcen sollten auch mit der Organisation synchronisiert werden, da diese die Struktur für ihre Anwendung in einem Werkzeugbautrieb und den Betrieben aus dem Wertschöpfungsnetzwerk des Werkzeugbaubetriebs vorgibt.

5.8 Organisation

Für die Gestaltung der kollaborativen Wertschöpfung im Werkzeugbau ist die Organisation eines Werkzeugbaubetriebs sowie die Organisation der weiteren Betriebe im Wertschöpfungsnetzwerk eines Werkzeugbaubetriebs zu berücksichtigen. Diese Betriebe sind die Kunden und Lieferanten eines Werkzeugbaubetriebs. In Bezug auf die Organisation des Werkzeugbaubetriebs ist jeweils die Organisation aller Standorte zu berücksichtigen. Die Organisation gibt dabei die Rahmenbedingungen für die Handlungsfelder der kollaborativen Wertschöpfung sowie für die Kompetenzen und Ressourcen vor (s. Abbildung 76).

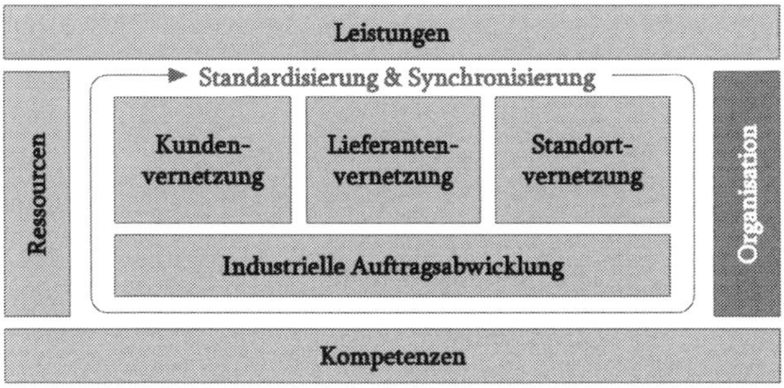

Abbildung 76: Organisation im Gestaltungsmodell für kollaborative Wertschöpfung im industriellen Werkzeugbau

Im Gegensatz zu den anderen Befähigern des Gestaltungsmodells sollte sich die Organisation nicht für die Abwicklung unterschiedlicher Aufträge ändern. Die Ressourcen sollten in der hier beschriebenen Form genutzt werden, um die Rahmenbedingungen für die Ausführung der Handlungsfelder der kollaborativen Wertschöpfung zu schaffen und die beschriebenen Potenziale heben zu können.

Zu Detaillierung des Elements werden zunächst die Bestandteile der Organisation beschrieben. Daraufhin wird die Ausgestaltung nach den Paradigmen der kollaborativen Wertschöpfung erläutert.

5.8.1 Bestandteile

Die für die Gestaltung der Wertschöpfung relevante Organisation aller Betriebe des Wertschöpfungsnetzwerks eines Werkzeugbaubetriebs setzt sich aus Aufbauorganisation, Ablauforganisation, Managementsystem und Kultur zusammen.[481] Diese sind mit jeweils einem Beispiel in Abbildung 77 dargestellt und werden im Folgenden beschrieben.

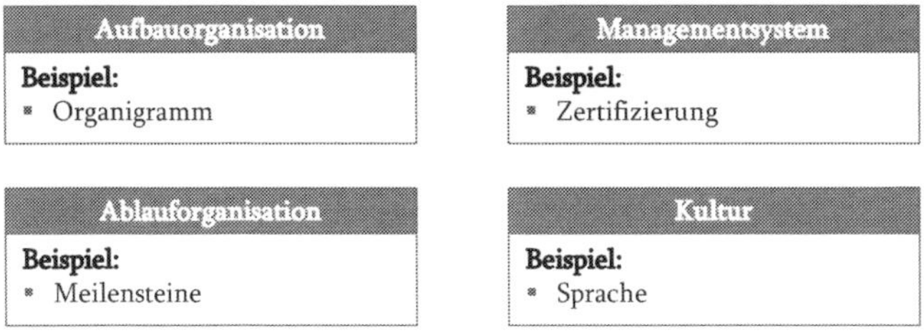

Abbildung 77: Bestandteile der Organisation

[481] Für die Definition der Organisation und die Unterscheidung zwischen Ressourcen und Organisation wurde in Kapitel 4.3.3.1 die Beschreibung von materiellen und immateriellen Ressourcen nach MÜLLER-STEWENS & LECHNER verwendet.

Die **Aufbauorganisation** eines Werkzeugbaubetriebs sowie seiner Standorte sollte Abteilungen und Verantwortlichkeiten für die Auftragsabwicklung von Aufträgen vorsehen. Die Aufbauorganisation ist für die kollaborative Wertschöpfung zu berücksichtigen, sollte jedoch von der Führung eines Werkzeugbaubetriebs vorgegeben werden. Mit der Aufbauorganisation werden die Ressourcen eines Werkzeugbaubetriebs organisiert. Grundsätzlich können die Abteilungen nach unterschiedlichen Aktivitäten oder Leistungen festgelegt werden. Zusätzlich besteht die Möglichkeit, Aktivitäten und Leistungen in der Aufbauorganisation zusammenzulegen, wobei die Verantwortlichkeiten dabei meist nicht mehr eindeutig definiert sind.[482]

Mit der **Ablauforganisation** werden die Aktivitäten organisiert. Dabei werden Prozesse, Meilensteine, Verantwortlichkeiten und erforderliche Ressourcen für die Auftragsabwicklung definiert. Die Ablauforganisation für die kollaborative Wertschöpfung im Werkzeugbau kann grundsätzlich anhand der industriellen Auftragsabwicklung festgelegt werden. Mit der Ablauforganisation sollte auch das Lay-Out eines Werkzeugbaubetriebs berücksichtigt werden und die Auftragsabwicklung aufgreifen.[483] Mit einem Lay-Out sowie Verantwortlichkeiten, die mit der Auftragsabwicklung abgestimmt sind, kann die Effizienz der Wertschöpfung gesteigert werden.[484]

Durch das **Managementsystem** wird vorgegeben, wie ein Werkzeugbaubetrieb grundsätzlich geführt wird. Das Managementsystem ist deshalb durch die Organisation auch Teil der Gestaltung der Wertschöpfung, sollte jedoch wie die Aufbauorganisation von der Führung eines Werkzeugbaubetriebs festgelegt werden. Im Managementsystem wird auch die Kollaboration als ein Leitgedanke für die Gestaltung der Wertschöpfung verankert. Die durch das Gestaltungsmodell beschriebene kollaborative Wertschöpfung kann nur erfolgreich eingesetzt werden, wenn ein Werkzeugbaubetrieb bereit ist, eine offene Vernetzung mit anderen Betrieben in der in dieser Arbeit beschriebenen Form einzugehen. In der Literatur werden Zertifizierungen als Teil der Managementsysteme beschrieben.[485] Die Zertifizierungen, über die ein Werkzeugbaubetrieb verfügt, sind für die Gestaltung der kollaborativen Wertschöpfung zu berücksichtigen. Die Zusammenarbeit mit Kunden aus bestimmten Branchen erfordert vielfach zunächst eine entsprechende Zertifizierung.

Die **Kultur** ist spezifisch für jeden Betrieb und jeden Standort, der Teil des Wertschöpfungsnetzwerks eines Werkzeugbaubetriebs darstellt. Für Kollaboration unterschiedlicher Betriebe sollten die unterschiedlichen Kulturen berücksichtigt werden, die sich bspw. in

[482] Nach HOFFMANN wird der Aufbau nach Aktivitäten als funktionale Aufbauorganisation bezeichnet. Der Aufbau nach Leistungen wird in der Literatur als divisionale Aufbauorganisation beschrieben. Die Zusammenlegung beider Arten der Aufbauorganisation stellt die Matrixorganisation dar (vgl. Hoffmann (1992): Aufbauorganisation, Sp. 217ff.).

[483] Vgl. Galasch (2002): Simulation, S. 73.

[484] Als Beispiel hierzu dient die Segmentierung der mechanischen Fertigung im Werkzeugbau. Im Rahmen einer Segmentierung werden die Maschinen für die Abwicklung von Leistungen mit unterschiedlicher Dringlichkeit räumlich getrennt, um kürzere Durchlaufzeiten sowie höhere Termintreue und Auslastung erreichen zu können (vgl. Kuhlmann (2011): Geschäftsprozesse, S. 117f.).

[485] Vgl. Kamiske (2008): Managementsysteme, S. 11; Petrick & Graichen (2008): Zertifizierung, S. 83.

einem unterschiedlichen Kommunikationsverständnis oder Konfliktverhalten ausdrücken. Daher sollte ein Verständnis für die Kultur aller Betriebe sowie aller Standorte vorhanden sein, um eine erfolgreiche und langfristige Zusammenarbeit zu ermöglichen.

Der Wirkzusammenhang der Bestandteile der Organisation mit den Handlungsfeldern der kollaborativen Wertschöpfung ist in Abbildung 78 dargestellt.[486] In Bezug auf die Aufbauorganisation wird durch die Pfeile die Struktur der Ressourcen abgebildet. Wie die Ressourcen aufeinander abgestimmt sind und welche Aktivitäten dabei zu berücksichtigen sind, ist betriebsspezifisch. Gleiches gilt für die ebenfalls mit Pfeilen dargestellte Ablauforganisation. Mit der Ablauforganisation werden die unterschiedlichen Aktivitäten zueinander angeordnet. Das Managementsystem gibt die übergeordnete Orientierung der Wertschöpfung vor. Die Kultur ist als Rahmen um die kollaborative Wertschöpfung abgebildet.

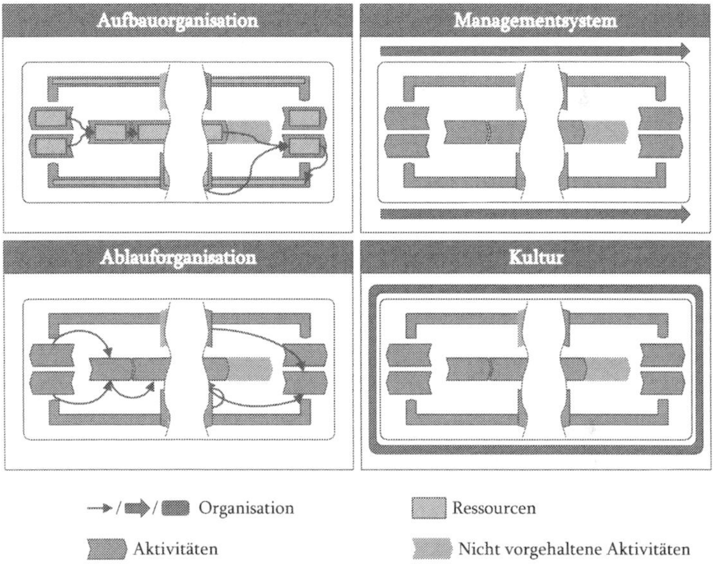

Abbildung 78: Wirkzusammenhang der Organisation als Befähiger von kollaborativer Wertschöpfung

5.8.2 Standardisierung

In Bezug auf die Organisation sollte eine Standardisierung insbesondere für die Aufbauorganisation, die Ablauforganisation und das Managementsystem genutzt werden. Die Kultur kann und sollte in unterschiedlichen Betrieben sowie an unterschiedlichen Standorten

[486] Die hier verwendete schematische Darstellung der vier Handlungsfelder der kollaborativen Wertschöpfung wurde in Abbildung 65 in Kapitel 5.4.1 eingeführt.

nicht grundsätzlich standardisiert werden. Vielmehr ist ein Verständnis für die Kulturen und den Umgang mit diesen in einem Wertschöpfungsnetzwerk erforderlich, um insbesondere die Vernetzung erfolgreich vornehmen zu können.

Die **Aufbauorganisation** sollte so standardisiert werden, dass die Verantwortlichkeiten für einzelne Aktivitäten vergleichbar zugeordnet sind. Ein Mitarbeiter, der eine bestimmte Aktivität ausführt, sollte damit unabhängig vom Betrieb oder Standort einem Verantwortlichen zugeordnet sein, der ihn bei der Ausführung bei Bedarf unterstützen kann. Die Aufbauorganisation insgesamt ist vielfach durch die Führung eines Betriebs verankert. Es ist daher nicht erforderlich, die gleiche Aufbauorganisation in unterschiedlichen Betrieben zu nutzen. Für verschiedene Standorte eines Betriebs sollte die Aufbauorganisation jedoch standardisiert werden, um die Effizienz der Vernetzung mit Standorten sowie der industriellen Auftragsabwicklung steigern zu können. Damit können Mitarbeiter oder Maschinen zwischen Standorten ausgetauscht werden und flexibel integriert werden.

Die **Ablauforganisation** ist so zu definieren, dass die Aktivitäten der Auftragsabwicklung grundsätzlich einer gleichen Struktur folgen. Dazu sind standardisierte Meilensteine erforderlich. Unabhängig vom Betrieb oder Standort sollten diese Meilensteine die gleiche Bedeutung in Bezug auf den Status der Auftragsabwicklung sowie der Verantwortlichkeiten für bestimmte Aktivitäten haben. Eine standardisierte Ablauforganisation ist auch erforderlich, um transparent den Status einzelner Aufträge verfolgen zu können und auch buchhalterisch eine Vergleichbarkeit zwischen Aktivitäten in unterschiedlichen Betrieben oder an verschiedenen Standorten schaffen zu können.

Die **Managementsysteme** aller Betriebe und Standorte sollten so ausgestaltet sein, dass sie miteinander kompatibel sind. Es ist nicht erforderlich, dass diese identisch sind. Vielmehr sollte im Rahmen aller Managementsysteme der Kollaboration und Vernetzung eine vergleichbare Bedeutung beigemessen werden.

5.8.3 Synchronisierung

Die Organisation muss als Befähiger der kollaborativen Wertschöpfung mit weiteren Elementen der kollaborativen Wertschöpfung im Werkzeugbau synchronisiert werden.

Mit der Organisation wird die Struktur für die Aktivitäten der Handlungsfelder der Wertschöpfung vorgegeben. Insbesondere in Bezug auf die Ablauforganisation muss die Organisation deshalb mit der **industriellen Auftragsabwicklung**, der **Kundenvernetzung**, der **Lieferantenvernetzung** sowie der **Standortvernetzung** synchronisiert sein. In Bezug auf die Zusammenarbeit mit anderen Betrieben sollte die Abstimmung der Elemente auch unter der Berücksichtigung der jeweiligen Managementsysteme sowie der Kultur vorgenommen werden.

In Bezug auf die Leistungen müssen möglicherweise für das Managementsystem erforderliche Zertifizierungen berücksichtigt werden. Die Synchronisierung mit dem Element

Leistungen sollte deshalb speziell in Bezug auf das Managementsystem vorgenommen werden.

Die Organisation sollte auch mit den beiden übrigen Befähigern der kollaborativen Wertschöpfung synchronisiert werden. Mit der Organisation sollen die Kompetenzen in der kollaborativen Wertschöpfung adressiert werden können. Dazu sollten die Aufbauorganisation und die Ablauforganisation die effiziente Nutzung der Kompetenzen unterstützen. Eine durchgängige Synchronisierung von Ressourcen und Kompetenzen sollte deshalb realisiert werden. Die Ressourcen werden innerhalb der durch die Organisation vorgegebenen Struktur eingesetzt. Insbesondere im Rahmen der Aufbauorganisation und der Ablauforganisation müssen die verfügbaren Ressourcen einbezogen werden, wobei Humanressourcen immer auch einen Einfluss auf die Organisation haben.

5.9 Fazit

Kollaborative Wertschöpfung ist ein neuer Lösungsansatz für die Gestaltung der Wertschöpfung im industriellen Werkzeugbau. Der Fokus liegt nicht mehr nur auf der betriebsinternen Wertschöpfung an einem Standort eines Werkzeugbaubetriebs. Vielmehr sollen die Leistungen als Ergebnis aus einer Verknüpfung der Wertschöpfung eines Werkzeugbaubetriebs, seiner Kunden und seiner Lieferanten hergestellt werden. Dazu muss ein Werkzeugbaubetrieb neben einer industriellen Auftragsabwicklung Aktivitäten zur Zusammenarbeit mit Kunden, Lieferanten und eigenen Standorten adressieren. Dies sind die Kundenvernetzung, die Lieferantenvernetzung und die Standortvernetzung. Die industrielle Auftragsabwicklung kann so noch spezialisierter in einem Werkzeugbaubetrieb ausgeführt werden. Der Vertrieb ist nicht mehr Teil der industriellen Auftragsabwicklung, sondern wird mit allen Aktivitäten, die in enger Zusammenarbeit mit Kunden durchgeführt werden, durch die Kundenvernetzung repräsentiert. Auch der Einkauf ist nicht mehr Teil der industriellen Auftragsabwicklung, sondern wird mit allen Aktivitäten, die in enger Zusammenarbeit mit dem Lieferanten durchgeführt werden, durch die Lieferantenvernetzung vorgenommen. Mit der Standortvernetzung wird eine effiziente Zusammenarbeit unterschiedlicher Standorte eines Werkzeugbaubetriebs ermöglicht. Mit kollaborativer Wertschöpfung werden Kunden Leistungen angeboten, die durch den Einsatz der Kompetenzen eines Werkzeugbaubetriebs, seiner Kunden und seiner Lieferanten hergestellt werden. Dazu werden für die kollaborative Wertschöpfung Ressourcen eingesetzt und mit der Organisation eine klare Struktur vorgegeben.

Kollaborative Wertschöpfung umfasst damit Aktivitäten, die bisher nicht Teil der Wertschöpfung von Werkzeugbaubetrieben sind. Um mit den acht Elementen effizientere Wertschöpfung im Werkzeugbau erreichen zu können, müssen die Aufgaben und Bestandteile jedes Elements standardisiert sein. Mit der Standardisierung werden Lern- und Skaleneffekte generiert und Effizienzsteigerungen der Wertschöpfung ermöglicht. Zusätzlich müssen alle Elemente durch die Synchronisierung kontinuierlich miteinander abgestimmt sein. Mit jeweils standardisierten und untereinander synchronisierten Elementen weist die kollaborative Wertschöpfung im industriellen Werkzeugbau das Potenzial auf, den aktuellen Trends und Herausforderungen der Wertschöpfung im Werkzeugbau zu begegnen und die Wettbewerbsfähigkeit von Werkzeugbaubetrieben zu steigern.

6 Verifizierung des Gestaltungsmodells

Nach der Detaillierung der Elemente soll das Gestaltungsmodell für kollaborative Wertschöpfung im industriellen Werkzeugbau in diesem Kapitel verifiziert werden. Damit werden die beiden letzten Phasen der angewandten Forschung nach ULRICH adressiert (vgl. Kapitel 1.4). Durch die Anwendung in den Werkzeugbaubetrieben wird das Gestaltungsmodell im praktischen Anwendungszusammenhang geprüft und die Implementierung von kollaborativer Wertschöpfung in der Praxis beschrieben.

Dazu werden drei Anwendungsbeispiele aus den Werkzeugbaubetrieben der BMW Group, der Freudenberg Gruppe und der Oskar Rüegg AG vorgestellt. Damit soll gezeigt werden, dass das Gestaltungsmodell einen ganzheitlichen Ansatz darstellt, an dem sich die Gestaltung von kollaborativer Wertschöpfung grundsätzlich orientieren kann. Zusätzlich werden die Anwendungsbeispiele genutzt, um zu zeigen, inwiefern die in Kapitel 5 beschriebenen Potenziale der vier Handlungsfelder der kollaborativen Wertschöpfung in der Praxis tatsächlich realisiert werden können.

6.1 Werkzeugbaubetrieb BMW

Die BMW Group wurde 1916 als Unternehmen gegründet. Sie stellt heute Automobile der Marken BMW, BMW i, Mini und Rolls-Royce sowie Motorräder der Marke BMW her. BMW erwirtschaftet mit ca. 106.000 Mitarbeitern einen Umsatz von ca. 77 Mrd. Euro. Die Produktion ist eines von acht Vorstandsressorts von BMW.[487]

Der Autor hat im Rahmen seiner Tätigkeit als wissenschaftlicher Mitarbeiter ein bilaterales Projekt mit dem Werkzeugbaubetrieb BMW durchgeführt. In diesem Projekt wurde die Gestaltung der kollaborativen Wertschöpfung adressiert. Der Werkzeugbaubetrieb BMW nutzt kollaborative Wertschöpfung heute, um seine Leistungsfähigkeit zu steigern und seinen Kunden damit ein attraktiveres Preis-/Nutzenverhältnis anbieten zu können.

Zur Beschreibung der Verifizierung des Gestaltungsmodells für kollaborative Wertschöpfung im Werkzeugbaubetrieb BMW wird zunächst die Ausgangssituation des Werkzeugbaubetriebs vorgestellt. Aufbauend darauf werden die Anwendung des Gestaltungsmodells erläutert und die Realisierung der Potenziale der kollaborativen Wertschöpfung im Werkzeugbaubetrieb BMW dargestellt.

6.1.1 Ausgangssituation

Zentraler Bestandteil der Produktion von BMW ist der Bereich Technische Planung, dem der Werkzeugbaubetrieb BMW zugeordnet ist. Im Werkzeugbaubetrieb BMW werden Werkzeuge für die Serienproduktion von Karosserie- und Außenhautteilen hergestellt. Er

[487] Vgl. BMW (2014): Unternehmensdaten.

verfügt über die drei Standorte Eisenach, Dingolfing und München mit insgesamt 670 Mitarbeitern (s. Abbildung 79). Von den drei Standorten werden Presswerke in Europa, Asien, Afrika und Amerika mit Werkzeugen versorgt.

Standort Eisenach

- 180 Mitarbeiter
- Fokus auf hochkomplexe Außenhaut- und Strukturwerkzeuge
- Werkzeuge zur Produktion von Kleinserien

Standort Dingolfing

- 270 Mitarbeiter
- Fokus auf hochkomplexe Außenhaut- und Strukturwerkzeuge
- Werkzeuge für die Innenhochdruckumformung und zur Produktion von Bauteilen aus CFK

Standort München

- 220 Mitarbeiter
- Fokus auf hochkomplexe Außenhaut- und Strukturwerkzeuge
- Werkzeuge für die Warmumformung

Abbildung 79: Die Standorte des Werkzeugbaubetriebs BMW

Der interne Werkzeugbaubetrieb wird als Cost Center geführt. Zur Erreichung der Positionierung sind für den Werkzeugbaubetrieb BMW Ziele in Bezug auf das Budget, die Werkzeugqualität und den Liefertermin von Aufträgen definiert, die sich an den Werten im Werkzeugbau orientieren (vgl. Kapitel 2.2.2.2). In Bezug auf Kostenbeherrschung soll der Werkzeugbaubetrieb BMW eine hohe Marktpreisgerechtheit aufweisen, um gegenüber der Konkurrenz wettbewerbsfähig zu sein. Eine hohe Innovationsfähigkeit sollte der Werkzeugbaubetrieb aufweisen, um mit Werkzeugen die Serienproduktion von komplexen Geometrien und Oberflächen sowie von unterschiedlichen Materialien, wie Stahl, hochfestem Stahl, Aluminium oder CFK, zu ermöglichen. Dabei müssen die Werkzeuge für Produktionssicherheit in der Serie höchsten qualitativen Anforderungen entsprechen. Der Werkzeugbaubetrieb muss dazu auch über eine hohe Prozessbeherrschung verfügen, womit eine schnelle und zuverlässige Fertigstellung von Werkzeugen möglich wird.

6.1.2 Anwendung des Gestaltungsmodells

Die Beschreibung der Anwendung des Gestaltungsmodells ist anhand der Elemente des Gestaltungsmodells strukturiert. Auf die Paradigmen der Standardisierung der Ausgestaltung der jeweiligen Elemente sowie der Synchronisierung der Elemente untereinander wird im Rahmen der Beschreibung der Elemente eingegangen.

Der Werkzeugbaubetrieb BMW verfügt an allen Standorten über eine **industrielle Auftragsabwicklung** mit definierten Aktivitäten und Meilensteinen. In der auftragsneutralen Auftragsabwicklung werden innovative Werkzeugkonzepte für komplexe Bauteile entwickelt. In der Marktanalyse werden die Verfügbarkeit sowie die Leistungsfähigkeit von potenziellen Konkurrenten oder Lieferanten untersucht. Nach der Auftragserteilung für einen Werkzeugsatz werden im Engineering und in der Konstruktion die Werkzeuge mit standardisierten Werkzeugkomponenten entwickelt und konstruiert. Die mechanische Fertigung, die Montage und der Try-Out werden in der Arbeitsvorbereitung geplant. Der Status eines Auftrags ist dabei jederzeit dem Projektmanagement bekannt, welches auch sicherstellt, dass die Planung des Werkzeugbaus mit der übergeordneten Planung von Fahrzeugprojekten synchronisiert ist. Die industrielle Auftragsabwicklung knüpft unmittelbar an die vorgelagerte Kundenvernetzung an.

Im Rahmen der vorgelagerten **Kundenvernetzung** werden Bauteile frühzeitig in Bezug auf ihre Machbarkeit mit der Produktentwicklung abgesprochen. Damit kann durch den Werkzeugbaubetrieb die Entwicklungszeit für ein Bauteil verkürzt werden und gleichzeitig wird damit die schnelle Auftragsabwicklung des Werkzeugs ermöglicht. Der Werkzeugbaubetrieb BMW ist damit für die Produktentwicklung ein etablierter Partner insbesondere für komplexe Werkzeugprojekte. Durch die übergeordnete Organisation bei BMW findet eine nachgelagerte Kundenvernetzung insbesondere für Änderungen und Reparaturen von Werkzeugen statt. Instandhaltungen von Werkzeugen werden nicht vom Werkzeugbaubetrieb, sondern von den Presswerken von BMW direkt übernommen.

Die **Lieferantenvernetzung** wird sowohl kompetenzbasiert als auch kapazitätsbasiert vorgenommen, um die Kompetenzen von Lieferanten gezielt zu nutzen und die Auslastung der Kapazitäten auszugleichen. Sie ist mit der industriellen Auftragsabwicklung synchronisiert, so dass Leistungen von Lieferanten nach ihrer Anlieferung im Werkzeugbaubetrieb BMW ohne lange Verzögerungen oder Lieferzeiten genutzt werden können.

Die Aktivitäten an den drei Standorten sind miteinander abgestimmt. Alle Standorte haben ein vergleichbare Größe und Organisation. Damit können Weiterentwicklungen von einem Standort in andere Standorte übertragen werden. Gleichzeitig kann sporadische **Standortvernetzung** genutzt werden, um Auslastungsspitzen von einem Standort mit Kapazitäten der anderen Standorte ausgleichen zu können.

Auch wenn Neuwerkzeuge den Großteil der **Leistungen** darstellen, bietet der Werkzeugbaubetrieb BMW zusätzlich Dienstleistungen an. So wird bspw. die Produktentwicklung durch die Optimierung von Bauteilen unterstützt oder Änderungen und Reparaturen an Werkzeugen für die Serienproduktion vorgenommen.

Der Werkzeugbaubetrieb BMW verfügt über wissensbasierte **Kompetenzen** sowie über investitionsbasierte Kompetenzen. Für die Herstellung von hochkomplexen Blechumformwerkzeugen ist spezifisches Wissen insbesondere im Bereich des Engineering und der Konstruktion erforderlich. Investitionsbasierte Kompetenzen sind insbesondere die Maschinen. Sowohl die Bearbeitungsmaschinen als auch die Try-Out-Anlagen sind für die Bearbeitung sowie die Qualifizierung von sehr großen und schweren Werkzeugen geeignet. Der Try-Out wird auf servomechanischen Pressen vorgenommen, die baugleich mit den Anlagen in der Serienproduktion sind, womit ein schneller Anlauf der Serienproduktion ermöglicht wird. Dadurch sind in der mechanischen Fertigung und dem Try-Out investitionsbasierte Kompetenzen vorhanden, die sehr hohe finanzielle Investitionen erfordern.

Mit den **Ressourcen** wird die kollaborative Wertschöpfung bei BMW umgesetzt. Mitarbeiter sind hochqualifiziert und verfügen über umfangreiches Wissen und Fähigkeiten in den Aktivitäten der Wertschöpfung. Mit IT-Systemressourcen wird eine durchgängige CAx-Kette realisiert und die transparente Verfolgung des Status von einzelnen Aufträgen ermöglicht. Bestandsressourcen, insbesondere Maschinen, sind auf die Anforderungen der Leistungen des Werkzeugbaubetriebs abgestimmt und führen auch zu investitionsbasierten Kompetenzen.

Mit der **Organisation** wird die Struktur für die Umsetzung der kollaborativen Wertschöpfung geschaffen. Die Aufbauorganisation orientiert sich an den Aktivitäten der Wertschöpfung. Mit der Ablauforganisation werden die industrielle Auftragsabwicklung sowie die Verknüpfung mit der Kundenvernetzung, der Lieferantenvernetzung und der Standortvernetzung möglich. Im Werkzeugbaubetrieb BMW sind das Managementsystem und die Kultur auf kollaborative Wertschöpfung ausgerichtet.

6.1.3 Realisierung der Potenziale

Mit kollaborativer Wertschöpfung ist der Werkzeugbaubetrieb BMW in der Lage, Potenziale in Bezug auf Kostenbeherrschung, Komplexitätsbeherrschung, Prozessbeherrschung und Mitarbeiterentwicklung zu realisieren (s. Abbildung 80). Dazu wird im Folgenden beschrieben, wie mit kollaborativer Wertschöpfung die Werte im Werkzeugbau erreicht werden. Im Besonderen wird dabei auf die Betriebsziele des Werkzeugbaubetriebs BMW eingegangen, die in Kapitel 6.1.1 vorgestellt wurden.

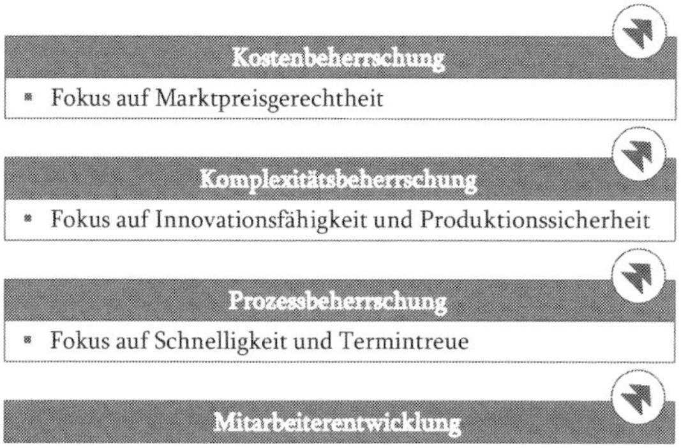

Abbildung 80: Realisierte Potenziale im Werkzeugbaubetrieb BMW

Der Werkzeugbaubetrieb BMW stellt komplexe forschungs- und entwicklungsintensive Werkzeuge her und realisiert dabei eine hohe **Kostenbeherrschung**. Als Cost Center verfügt der Werkzeugbaubetrieb BMW über eine hohe Kostentransparenz. Aufwände und

Kosten können präzise erfasst, analysiert und mit dem Preisniveau von Konkurrenten verglichen werden. Mit einer durchgängigen Planung der industriellen Auftragsabwicklung wird eine hohe Auslastung auf den Ressourcen des Werkzeugbaubetriebs erreicht. Zusätzlich wird durch die Lieferantenvernetzung und die Standortvernetzung eine hohe Auslastungsstabilität realisiert, da Kapazitäten von Lieferanten oder von anderen Standorten bei Auslastungsspitzen genutzt werden können. Damit erreicht der Werkzeugbaubetrieb BMW insgesamt eine hohe Marktpreisgerechtheit für seinen Kunden.

In der Herstellung von komplexen Werkzeugen für Außenhaut- und Strukturteile von Fahrzeugen realisiert der Werkzeugbaubetrieb eine hohe **Komplexitätsbeherrschung**. Die Produktentwicklung kann in Bauteilgestaltung unterstützt werden, damit die Machbarkeit der Bauteile frühzeitig sichergestellt werden kann. Durch diese Form der Dienstleistungsintegration können durch den Werkzeugbaubetrieb die Bauteilgestaltung und die darauf folgende Herstellung der Werkzeuge verkürzt werden. Weiterhin wird fokussierte Forschung und Entwicklung betrieben, um Werkzeugkonzepte für die Produktion von komplexen Geometrien oder innovativen Bauteilmaterialien zu entwickeln. Der Werkzeugbaubetrieb BMW verfügt damit über eine hohe Innovationsfähigkeit. Der Fokus ist durch die Lieferantenvernetzung möglich, die sicherstellt, dass Lieferanten für die Herstellung von spezifischen Werkzeugkomponenten genutzt werden. Für den Try-Out von Werkzeugen stehen umfangreiche Kompetenzen und Kapazitäten zur Verfügung, sodass die sofortige Produktionssicherheit ab dem Serienanlauf sichergestellt wird.

Mit kollaborativer Wertschöpfung erreicht der Werkzeugbaubetrieb BMW eine hohe Schnelligkeit in der Herstellung von Neuwerkzeugen sowie bei kurzfristigen Reparaturen von Werkzeugen für die Serienproduktion. Durch die flexible Nutzung von Kapazitäten an unterschiedlichen Standorten können Aufträge mit der Standortvernetzung schneller bearbeitet werden. Gleichzeitig können Lieferanten so eingesetzt werden, dass Aktivitäten im Werkzeugbaubetrieb sowie bei Lieferanten parallelisiert ausgeführt und kurze Durchlaufzeiten erzielt werden. Mit einer durchgängigen Planung und den synchronisierten Handlungsfeldern der kollaborativen Wertschöpfung weist der Werkzeugbaubetrieb BMW durch die termintreue Fertigstellung von Leistungen eine hohe Zuverlässigkeit für seinen Kunden auf. Damit wird eine hohe **Prozessbeherrschung** realisiert.

Mit gezielter **Mitarbeiterentwicklung** verfügt der Werkzeugbaubetrieb über Mitarbeiter, die für spezialisierte Aktivitäten ausgebildet sind. Durch die kontinuierliche Weiterbildung wird sichergestellt, dass in allen Bereichen hochqualifizierte und motivierte Mitarbeiter beschäftigt sind und die Potenziale der kollaborativen Wertschöpfung im Werkzeugbaubetrieb BMW auch zukünftig gehoben werden können.

6.2 Werkzeugbaubetrieb Freudenberg Sealing Technologies

Die Freudenberg Gruppe wurde im Jahr 1849 als Familienunternehmen gegründet. Heute beschäftigt die Freudenberg Gruppe 37.000 Mitarbeiter in 16 Geschäftsgruppen und erwirtschaftet einen jährlichen Umsatz von mehr als 6,3 Mrd. Euro. Als größte Geschäftsgruppe von Freudenberg ist die Freudenberg Sealing Technologies (Freudenberg ST) Anbieter für Dichtungs- und Schwingungstechnik. Freudenberg ST ist Partner für Kunden aus unterschiedlichen Branchen, wie der Automobilindustrie, dem Maschinenbau, der Medizintechnik oder der Verfahrenstechnik und beschäftigt an 22 Produktionsstandorten ca. 8.000 Mitarbeiter.[488]

Der Autor hat im Rahmen seiner Tätigkeit als wissenschaftlicher Mitarbeiter ein bilaterales Projekt mit dem Stanz-Werkzeugbaubetrieb Freudenberg ST durchgeführt. In diesem Projekt wurde die Gestaltung der kollaborativen Wertschöpfung adressiert. Der Stanz-Werkzeugbaubetrieb Freudenberg ST nutzt kollaborative Wertschöpfung, um seine Leistungsfähigkeit zu steigern und seinen Kunden damit ein attraktiveres Preis-/Nutzenverhältnis anbieten zu können.

Zur Beschreibung der Verifizierung des Gestaltungsmodells für kollaborative Wertschöpfung im Stanz-Werkzeugbaubetrieb Freudenberg ST wird aufbauend auf der Beschreibung der Ausgangssituation die Anwendung des Gestaltungsmodells erläutert. Abschließend werden die Potenziale beschrieben, die mit kollaborativer Wertschöpfung im Stanz-Werkzeugbaubetrieb Freudenberg ST realisiert werden.

6.2.1 Ausgangssituation

An den Standorten Weinheim (Deutschland) und Luserna San Giovanni (Italien) verfügt Freudenberg ST über Kompetenzzentren in der Metallumformung (s. Abbildung 81). Der Serienproduktion sind an diesen Standorten Werkzeugbaustandorte mit 47 Mitarbeitern zugeordnet, die gemeinsam der interne Stanz-Werkzeugbaubetrieb Freudenberg ST für Metallumformung sind. Der Stanz-Werkzeugbaubetrieb Freudenberg ST ist unter anderem auf die Herstellung von Transferwerkzeugen mit bis zu 8 Umformstufen und auf deren Betreuung über ihren gesamten Lebenszyklus fokussiert. An beiden Standorten werden neben Neuwerkzeugen auch Änderungen, Instandhaltungen oder Reparaturen von Werkzeugen angeboten. Der Stanz-Werkzeugbaubetrieb versorgt an beiden Standorten die lokale Serienproduktion von Metallteilen der Freudenberg ST. Für den Standort Luserna San Giovanni kann der Werkzeugbaubetrieb mit geringeren Personalkosten kalkulieren als am Standort Weinheim.

[488] Vgl. Freudenberg (2014): Unternehmensdaten.

Standort Weinheim

- 22 Mitarbeiter
- Fokus auf Transferwerkzeuge für Dichtungsteile

Standort Luserna San Giovanni

- 25 Mitarbeiter
- Fokus auf Transferwerkzeuge für Dichtungsteile

Abbildung 81: Die Standorte des Werkzeugbaubetriebs Freudenberg ST

Der interne Stanz-Werkzeugbaubetrieb Freudenberg ST wird als Abteilung geführt. Die Positionierung wird damit von der Serienproduktion vorgegeben. Die daraus abgeleiteten Betriebsziele für den Stanz-Werkzeugbaubetrieb orientieren sich an den eingeführten Werten im Werkzeugbau (vgl. Kapitel 2.2.2.2).

6.2.2 Anwendung des Gestaltungsmodells

Die Beschreibung der Anwendung des Gestaltungsmodells ist anhand der Elemente des Gestaltungsmodells strukturiert. Auf die Paradigmen der Standardisierung der Ausgestaltung der jeweiligen Elemente sowie der Synchronisierung der Elemente untereinander wird im Rahmen der Beschreibung der Elemente eingegangen.

Der Stanz-Werkzeugbaubetrieb Freudenberg ST orientiert die Gestaltung seiner Wertschöpfung zukünftig am Gestaltungsmodell für kollaborative Wertschöpfung. Die **industrielle Auftragsabwicklung** ist die Grundlage der Wertschöpfung an allen Standorten. Dabei stehen insbesondere die auftragsspezifischen Aktivitäten im Vordergrund. Werkzeuge können in Engineering und Konstruktion mit parametrisierten Werkzeugkomponenten effizient gestaltet werden. In den folgenden Aktivitäten werden so Skalen- und Lerneffekte erzielt und die zuverlässige und schnelle Abwicklung von Aufträgen für die Serienproduktion realisiert. Die industrielle Auftragsabwicklung ist dabei mit allen anderen Elementen abgestimmt. Insbesondere findet eine Synchronisierung mit den übrigen drei Handlungsfeldern der kollaborativen Wertschöpfung statt.

Mit der vorgelagerten **Kundenvernetzung** wird sichergestellt, dass der Werkzeugbau Zeichnungen von Bauteilen erhält, für die Werkzeuge mit einem möglichst hohen Anteil von standardisierten Werkzeugkomponenten konstruiert werden können. Mit der nachgelagerten Kundenvernetzung werden Try-Out und Serienanlauf auf Anlagen der Serienproduktion koordiniert. Durch kontinuierlichen Austausch kann der Aufbau von Werkzeugen weiter verbessert und die Güte der Planung der erforderlichen Werkzeuge für die Serienproduktion kontinuierlich erhöhen. Mit der eindeutigen Markierung aller Werkzeugkomponenten soll mit bedarfsorientierter Instandhaltung die OEE der Serienanlagen gesteigert werden. Zusätzlich ist dadurch der gezielte Wechsel von einzelnen Umformstufen möglich, ohne die Serienproduktion zu behindern.

Zukünftig soll mit der gezielten Qualifizierung von Lieferanten die kompetenzbasierte **Lieferantenvernetzung** verbessert werden. Die Beziehung zu ausgewählten Lieferanten soll partnerschaftlich ausgestaltet werden, um sich durch kontinuierlichen Austausch gemeinsam weiterzuentwickeln. Der Stanz-Werkzeugbaubetrieb Freudenberg ST verfügt damit über eine fokussierte Anzahl von Lieferanten, mit denen langfristig eine hohe Güte der beschafften Leistungen sichergestellt wird und die Aktivitäten effizienter gestaltet werden.

Der kontinuierliche Austausch der **Standortvernetzung** ermöglicht, dass industrielle Auftragsabwicklung, Kundenvernetzung und Lieferantenvernetzung aller Standorte miteinander abgestimmt sind. Mit der Standortvernetzung können Kapazitäten standortübergreifend angeboten bzw. verplant werden. Dadurch wird die Verfügbarkeit für den Kunden erhöht, wobei mit standardisierten Aktivitäten die Leistungsfähigkeit von Leistungen unabhängig von einem Standort ist.

Beide Standorte verfügen dennoch über spezialisierte **Leistungen**, die der andere Standort nicht anbietet. Diese unterscheiden sich in ihren Umformoperationen und den Abmaßen der herzustellenden Bauteile. Damit ist gezielte Forschung und Entwicklung an allen Standorten möglich. Aktivitäten für diese spezialisierten Leistungen können mit der durchgängigen Standortvernetzung von anderen Standorten eingesetzt werden. Gegenüber dem Kunden werden explizit Dienstleistungen angeboten. Diese beziehen sich insbesondere auf die Unterstützung der Serienproduktion, bspw. zur Optimierung von Standzeiten.

Die **Kompetenzen** des Stanz-Werkzeugbaubetriebs insgesamt sowie jeweils der einzelnen Standorte sind zukünftig eindeutig definiert. Wissensbasierte Kompetenzen in Bezug auf die Konstruktion oder das Einfahren von Werkzeugen sollen zukünftig mit Wissensmanagement auch an andere Mitarbeiter weitergegeben werden können. Investitionsbasierte Kompetenzen sollen zwischen allen Standorten abgestimmt werden, damit Investitionen an den Standorten komplementär geplant und durchgeführt werden können. Die Kompetenzen ermöglichen eine Steigerung des Kundenwerts in der Serienproduktion und sind damit mit der Positionierung des Stanz-Werkzeugbaubetriebs verknüpft. Insbesondere die angebotenen Dienstleistungen ermöglichen eine möglichst unmittelbare Weitergabe der Kompetenzen eines Stanz-Werkzeugbaubetriebs an den Kunden.

Insbesondere mit den investitionsbasierten Kompetenzen sind die **Ressourcen** verknüpft. Mitarbeiter werden an den unterschiedlichen Standorten lokal rekrutiert und so aus- und weitergebildet, dass die reibungslose Kollaboration zwischen den Standorten durch die Mitarbeiter realisiert werden kann. Physische Ressourcen und Investitionen in diese sind mit den Standorten und ihren jeweiligen Kompetenzen abgestimmt. Die Verwendung von IT-Systemressourcen soll an den einzelnen Standorten so standardisiert ausgestaltet werden, dass Daten durchgängig gepflegt sind und Redundanzen in unterschiedlichen Datenbanken und Systemen vermieden werden. Die eingesetzten Systeme an den unterschiedlichen Standorten werden synchronisiert und können dadurch auch standortübergreifend betreut werden.

Die **Organisation** wird für die kollaborative Wertschöpfung so ausgestaltet, dass mit der Aufbauorganisation und der Ablauforganisation die Ausgestaltung der beschriebenen Handlungsfelder unterstützt wird. Durch eine standortübergreifende Führung des Stanz-Werkzeugbaubetriebs soll insbesondere die Standortvernetzung unterstützt werden.

6.2.3 Realisierung der Potenziale

Mit der Realisierung der Potenziale der kollaborativen Wertschöpfung kann im Stanz-Werkzeugbaubetrieb Freudenberg ST die Effizienz der Wertschöpfung sowie der Nutzen für den Kunden gesteigert werden (s. Abbildung 82). Die Potenziale werden durch die Erreichung der Werte im Werkzeugbau dargestellt, welche die Betriebsziele des Stanz-Werkzeugbaubetriebs Freudenberg ST sind (vgl. Kapitel 6.2.1).

Abbildung 82: Realisierte Potenziale im Stanz-Werkzeugbaubetrieb Freudenberg ST

Die **Kostenbeherrschung** wird mit kollaborativer Wertschöpfung im Stanz-Werkzeugbaubetrieb Freudenberg ST gesteigert. Durch Kundenvernetzung und das gezielte Angebot von Dienstleistungen kann die Lebenszykluskontrolle verbessert werden. Mit der Organisation, die auf die kollaborative Wertschöpfung ausgerichtet ist, werden die Kosten im Stanz-Werkzeugbaubetrieb transparenter aufgenommen. Mit der Lieferantenvernetzung und der Standortvernetzung kann die Auslastung der Ressourcen an allen Standorten gesteigert werden. Insgesamt wird dadurch auch die Marktpreisgerechtheit verbessert, da die Leistungsfähigkeit der Werkzeuge über ihren Lebenszyklus gesteigert wird.

Die **Komplexitätsbeherrschung** wird verbessert, da durch den Austausch mit Kunden und Lieferanten die Werkzeuge an die Anforderungen in der Serienproduktion angepasst werden können. Mit der Kollaboration mit Kunden und Lieferanten nehmen auch die Dienstleistungsintegration sowie die Innovationsfähigkeit zu, da Forschung und Entwicklung zielgerichtet gestaltet werden können. Die Produktionssicherheit kann durch die Verbesserung der Konstruktion von Werkzeugen sowie der nachgelagerten Kundenvernetzung verbessert werden, da die Werkzeuge bedarfsorientiert vom Stanz-Werkzeugbaubetrieb Freudenberg ST zur Verfügung gestellt werden können.

Durch definierte Aktivitäten und Leistungen sowie eine höhere Flexibilität in der standortübergreifenden Nutzung von Kapazitäten werden die Termintreue und die Schnelligkeit für den Kunden erhöht und die **Prozessbeherrschung** gesteigert. Mit kollaborativer Wertschöpfung hat die Leistungsfähigkeit des Stanz-Werkzeugbaubetriebs Freudenberg ST zugenommen. Mitarbeiter können ihre Aufgaben zielgerichtet erfüllen und sind damit integraler Bestandteil der Leistungsfähigkeit sowie der Weiterentwicklung. Damit wird auch die **Mitarbeiterentwicklung** gefördert und die Attraktivität des Stanz-Werkzeugbaubetriebs Freudenberg ST ist hoch.

6.3 Werkzeugbaubetrieb Oskar Rüegg

Die Oskar Rüegg AG ist ein 1891 gegründetes Unternehmen mit ca. 300 Mitarbeitern an den beiden Standorten Jona (Schweiz) und Stara Zagora (Bulgarien). Oskar Rüegg bietet hochpräzise Blechteile für Kunden aus unterschiedlichen Branchen, wie der Automobilindustrie, dem Maschinenbau oder der Medizintechnik, an.[489]

Der Autor hat im Rahmen seiner Tätigkeit als wissenschaftlicher Mitarbeiter ein bilaterales Projekt mit dem Werkzeugbaubetrieb Oskar Rüegg durchgeführt. In diesem Projekt wurde aufbauend auf der Positionierung die Gestaltung der kollaborativen Wertschöpfung vorgenommen.

Zur Beschreibung der Verifizierung des Gestaltungsmodells für kollaborative Wertschöpfung im Werkzeugbaubetrieb Oskar Rüegg wird zunächst die Ausgangssituation des Werkzeugbaubetriebs zusammengefasst. Aufbauend darauf werden die Anwendung des Gestaltungsmodells erläutert und die Realisierung der Potenziale der kollaborativen Wertschöpfung im Werkzeugbaubetrieb Oskar Rüegg dargestellt.

6.3.1 Ausgangssituation

Der interne Werkzeugbaubetrieb Oskar Rüegg am Standort Jona bietet Neuwerkzeuge, Änderungen, Instandhaltungen und Reparaturen für die Serienproduktion am Standort an. Es werden dabei hauptsächlich Transferwerkzeuge mit bis zu 24 Umformstufen hergestellt. Mit 25 Mitarbeitern ist der interne Werkzeugbaubetrieb ein wichtiges Differenzierungsmerkmal in der Umformtechnik gegenüber der Konkurrenz von Oskar Rüegg (s. Abbildung 83). Am Standort Jona sind umfangreiche Fähigkeiten im Engineering und der Konstruktion vorhanden. Zusätzlich können alle Aktivitäten der industriellen Auftragsabwicklung abgebildet werden.

[489] Vgl. Oskar Rüegg (2014): Unternehmensdaten.

Standort Jona
▪ 25 Mitarbeiter ▪ Fokus auf hochkomplexe Transferwerkzeuge

Abbildung 83: Der Werkzeugbaubetrieb Oskar Rüegg

Der interne Werkzeugbaubetrieb ist ein Cost Center von Oskar Rüegg. Für die Erreichung der angestrebten Positionierung muss eine hohe Leistungsfähigkeit des Werkzeugbaubetriebs ein Differenzierungsmerkmal des Unternehmens insgesamt bleiben. Dazu soll der Werkzeugbaubetrieb eine hohe Ausprägung der Betriebsziele Lebenszykluskontrolle sowie Anforderungsgerechtheit aufweisen.

6.3.2 Anwendung des Gestaltungsmodells

Die Beschreibung der Anwendung des Gestaltungsmodells ist anhand der Elemente des Gestaltungsmodells strukturiert. Da der Werkzeugbaubetrieb Oskar Rüegg über einen Standort verfügt, wird die Standortvernetzung nicht berücksichtigt. Auf die Paradigmen der Standardisierung der Ausgestaltung der jeweiligen Elemente sowie der Synchronisierung der Elemente untereinander wird im Rahmen der Beschreibung der Elemente eingegangen.

Das Handlungsfeld **industrielle Auftragsabwicklung** stellt die Grundlage der kollaborativen Wertschöpfung im Werkzeugbaubetrieb Oskar Rüegg dar. Zur Herstellung von Werkzeugen werden standardisierte Prozesse und Meilensteine genutzt. Im Engineering und der Konstruktion werden Werkzeuge mit standardisierten Werkzeugkomponenten gestaltet. Zur Planung der mechanischen Fertigung, der Montage und des Try-Out wird die Arbeitsvorbereitung genutzt, die den zuverlässigen und kontinuierlichen Fluss von Werkzeugen ermöglicht.

Mit der vorgelagerten **Kundenvernetzung** ist der Werkzeugbaubetrieb bereits bei Anfragen zur Serienproduktion von Bauteilen mit den Kunden von Oskar Rüegg in Kontakt. Der Kunde wird bereits in der Gestaltung seiner Bauteile unterstützt, um diese dann in der Serienproduktion effizient herstellen zu können. Mit dem Kunden in der Serienproduktion ist der Werkzeugbaubetrieb durchgängig in Kontakt. Das Einfahren von Werkzeugen sowie die Produktion von Kleinstserien können dabei durch den Werkzeugbaubetrieb übernommen werden. Aus der Serienproduktion gewonnenes Wissens wird für die vorgelagerte Kundenvernetzung sowie die Verbesserung von Werkzeugen in Engineering und Konstruktion genutzt.

Je nach Leistung und Verfügbarkeit nutzt Oskar Rüegg kompetenzbasierte **Lieferantenvernetzung** sowie auch kapazitätsbasierte Lieferantenvernetzung. In Abhängigkeit der Komplexität eines Werkzeugs werden dazu qualifizierte Lieferanten genutzt, die unter Berücksichtigung ihres jeweiligen Preis-/Nutzenverhältnisses ausgewählt wurden. Mit diesen Lieferanten wird ein partnerschaftliches Verhältnis gepflegt und ein kontinuierlicher Austausch für die Weiterentwicklung von Werkzeugen sowie der Zusammenarbeit genutzt.

Der Werkzeugbaubetrieb bietet seinen Kunden neben Werkzeugen auch Dienstleistungen an, die insbesondere durch die beschriebene Kundenvernetzung umgesetzt werden. Mit den **Leistungen** können damit auch die Kompetenzen des Werkzeugbaubetriebs zum Kunden transportiert werden.

Die zentralen **Kompetenzen** im Werkzeugbaubetrieb Oskar Rüegg sind speziell wissensbasierte Kompetenzen im Engineering und der Konstruktion von Werkzeugen. Zusätzlich sind dies auch Kompetenzen in der Arbeitsvorbereitung und den nachgelagerten Aktivitäten der industriellen Auftragsabwicklung sowie die nachgelagerte Kundenvernetzung, wodurch auch Änderungen, Instandhaltungen und Reparaturen effizient bearbeitet werden können. Damit wird durch die Kompetenzen auch die Verknüpfung mit der Positionierung erreicht, die eine hohe Anforderungsgerechtheit und Lebenszykluskontrolle vom Werkzeugbaubetrieb fordert.

Die **Ressourcen** ermöglichen die Umsetzung der kollaborativen Wertschöpfung im Werkzeugbaubetrieb Oskar Rüegg. Hochqualifizierte Mitarbeiter, die in die Auslegung der kollaborativen Wertschöpfung bei Oskar Rüegg einbezogen wurden, sind dafür die Grundlage. Physische Ressourcen, wie Computer oder Maschinen, und IT-Systemressourcen, wie CAD oder Maschinensteuerungen, ermöglichen eine effiziente industrielle Auftragsabwicklung. Durch die kollaborative Wertschöpfung, die mit der Positionierung des Werkzeugbaubetriebs verknüpft ist, wird auch der Ruf des Werkzeugbaubetriebs im Unternehmen sowie gegenüber externen Kunden von Oskar Rüegg verbessert.

Mit der **Organisation** wurden die erforderlichen Strukturen für kollaborative Wertschöpfung geschaffen. Die industrielle Auftragsabwicklung wird durch die Ablauforganisation ermöglicht. Die Kultur und das Managementsystem schaffen die erforderlichen Rahmenbedingungen für erfolgreiche kollaborative Wertschöpfung im Werkzeugbaubetrieb Oskar Rüegg.

6.3.3 Realisierung der Potenziale

Mit der Realisierung der Potenziale der kollaborativen Wertschöpfung kann der Werkzeugbaubetrieb Oskar Rüegg die Effizienz der Wertschöpfung steigern und erreicht die in Kapitel 6.3.1 vorgestellten Betriebsziele. Insgesamt weist der Werkzeugbaubetrieb eine hohe Kostenbeherrschung, Komplexitätsbeherrschung, Prozessbeherrschung sowie eine gut ausgeprägte Mitarbeiterentwicklung auf (s. Abbildung 84). Die Beschreibung der Realisierung der Potenziale wird deshalb anhand der Werte im Werkzeugbau beschrieben. Dabei wird auch auf die Betriebsziele des Werkzeugbaubetriebs Oskar Rüegg eingegangen.

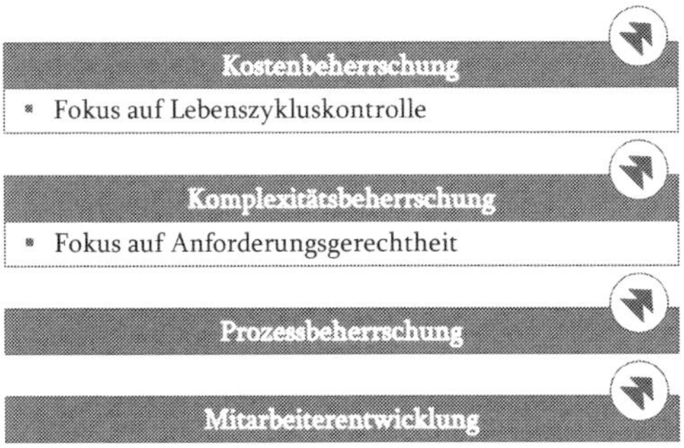

Abbildung 84: Realisierte Potenziale im Werkzeugbaubetrieb Oskar Rüegg

Die Lebenszykluskontrolle wird insbesondere durch die Kundenvernetzung sowie strukturiertes Wissensmanagement ermöglicht. Der Werkzeugbaubetrieb übernimmt bereits die Verantwortung in der Optimierung von Bauteilen mit Kunden von Oskar Rüegg. Für die Serienproduktion werden Änderungen, Instandhaltungen und Reparaturen von Werkzeugen über deren gesamten Lebenszyklus mit standardisierten Abläufen übernommen. Mit einer quantitativen Analyse der Entwicklung der Werkzeugcharakteristika über die Hubzahl werden Instandhaltungszyklen präzise prognostiziert. Die **Kostenbeherrschung** wird zusätzlich durch eine hohe Ausprägung der weiteren Teilwerte verbessert. Als Cost Center weist der Werkzeugbaubetrieb eine hohe Kostentransparenz auf. Mit der Prognostizierbarkeit von Instandhaltungen kann die Anzahl kurzfristiger Reparaturaufträge verringert werden. Damit wird mittels der Lebenszykluskontrolle auch eine höhere Planbarkeit der Ressourcen ermöglicht. Dies wird genutzt, um die Auslastungsstabilität insbesondere auf den Maschinen der mechanischen Fertigung zu erhöhen und Kapazitätsbedarfe mit Lieferanten frühzeitig zu kommunizieren. Auch die Marktpreisgerechtheit wird so verbessert. Im Werkzeugbaubetrieb werden durch kollaborative Wertschöpfung so nicht nur Kosten gesenkt, sondern auch die Messbarkeit der Lebenszykluskosten für Werkzeuge ermöglicht.

In Bezug auf die **Komplexitätsbeherrschung** ist für den Werkzeugbaubetrieb Oskar Rüegg insbesondere die Anforderungsgerechtheit von großer Relevanz. Mit kollaborativer Wertschöpfung ist der Werkzeugbaubetrieb in der Lage, Werkzeuge exakt auf die Anforderungen in Bezug auf Qualität und Stückzahl von Bauteilen abzustimmen. Dazu wird die Kundenvernetzung genutzt, die auch eine verbesserte Lebenszykluskontrolle ermöglicht. Damit wird für den Kunden eine hohe Produktionssicherheit erreicht. Mit der Lieferantenvernetzung wird sichergestellt, dass Werkzeuge und Werkzeugkomponenten mit niedriger Komplexität von Lieferanten beschafft werden. Damit kann der Werkzeugbaubetrieb seine Forschung und Entwicklung auf Werkzeugkonzepte für unterschiedliche Qualitäts- und Stückzahlanforderungen in der Serienproduktion fokussieren. Dadurch wird auch die Innovationsfähigkeit gesteigert. Mit anforderungsgerechten Werkzeugen bietet der Werkzeugbaubetrieb so Leistungen an, die ein attraktives Preis-/

Nutzenverhältnis aufweisen. Die Dienstleistungsintegration in die Serienentwicklung und die Serienproduktion ist mit der beschriebenen Kundenvernetzung ebenfalls hoch ausgeprägt. Damit werden der Kundennutzen und die Präsenz des Werkzeugbaubetriebs beim Kunden erhöht. Zusätzlich wird das durch Dienstleistungen gewonnene Wissen genutzt, um die eigenen Leistungen weiter zu verbessern.

Durch definierte Abläufe mit vorgegebenen Meilensteinen kann der Werkzeugbaubetrieb seine Leistungen zuverlässig und mit kurzen Durchlaufzeiten anbieten. Dadurch, dass die Handlungsfelder der kollaborativen Wertschöpfung aufeinander abgestimmt sind, erreicht der Werkzeugbaubetrieb eine hohe Termintreue sowie Schnelligkeit für seinen Kunden. Mit kollaborativer Wertschöpfung ist der Werkzeugbaubetrieb Oskar Rüegg in der Lage, seine Wettbewerbsfähigkeit durch **Prozessbeherrschung** zu steigern.

Die hochqualifizierten Mitarbeiter können durch spezifizierte Aufgabenstellungen und Verantwortlichkeiten von Aktivitäten ihre Fähigkeiten gezielt vertiefen. Mit dem Wissensmanagement wird auch die Aus- und Weiterbildung von Mitarbeitern gefördert. Durch einen kontinuierlichen Verbesserungsprozess haben die Mitarbeiter des Werkzeugbaubetriebs Oskar Rüegg zusätzlich die Möglichkeit, Verbesserungen vorzuschlagen und umzusetzen. Durch die **Mitarbeiterentwicklung** kann der Werkzeugbautrieb damit auch zukünftig die Effizienz der Wertschöpfung verbessern.

6.4 Kritische Reflexion

Anhand der Anwendungsbeispiele bei BMW, Freudenberg und Oskar Rüegg wird gezeigt, dass kollaborative Wertschöpfung im industriellen Werkzeugbau in der Praxis umgesetzt werden kann und eine Realisierung von Potenzialen in Bezug auf Kostenbeherrschung, Komplexitätsbeherrschung, Prozessbeherrschung und Mitarbeiterentwicklung möglich ist. Die Anwendbarkeit der kollaborativen Wertschöpfung ist dabei unabhängig von der Größe eines Werkzeugbaubetriebs. Im Werkzeugbaubetrieb BMW wird kollaborative Wertschöpfung mit 610 Mitarbeitern umgesetzt. Freudenberg verfügt mit 47 Mitarbeitern über eine Betriebsgröße, die vergleichbar mit dem Durchschnitt im Werkzeugbau von 62 Mitarbeitern je Werkzeugbaubetrieb ist (vgl. Kapitel 2.2.1.4). Auch in kleineren Werkzeugbaubetrieben, wie dem Werkzeugbaubetrieb Oskar Rüegg mit 25 Mitarbeitern, kann kollaborative Wertschöpfung erfolgreich umgesetzt werden.

Die Elemente des Gestaltungsmodells sowie die Paradigmen der kollaborativen Wertschöpfung wurden mit den Anwendungsbeispielen verifiziert. Für kollaborative Wertschöpfung adressiert ein Werkzeugbaubetrieb die acht Elemente des Gestaltungsmodells, die jeweils standardisiert ausgestaltet und miteinander synchronisiert sind. Mit dem Anwendungsbeispiel im Werkzeugbaubetrieb Oskar Rüegg wurde jedoch auch verdeutlicht, dass für kollaborative Wertschöpfung kein betriebsinternes Netzwerk aus mehreren Standorten erforderlich ist. Die Berücksichtigung der Standortvernetzung für die praktische Umsetzung ist damit unabhängig von der Anwendbarkeit von kollaborativer Wertschöpfung. Werkzeugbaubetrieben mit mehreren Standorten ermöglicht die Standortvernetzung vielmehr, die Effizienz ihrer Wertschöpfung weiter zu steigern.

Die Adressierung der Elemente und Paradigmen der kollaborativen Wertschöpfung ist betriebsspezifisch auszulegen. Der Fokus eines Elements ist dabei von den betrieblichen Rahmenbedingungen abhängig. In der Praxis sollte bei der Einführung von kollaborativer Wertschöpfung stets berücksichtigt werden, wie die vorherige Gestaltung der Wertschöpfung im Werkzeugbaubetrieb verändert werden muss. Die Anwendungsbeispiele haben insbesondere in Bezug auf die Realisierung der Potenziale gezeigt, dass Unterschiede zwischen den einzelnen Betrieben bestehen. Diese sind auch abhängig von der Positionierung und den Betriebszielen eines Werkzeugbaubetriebs. Für die Gestaltung der kollaborativen Wertschöpfung sind deshalb die Positionierung und die Betriebsziele eines Werkzeugbaubetriebs zu berücksichtigen.

Mit der Anwendung des Gestaltungsmodells können Werkzeugbaubetriebe mit unterschiedlichen Betriebsgrößen oder Positionierungen die Potenziale der kollaborativen Wertschöpfung realisieren und ihre Wettbewerbsfähigkeit steigern. Das Gestaltungsmodell für kollaborative Wertschöpfung im industriellen Werkzeugbau wurde damit als ganzheitlicher Lösungsansatz verifiziert und der übergeordneten Zielsetzung dieser Arbeit wird entsprochen.

7 Zusammenfassung und Ausblick

Der Megatrend Globalisierung hat das Wettbewerbsumfeld für die produzierende Industrie im Hochlohnland Deutschland maßgeblich verändert. Anbieter aus Niedriglohnländern erhöhen die Wettbewerbsintensität, indem sie umfangreiche Kapazitäten zu vergleichsweise niedrigen Preisen und mit zunehmend hoher Qualität anbieten. Gleichzeitig ergeben sich durch die Globalisierung neue Absatzmöglichkeiten für die produzierende Industrie in Deutschland. Neben der Globalisierung ist die produzierende Industrie in Deutschland außerdem mit den Trends Produktderivatisierung und demografischem Wandel konfrontiert. Produkte werden in einer zunehmend großen Vielfalt von Derivaten angeboten, wobei die produzierte Stückzahl je Derivat sinkt. Zusätzlich ist durch ein hohes Durchschnittsalter und niedrige Ausbildungsquoten die Zukunftsfähigkeit vieler Betriebe in Deutschland gefährdet.

Diese Veränderungen fordern von der produzierenden Industrie, die Effizienz ihrer Wertschöpfung zu steigern. Dazu müssen Betriebe ihre Wertschöpfung so gestalten, dass sie ihre Kosten reduzieren und die Leistungen für den Kunden verbessern. Dies wird auch durch die Forschung in Deutschland aufgegriffen, die im Rahmen der Initiative Industrie 4.0 die Entwicklung neuer Lösungsansätze für die Steigerung der Wettbewerbsfähigkeit der produzierenden Industrie in Deutschland unterstützt. Ein zentraler Bestandteil von Industrie 4.0 ist die Kollaboration unterschiedlicher Betriebe, die als Partner in einem Wertschöpfungsnetzwerk gemeinsam Leistungen herstellen.

Der Werkzeugbau ermöglicht mit seinen Leistungen die Serienproduktion von Bauteilen. Werkzeuge werden als Unikate oder in Kleinstserien individuell entwickelt und hergestellt. In den vergangenen Jahren wurde im traditionell handwerklich geprägten Werkzeugbau der Wandel zum industriellen Werkzeugbau vollzogen. Werkzeugbaubetriebe in Deutschland sind inzwischen in der Lage, Lern- und Skaleneffekte in ihrer Wertschöpfung zu nutzen und gleichzeitig den Kunden individuelle Leistungen anzubieten. Dabei weisen Werkzeugbaubetriebe eine vergleichsweise hohe Wertschöpfungstiefe auf. Kunden und Lieferanten werden nicht durchgängig in die Wertschöpfung einbezogen.

Um zukünftig die Wettbewerbsfähigkeit steigern zu können, müssen Werkzeugbaubetriebe die Komplexität der Leistungen, die Kosten sowie die Prozesse beherrschen und gleichzeitig die Leistungsfähigkeit von Mitarbeitern weiterentwickeln. Dazu stehen Werkzeugbautriebe vor den Herausforderungen, in ihrer Wertschöpfung industrielle Auftragsabwicklung, Vernetzung mit Kunden, Vernetzung mit Lieferanten und Vernetzung von Standorten miteinander zu verknüpfen. Es existiert jedoch kein Ansatz, der die Herausforderungen in einem Modell für Betriebe mit Unikat- und Kleinstserienherstellung integriert. Der Werkzeugbau benötigt deshalb einen neuen Lösungsansatz für die Gestaltung der Wertschöpfung.

In dieser Arbeit wurde das Gestaltungsmodell für kollaborative Wertschöpfung im industriellen Werkzeugbau nach den Phasen der angewandten Forschung nach ULRICH entwickelt (vgl. Kapitel 1.4). Das Modell dient als Zielbild für die Gestaltung der Wertschöpfung von Werkzeugbaubetrieben und setzt sich aus acht Elementen sowie zwei Paradigmen zusammen (s. Abbildung 85).

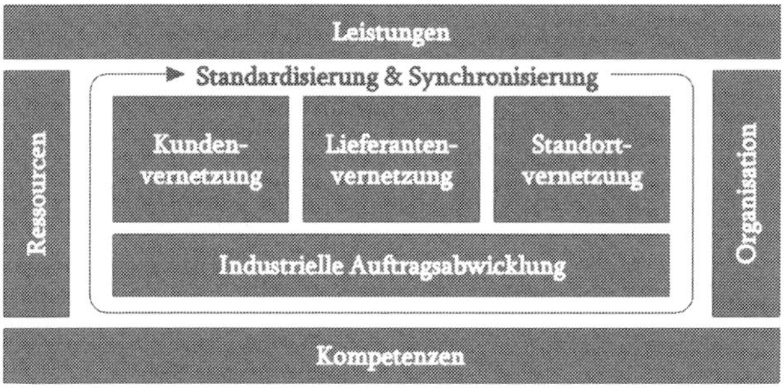

Abbildung 85: Das Gestaltungsmodell für kollaborative Wertschöpfung im industriellen Werkzeugbau

Im Zentrum des Gestaltungsmodells stehen die vier Handlungsfelder der kollaborativen Wertschöpfung. Als erstes Handlungsfeld ist die industrielle Auftragsabwicklung die Basis der Aktivitäten im Gestaltungsmodell für kollaborative Wertschöpfung. Sie umfasst die betriebsinterne Wertschöpfung, die in einem Werkzeugbaubetrieb verrichtet wird. Vor- und nachgelagert der industriellen Auftragsabwicklung sollen mit der Kundenvernetzung Kunden damit von der Produktentwicklung bis zur Serienproduktion unterstützt werden. Die Lieferantenvernetzung wird eingesetzt, um kompetenz- und kapazitätsbasiert Leistungen von Lieferanten zu beschaffen. Damit können die betriebsinterne Wertschöpfung fokussiert, Kapazitäten gleichmäßiger ausgelastet und mit spezialisierten Lieferanten hochwertige Leistungen erzielt werden. Für Werkzeugbaubetriebe mit mehreren Standorten dient die Standortvernetzung der Abstimmung und dem effizienten Einsatz dieser Standorte. Aktivitäten der vier Handlungsfelder werden sowohl auftragsspezifisch als auch auftragsneutral vorgenommen. Insbesondere die auftragsneutrale Vernetzung ist eine Voraussetzung für gemeinsame Weiterentwicklungen und langfristige Kollaboration mit Kunden, Lieferanten und Standorten.

Die beschriebenen Aktivitäten orientieren sich an den Leistungen als Ergebnis der kollaborativen Wertschöpfung. Mit Werkzeugen oder Dienstleistungen erfüllt ein Werkzeugbaubetrieb den Kundennutzen. Die Aktivitäten benötigen Befähiger der kollaborativen Wertschöpfung, die im Gestaltungsmodell durch Kompetenzen, Ressourcen und Organisation abgebildet werden. Die Kompetenzen stellen Fähigkeiten eines Werkzeugbaubetriebs dar, die die Effizienz eines Werkzeugbaubetriebs steigern können. Diese sollten in der Wertschöpfung eingesetzt werden, um eine Differenzierung gegenüber dem Wettbewerb zu erzielen. Zusätzlich kann über Kompetenzen die Positionierung eines Werkzeugbaubetriebs mit seiner Wertschöpfung verknüpft werden. So wird sichergestellt, dass mit der Gestaltung der Wertschöpfung die Betriebsziele erreicht werden können. Die Ressourcen wie Finanzmittel, Maschinen oder Mitarbeiter sind für die Ausführung jeglicher Aktivitäten erforderlich. Mit der Organisation werden die Aktivitäten und Ressourcen eines Werkzeugbaubetriebs strukturiert.

Insbesondere die Kundenvernetzung, die Lieferantenvernetzung und die Standortvernetzung sind zusätzliche Aktivitäten, die im Werkzeugbau aktuell nicht verbreitet sind. Die damit verbundenen Aufwände führen jedoch insgesamt zu einer effizienteren Wertschöpfung im industriellen Werkzeugbau. Dazu müssen die Elemente der kollaborativen Wertschöpfung jeweils zielorientiert ausgestaltet und aufeinander abgestimmt werden. Dies wird durch die Paradigmen der kollaborativen Wertschöpfung Standardisierung und Synchronisierung aufgegriffen. Die Standardisierung bezieht sich auf die Ausgestaltung der acht Elemente. Jedes Element sollte standardisiert ausgestaltet werden, um durch Wiederholungen Lern- und Skaleneffekte zu generieren. Zusätzlich können die Potenziale der kollaborativen Wertschöpfung nur gehoben werden, indem alle Elemente der kollaborativen Wertschöpfung kontinuierlich aufeinander abgestimmt sind. Dies wird mit der Synchronisierung der Elemente der kollaborativen Wertschöpfung erreicht.

Die Verifizierung des Gestaltungsmodells in den Werkzeugbaubetrieben der BMW Group, der Freudenberg Gruppe sowie der Oskar Rüegg AG hat gezeigt, dass mit der Gestaltung von kollaborativer Wertschöpfung im industriellen Werkzeugbau die Wettbewerbsfähigkeit von Werkzeugbaubetrieben in der Praxis gesteigert werden kann. Mit kollaborativer Wertschöpfung können die Komplexität der Leistungen, die Kosten sowie die Prozesse beherrscht werden und die Leistungsfähigkeit der Mitarbeiter weiterentwickelt werden.

Als Zielbild für kollaborative Wertschöpfung wird mit dem Gestaltungsmodell auch weiterer Forschungsbedarf deutlich, um kollaborative Wertschöpfung im industriellen Werkzeugbau durchgängig erreichen zu können. Für die Handlungsfelder industrielle Auftragsabwicklung, Kundenvernetzung und Lieferantenvernetzung sind jeweils Vorgehensweisen zur Umsetzung der beschriebenen Aufgaben zu entwickeln. Zusätzlich sind neue Lösungsansätze erforderlich, die die Auslegung von Leistungen, Kompetenzen, Ressourcen und Organisation unter Berücksichtigung der Handlungsfelder der kollaborativen Wertschöpfung adressieren.

Mit dem Gestaltungsmodell für kollaborative Wertschöpfung im industriellen Werkzeugbau wurde somit ein neuer Lösungsansatz entwickelt, mit dessen Anwendung die Wettbewerbsfähigkeit von Werkzeugbaubetrieben gesteigert werden kann. Für die wissenschaftliche Fortentwicklung wurde mit dem Gestaltungsmodell ein Beitrag geleistet, der die Integration von betriebsinterner und betriebsübergreifender Wertschöpfung im Werkzeugbau beschreibt und damit bestehende Ansätze zur Gestaltung von Wertschöpfung erweitert.

8 Literaturverzeichnis

van Aartsengel, A.; Kurtoglu, S. (Continuous Improvement):
A Guide to Continuous Improvement Transformation. Berlin: Springer Verlag, 2013.

Allee, V. (Value Network Analysis):
Value Network Analysis and Value Conversion of Tangible and Intangible Assets. In: Journal of Intellectual Capital, 9. Jg., Nr. 1, 2008, S. 5-24.

Allen, R. (Industrial Revolution):
The British Industrial Revolution in Global Perspective. Cambridge: Cambridge University Press, 2. Aufl., 2009.

Amit, R.; Zott, C. (Value Creation Sources):
Value Creation in E-Business. In: Strategic Management Journal, 22. Jg., 2001, S. 493-520.

Ansoff, H. (Corporate Strategy):
Corporate Strategy. New York: McGraw-Hill Publishing, 1965.

Bär, W. (Produktionsplanung):
Produktionsplanung und Auftragsbearbeitung im Industriebetrieb. Wiesbaden: Gabler Verlag, 1977.

Barney, J. (Firm Resources):
Firm Resources and Sustained Competitive Advantage. In: Journal of Management, 17. Jg., Nr. 1, 1991, S. 99-120.

Baron, J. (Collaborative Business Model):
A Collaborative Business Model for the Tool and Die Industry. Altarum: Manufacturing Systems Group – Center for Automotive Research, 30. September 2002.

Bayerl, G. (Technik):
Technik, Arbeit und Umwelt in der Geschichte. Münster: Waxmann Verlag, 2006.

Beer, S. (Kybernetische Führungslehre):
Kybernetische Führungslehre. Frankfurt: Herder Verlag, 1973.

Beer, S. (Enterprise):
The Heart of the Enterprise. Chichester: Wiley, 1979.

Beer, S. (Brain of the Firm):
The Brain of the Firm. Chichester: Wiley Publications, 2. Aufl., 1995.

Behrens, C.-U. (Makroökonomie):
Makroökonomie, Wirtschaftspolitik. München: Oldenbourg Verlag, 2. Aufl., 2004.

Beiss, P. (Fertigungstechnik):
Pulvermetallurgische Fertigungstechnik. Berlin: Springer Verlag, 2013.

von Bertalanffy, L. (Biologisches Weltbild):
Das biologische Weltbild. Bern: Francke Verlag, 1949.

von Bertalanffy, L. (Systemlehre):
Zu einer allgemeine Systemlehre. In: Handwörterbuch der Betriebswirtschaft (Hrsg.: Grochla, E.; Wittmann, W.). Stuttgart: Poeschel Verlag, 4. Aufl., 1976, S. 542-553.

Beutin, N. (Zusatzleistungen):
Kundenbindung durch Zusatzleistungen (Value-Added Services). In: Handbuch Kundenbindungsmanagement (Hrsg.: Bruhn, M.; Homburg, C.). Wiesbaden: Gabler Verlag, 6. Aufl., 2008, S. 347-367.

Binder, V.; Kantowsky, A. (Technologiepotentiale):
Technologiepotenziale – Neuausrichtung der Gestaltungsfelder des strategischen Technologiemanagements. Dissertation der Universität St. Gallen. Wiesbaden: Deutscher Universitäts-Verlag, 1996.

Bleicher, K. (Integriertes Management):
Das Konzept integriertes Management. Frankfurt: Campus Verlag, 8. Aufl., 2011.

Blohm, H. (Kooperation):
Kooperation. In: Handwörterbuch der Organisation (Hrsg.: Grochla, E.). Stuttgart: Poeschel Verlag, 1980, 2. Aufl., S. 1112-1117.

BMBF (Forschung und Innovation):
Bundesbericht Forschung und Innovation 2012. Berlin: Bundesministerium für Bildung und Forschung, 2012. URL: http://www.bmbf.de/pub/bufi_2012.pdf, abgerufen am 26. November 2013.

BMBF (Industrie 4.0):
Zukunftsbild „Industrie 4.0“. Berlin: Bundesministerium für Bildung und Forschung, 2014. URL: http://www.bmbf.de/pubRD/Zukunftsbild_Industrie_40.pdf, abgerufen am 05. Februar 2014.

BMW (Unternehmensdaten):
Unternehmensdaten der BMW Group. URL: http://www.bmwgroup.de, abgerufen am 03. März 2014.

Bogaschewsky, R.; Rollberg, R. (Prozeßorientiertes Management):
Prozeßorientiertes Management. Berlin: Springer Verlag, 1998.

Boos, F.; Jarmai, H. (Kernkompetenzen):
Kernkompetenzen gesucht und gefunden. In: Harvard Business Manager, 16. Jg., Nr. 4, 1994, S. 19-24.

Boos, W. (Modularisierung):
Methodik zur Gestaltung und Bewertung von modularen Werkzeugen. Dissertation der RWTH Aachen. Aachen: Shaker Verlag, 2008.

Boos, W.; Kuhlmann, K.; Komorek, N.; Hensen, T. (Beherrschung der Wertschöpfung):
Beherrschung der Wertschöpfung im Betriebsmittelbau. In: Tagungsband der 10. Aachener Management Tage (Hrsg.: Schuh, G.; Kampker, A.; Stich, V.). Aachen: Apprimus Verlag, 2013, S. 123-127.

Boothroyd, G.; Dewhurst, P.; Knight, W. (Product Design):
Product Design for Manufacture and Assembly. Boca Raton: CRC Press, 3. Aufl., 2011.

Bovet, D.; Martha, J. (Value Nets):
Value Nets. New York: Wiley Publishing, 2000.

Brankamp, K. (Betriebsmittelbau):
Wettbewerbsfaktor Werkzeug- und Betriebsmittelbau. Zürich, Köln: Industrielle Organisation Verlag; TÜV Rheinland Verlag, 1991.

Breuer, R.; Haaf, G. (Ordentliches Chaos):
Ein ordentliches Chaos. In: Geo-Wissen. Nr. 2, 1990, S. 32-60.

Bronder, C.; Pritzl, R. (Strategische Allianzen):
Wegweiser für Strategische Allianzen. Wiesbaden: Gabler Verlag, 1992.

Brümmerhoff, D. (Volkswirtschaftliche Gesamtrechnung):
Volkswirtschaftliche Gesamtrechnungen. München: Oldenbourg Verlag, 9. Aufl., 2011.

Bruns, A. (Organisationales Wissen):
Organisationales Wissen um strategischen Wandel in einer Welt elektronischer Netzwerkmedien. Dissertation der RWTH Aachen. Aachen: Apprimus Verlag, 2006.

Bühner, R. (Organisationslehre):
Betriebswirtschaftliche Organisationslehre. München: Oldenbourg Verlag, 10. Aufl., 2004.

Bullinger, H.-J.; Spath, D.; Warnecke, H.-J.; Westkämper, E. (Unternehmensorganisation):
Handbuch Unternehmensorganisation. Berlin: Springer Verlag, 3. Aufl., 2009.

Chandler, A. (Strategy and Structure):
Strategy and Structure. Cambridge: Cambridge University Press, 1962.

Clausewitz, H. (Vom Kriege):
Vom Kriege. Berlin: Ferdinand Dümmler Verlag, 3. Aufl., 1869.

Cimorelli, S. (Kanban):
Kanban for the Supply Chain. Boca Raton: CRC Press, 2013.

Coase, R. (Nature of the Firm):
The Nature of the Firm: Influence. In: Journal of Law, Economics & Organization, 4. Jg., Nr. 1, 1988, S. 33-47.

Czaja, L. (Qualitätsfrühwarnsysteme):
Qualitätsfrühwarnsysteme für die Automobilindustrie. Wiesbaden: Gabler Verlag, 2009.

Davenport, T. (Process Innovation):
Process Innovation. Boston: Harvard Business School Press, 2. Aufl., 1997.

Dawes, J. (Point Scales):
Do Data Characteristics Change According to the Number of Scale Points Used. In: International Journal of Market Research, 50. Jg., Nr. 1, 2008, S. 61-77.

Destatis (Bruttowertschöpfung):
Ermittlung der Bruttowertschöpfung – Kostenstruktur der Unternehmen des Verarbeitenden Gewerbes sowie des Bergbaus und der Gewinnung von Steinen und Erden. Wiesbaden: Statistisches Bundesamt 2007. URL: http://www.bafa.de/bafa/de/energie/besondere_ausgleichsregelung_eeg/publikationen/stabua/energie_eeg_bruttowertschoepfung.pdf, abgerufen am 06. März 2014.

Destatis (Definition Bruttowertschöpfung):
Definition von Bruttowertschöpfung. Statistisches Bundesamt. URL: https://www.destatis.de/DE/ZahlenFakten/GesamtwirtschaftUmwelt/Umwelt/UmweltoekonomischeGesamtrechnungen/Begriffserlaeuterungen/Bruttowertschoepfung.html, abgerufen am 26. November 2013.

Destatis (Definition Nettowertschöpfung):
Definition von Nettowertschöpfung. Statistisches Bundesamt. URL: https://www.destatis.de/DE/ZahlenFakten/GesamtwirtschaftUmwelt/VGR/Begriffserlaeuterungen/Nettowertschoepfung.html, abgerufen am 26. November 2013.

Dietrich, A. (Selbstorganisation):
Selbstorganisation – Management aus ganzheitlicher Perspektive. Wiesbaden: Deutscher Universitäts-Verlag, 2001.

Diller, H. (Preispolitik):
Kundenbindung durch Preispolitik. In: Handbuch Kundenbindungsmanagement (Hrsg.: Bruhn, M.; Homburg, C.). Wiesbaden: Gabler Verlag, 6. Aufl., 2008, 397-426.

Dussauge, P.; Garrette, B. (Strategic Alliances):
Determinants of Success in International Strategic Alliances: Evidence from the Global Aerospace Industry. In: Journal of International Business Studies, 26. Jg., Nr. 3, 1995, S. 505-530.

Edwards, J.; Thomas, M.; Rosenfeld, P.; Booth-Kewley, S. (Organizational Surveys):
How to Conduct Organizational Surveys. Thousand Oaks California: Sage Publications, 1997.

EG (KMU-Definition):
Die neue KMU-Definition. Brüssel: Europäische Gemeinschaften, 2006. URL: http://ec.europa.eu/enterprise/policies/sme/files/sme_definition/sme_user_guide_de.pdf, abgerufen am 26. November 2013.

Ehrlenspiel, K.; Meerkamm, H. (Produktentwicklung):
Integrierte Produktentwicklung. München: Hanser Verlag, 5. Aufl., 2013.

Eurostat (The EU in the World):
The EU in the World 2013 – A Statistical Portrait. Luxembourg: Publications Office of the European Union, 2012.

Eversheim, W. (Produktionssysteme):
Flexible Produktionssysteme. In: Handwörterbuch der Organisation (Hrsg.: Frese, E.). Suttgart: C.E. Poeschel Verlag, 3. Aufl., 1992, S. 2058-2066.

Eversheim, W. (Grundlagen):
Organisation in der Produktionstechnik, Band 1: Grundlagen. Berlin: Springer Verlag, 3. Aufl., 1996.

Eversheim, W.; Klocke, F. (Strategie und Technologie):
Werkzeugbau mit Zukunft, Strategie und Technologie. Berlin: Shaker Verlag, 1998.

Freiling, J. (Resource-Based View):
Resource-Based View und ökonomische Theorie. Wiesbaden: Deutscher Universitäts-Verlag, 2001.

Frenkel, M.; John, K. (Volkswirtschaftliche Gesamtrechnung):
Volkswirtschaftliche Gesamtrechnung. München: Franz Vahlen Verlag, 7. Aufl., 2011.

Freudenberg (Unternehmensdaten):
Unternehmensdaten der Freudenberg Gruppe. URL: http://www.freudenberg.com, abgerufen am 03. März 2014.

Frick, L. (Geschäftsmodelle):
Erfolgreiche Geschäftsmodelle im Werkzeugbau. Dissertation der RWTH Aachen. Aachen: Shaker Verlag, 2006.

Fricker, I. (Strategische Stringenz):
Strategische Stringenz im Werkzeug- und Formenbau. Dissertation der RWTH Aachen. Aachen: Shaker Verlag, 2005.

Friedli, T.; Schuh, G. (Wettbewerbsfähigkeit):
Wettbewerbsfähigkeit der Produktion an Hochlohnstandorten. Berlin: Springer Verlag, 2. Aufl., 2012.

Fuchs, H. (Offene Systeme):
Systemtheorie und Organisation. Wiesbaden: Gabler Verlag, 1973.

Fuchs, H. (Systemtheorie):
Systemtheorie. In: Handwörterbuch der Betriebswirtschaft (Hrsg.: Grochla, E.; Wittmann, W.). Stuttgart: Poeschel Verlag, 1976, 4. Aufl., S. 3820-2832.

Fuchs, M.; Apfelthaler, G. (Management):
Management internationaler Geschäftstätigkeit. Wien: Springer Verlag, 2. Aufl., 2009.

Funder, M. (Soziologie):
Soziologie der Wirtschaft. München: Oldenbourg, 2011.

Galasch, A. (Simulation):
Unterstützungswerkzeug Simulation. In: Erfolgsfaktor Logistikqualität (Hrsg.: Wiendahl, H.-P.). Berlin: Springer Verlag, 2002, 2. Aufl., S. 73-81.

Garland, R. (Rating Scale):
The Mid-Point on a Rating Scale - Is it Desirable. In: Marketing Bulletin, 2. Jg., Nr. 3, 1991, S. 66-70.

Gaus, F. (Logik im Werkzeugbau):
Methodik zur Überprüfung der Logik eines Geschäftsmodells im Werkzeugbau. Dissertation der RWTH Aachen. Aachen: Apprimus Verlag, 2010.

Giehler, F. (Planungsproduktivität):
Erhöhung der Planungsproduktivität am Beispiel der Auftragsabwicklung im Werkzeugbau. Dissertation der RWTH Aachen. Aachen: Apprimus Verlag, 2010.

Gienke, H.; Kämpf, R. (Handbuch Produktion):
Handbuch Produktion. In: Handbuch Produktion (Hrsg.: Gienke, H.; Kämpf, R.). München: Hanser Verlag, 2007, S. 333-531.

Glittenberg (Black Edition):
Vorstellung der Produktgruppe Black Edition der Glittenberg GmbH. URL: http://www.blackedition.de, abgerufen am 07. Januar 2014.

Godfrey, P. (OEE):
Overall Equipment Effectiveness. In: Manufacturing Engineer, Jg. 81, Nr. 3, 2002, S. 109-112.

Graf, G. (Volkswirtschaftslehre):
Grundlagen der Volkswirtschaftslehre. Heidelberg: Physica Verlag, 2. Aufl., 2002.

Grant, R. (Resource-Based View):
The Resource-Based Theory of Competitive Advantage - Implications for Strategy Formulation. In: California Management Review, 33. Jg., Nr. 3, 1991, S. 114-135.

Grochla, E.; Lehmann, H. (Systemtheorie):
Systemtheorie und Organisation. In: Handwörterbuch der Organisation (Hrsg.: Grochla, E.). Stuttgart: Poeschel Verlag, 1980, 2. Aufl., S. 2204-2216.

Grünwald, S. (Effektivität und Effizienz):
Steigerung der Nachhaltigkeit, Effektivität und Effizienz durch den Aufbau eines Bauprozesssystems. Hamburg: Diplomica Verlag, 2013.

GTAI (Wirtschaftsdaten China):
Wirtschaftsdaten kompakt – China (VR). 2013. URL: http://ahk.de/fileadmin/ahk_ahk/GTaI/china.pdf, abgerufen am 05. Februar 2014.

GTAI (Wirtschaftsdaten Indien):
Wirtschaftsdaten kompakt – Indien. 2013. URL: http://ahk.de/fileadmin/ahk_ahk/GTaI/indien.pdf, abgerufen am 05. Februar 2014.

Guba, E.; Lincoln, Y. (Qualitative Research):
Competing Paradigms in Qualitative Research. In: Handbook of Qualitative Research (Hrsg.: Denzin, N.; Lincoln, Y.). Thousand Oaks: SAGE Pubilcations, 1994, S. 105-117.

Gulden, A. (Wertorientierte Gestaltung):
Wertorientierte Gestaltung kundenindividueller Kleinserienproduktion. Dissertation der RWTH Aachen. Aachen: Apprimus Verlag, 2009.

Gutenberg, E. (Grundlagen der Betriebswirtschaftslehre):
Grundlagen der Betriebswirtschaftslehre - Die Produktion. Berlin: Springer Verlag, 18. Aufl., 1971.

Haberhauer, H.; Bodenstein, F. (Maschinenelemente):
Maschinenelemente – Gestaltung, Berechnung, Anwendung. Berlin: Springer Verlag, 13. Aufl. 2005.

Habicht, C. (Planungssysteme):
Einsatz und Auslegung zeitfensterbasierter Planungssysteme in überbetrieblichen Wertschöpfungsketten. München: Herbert Utz Verlag, 2009.

Håkansson, H.; Johanson, J. (Industrial Networks):
A Model of Industrial Networks. In: Industrial Networks – A New View of Reality (Hrsg.: Axelsson, B.; Easton, G.). London: Routledge Publishing, 1992, S. 28-46.

Hall, R. (Intangible Resources):
The Strategic Analysis of Intangible Resources. In: Strategic Management Journal, 13. Jg., Nr. 2, 1992, S. 135-144.

Hall, R. (Resources and Capabilities):
A Framework Linking Intangible Resources and Capabilities to Sustainable Competitive Advantage. In: Strategic Management Journal, 14. Jg., Nr. 8, 1993, S. 607-618.

Haller, A. (Wertschöpfungsrechnung):
Wertschöpfungsrechnung. Stuttgart: Schäffer-Poeschel Verlag, 1997.

Hammer, M.; Champy, J. (Business Reengineering):
Business Reengineering – Die Radikalkur für das Unternehmen. Frankfurt: Campus Verlag, 7. Aufl., 2003.

Hansmann, K.-W. (Industrielles Management):
Industrielles Management. München: Oldenbourg Verlag, 2006.

Harrington, H. (Business Process Improvement):
Business Process Improvement. New York: McGraw-Hill Verlag, 1991.

Headrick, D. (Technology):
Technology – A World History. Oxford USA: Oxford University Press, 2009.

Heesen, B.; Gruber, W. (Bilanzanalyse):
Bilanzanalyse und Kennzahlen. Wiesbaden: Gabler Verlag, 2. Aufl., 2009.

Helbing, K. (Fabrikprojektierung):
Handbuch Fabrikprojektierung. Berlin: Springer Verlag, 2010.

Hermes, H.-J.; Schwarz, G. (Outsourcing):
Outsourcing. München: Rudolf Haufe Verlag, 2005.

Hess, T.; Schumann, M. (Controlling in Unternehmensnetzwerken):
Werkzeuggestütztes Controlling in Unternehmensnetzwerken: Stand und Entwicklungsperspektiven. In: Verbundtagung Wirtschaftsinformatik 2000, 2000, S. 68-85.

Heuskel, D. (Wettbewerb):
Wettbewerb jenseits der Industriegrenzen. Frankfurt/Main: Campus Verlag, 1999.

Hildebrand, K.; Mielke, M.; Gebauer, M.; Hinrichs, H. (Daten- und Informationsqualität):
Daten- und Informationsqualität. Wiesbaden: Vieweg+Teubner Verlag, 2. Aufl., 2011.

Hitt, M.; Ireland, R.; Hoskisson R. (Strategic Management):
Strategic Management: Concepts and Cases: Competitiveness and Globalization. Mason, Ohio: South-Western Education Publishing, 10. Aufl., 2012.

Hofbauer, G.; Hellweg, C. (Vertriebsmanagement):
Professionelles Vertriebsmanagement. Erlangen: Publicis Publishing, 3. Aufl. 2012.

Hoffmann, F. (Aufbauorganisation):
Aufbauorganisation. In: Handwörterbuch der Organisation (Hrsg.: Frese, E.). Stuttgart: Schaeffer-Poeschel Verlag, 3. Auflage, 1992, Sp. 208-221.

Holtbrügge, D. (Personalmanagement):
Personalmanagement. Berlin: Springer Verlag, 3. Aufl., 2007.

Huber, M. (Wertschöpfung):
Kollaborative Wertschöpfung. In: Markt- und Unternehmensentwicklung (Hrsg.: Picot, A.; Reichwald, R.; Franck, E.). Wiesbaden: Deutscher Universitäts-Verlag, 2004.

IfM (KMU):
KMU-Definition des Instituts für Mittelstandsforschung Bonn. URL: http://www.ifm-bonn.org/mittelstandsdefinition/definition-kmu-des-ifm-bonn, abgerufen am 06. März 2014.

IAB (Arbeitsmarkt):
Kurzbericht des Instituts für Arbeitsmarkt- und Berufsforschung 16/2011. Bielefeld: Bertelsmann Verlag, 2011.

Jacobi, H.-F. (CIM):
Computer Integrated Manufacturing (CIM). In: Digitale Produktion (Hrsg.: Westkämper, E.; Spath, D.; Constantinescu, C.; Lentes, J.). Berlin: Springer Verlag, 2013, S. 51-92.

de Jardin, T. (Kosmos):
Der Mensch im Kosmos. München: C.H: Beck Verlag, 1959.

Johansson, H.; McHugh, P.; Pendlebury, A.; Wheeler, W. (Business Process Reengineering):
Business Process Reengineering. Chichester England, New York: Wiley Publishing, 1993.

Johnson, B.; Christensen, L. (Educational Research):
Educational research. Thousand Oaks, Calif: SAGE Publications, 4. Aufl., 2012.

Johnston, R.; Lawrence, P. (Value-Adding Partnership):
Beyond Vertical Integration - The Rise of the Value-Adding Partnership. In: Harvard Business Review, 66. Jg., July-August, 1988, S. 94-101.

Kagermann, H.; Wahlster, W.; Helbig, J. (Industrie 4.0.):
Umsetzempfehlungen für das Zukunftsprojekt Industrie 4.0 – Abschluss des Arbeitskreises Industrie 4.0. München: acatech – Deutsche Akademie der Technikwissenschaften e.V., 2013.

Kaltschmitt, M. (Erneuerbare Energien):
Erneuerbare Energien. Berlin: Springer Vieweg Verlag, 2013.

Kamiske, G. (Managementsysteme):
Managementsysteme. Düsseldorf: Symposium Publishing, 2008.

Kampker, A. (Kompetenzbasierte Geschäftsausweitung):
Kompetenzbasierte Geschäftsausweitung von produzierenden Unternehmen. Dissertation der RWTH Aachen. Aachen: Shaker Verlag, 2004.

Kampker, A. (Elektromobilität):
Elektromobilität. Berlin: Springer Verlag, 2013.

Kaufmann, M. (Kybernetik):
Der Baum der Kybernetik. Hörbranz: proEval Verlag, 2007.

Kett, I.; Schewe, G. (Management Skills):
Management Skills. Wiesbaden: Gabler Verlag, 2010.

Kleinaltenkamp, M. (Kundenintegration):
Kundenbindung durch Kundenintegration. In: Handbuch Kundenbindungsmanagement (Hrsg.: Bruhn, M.; Homburg, C.). Wiesbaden: Gabler Verlag, 6. Aufl., 2008, S. 427-444.

Klocke, F.; Arntz, K (Technologien):
Technologien für den Werkzeug- und Formenbau von morgen. In: 4. Internationales Kolloquium „Werkzeugbau mit Zukunft". Aachen, 2004.

Klönne, M. (Prozessgestaltung):
Methodik und Prozessgestaltung strategischer kommunaler Verkehrsplanungen. Dissertation der RWTH Aachen. Aachen: Apprimus Verlag, 2008.

Klotzbach, C. (Industrieller Werkzeugbau):
Gestaltungsmodell für den industriellen Werkzeugbau. Dissertation der RWTH Aachen. Aachen: Shaker Verlag, 2007.

Koch, S. (Wandlungsfähigkeit):
Methodik zur Steigerung der Wandlungsfähigkeit von Fabriken im Maschinen- und Anlagenbau. Dissertation der RWTH Aachen. Aachen: Apprimus Verlag, 2011.

Komorek, C. (Unternehmenskybernetik):
Methoden und Denkweisen der Unternehmenskybernetik. Köln: TÜV Verlag, 1991.

Komorek, C. (Integrierte Produktentwicklung):
Integrierte Produktentwicklung – Der Entwicklungsprozess im mittelständischen Unternehmen der metallverarbeitenden Serienfertigung. In: Duisburger Betriebswirtschaftliche Schriften Band 18 (Hrsg.: Barth, K.; Bodenstein, G.; Breithecker, V.; Bretzke, W.-R.; Chamoni, P.; Elschen, R.; Gerpott, T.; Kaluza, B.; Rolfes, B.; Wohlgemuth, M.). Berlin: Erich Schmidt Verlag, 1998.

Komorek, N. (Lebenszyklusoptimierung):
Lebenszyklusoptimierung. In: Werkzeugbau Akademie – Forschungsbericht 2012/2013 (Hrsg.: Schuh, G.; Boos, W.). Aachen: Apprimus Verlag, 2013, S. 21-27.

Komorek, N.; Salmen, M.; Schippers, M. (Wissensrückführung):
Wissensrückführung und systematische Fehleranalyse. In: Werkzeugbau Akademie – Forschungsbericht 2012/2013 (Hrsg.: Schuh, G.; Boos, W.). Aachen: Apprimus Verlag, 2013, S. 75-83.

Kosiol, E. (Organisation):
Organisation der Unternehmung. Wiesbaden: Gabler Verlag, 1976.

Kothandaraman, P.; Wilson, D. (Value Creating Networks):
The Future of the Competition – Value Creating Networks. In: Industrial Marketing Management, 30. Jg., Nr. 4, 2001, S. 379-389.

Kozielski, S. (Kennzahlensystem):
Integratives Kennzahlensystem für den Werkzeugbau. Dissertation der RWTH Aachen. Aachen, 2010.

Knecht, F. (Wertschöpfungsnetze):
Strategische Positionierung in Wertschöpfungsnetzen. Dissertation der Universität St. Gallen. St. Gallen: Universitätsverlag, 2003.

Krämer, J. (Konjunktur):
Konjunktur und Finanzmärkte - Research. 2014. URL: https://www.commerzbank.de/media/research/economic_research/aktuell_1/1305_KoFi_dt.pdf, abgerufen am 05. Februar 2014.

Krüger, W.; Homp, C. (Kernkompetenzen):
Kernkompetenz-Management. Wiesbaden: Gabler Verlag, 1997.

Kruse, T. (Markt- und Unternehmensentwicklung):
Marktgerichtete Abstimmung in Unternehmen. Wiesbaden: Deutscher Universitäts-Verlag, 2007.

Kubicek, H. (Heuristischer Bezugsrahmen):
Heuristische Bezugsrahmen und heuristisch angelegte Forschungsdesigns als Elemente einer Konstruktionsstrategie empirischer Forschung. In: Empirische und handlungstheoretische Forschungskonzeptionen in der Betriebswirtschaftslehre (Hrsg.: Köhler, R.). Stuttgart: Poeschel, 1977, S. 3-36.

Kuhlmann, K. (Geschäftsprozesse):
Methodik zur Gestaltung von Geschäftsprozessen im industriellen Werkzeugbau. Dissertation der RWTH Aachen. Aachen: Apprimus Verlag, 2011.

Kuhn, T. (Revolutionen):
Die Struktur wissenschaftlicher Revolutionen. Frankfurt: Suhrkamp, 9. Aufl., 1988.

Kühn, T.; Komorek, N. (Kennzahlen- und Zielsysteme):
Kennzahlen- und Zielsysteme. In: Werkzeugbau Akademie – Forschungsbericht 2011/2012 (Hrsg.: Schuh, G.; Boos, W.). Aachen: Apprimus Verlag, 2012, S. 8-17.

Künzel, M.; Botthof, A. (Sensorik der Dinge):
Sensorik der Dinge. Berlin: Institut für Innovation und Technik, 2013.

Laux, G. (Kybernetik):
Lexikon der Kybernetik. Berlin: Akademie Verlag, 1981.

Lehner, F.; Wildner, S.; Scholz, M. (Wirtschaftsinformatik):
Wirtschaftsinformatik. München: Hanser Verlag, 2008.

Linacre, J. (Rating Scale):
Optimizing Rating Scale Category Effectiveness. In: Journal of Applied Measurement, 3. Jg., Nr. 1, 2002, S. 85-106.

Lohberg, R.; Lutz, T. (Kybernetik):
Keiner weiß was Kybernetik ist. Stuttgart: Frank Verlag, 1968.

Luczak, H. (Arbeitswissenschaft):
Arbeitswissenschaft. Berlin: Springer Verlag, 2. Aufl., 1998.

Macharzina, K.; Wolf, J. (Unternehmensführung):
Unternehmensführung – das internationale Managementwissen. Wiesbaden: Gabler Verlag, 6. Aufl., 2008.

Malik, F. (Komplexe Systeme):
Strategie des Managements komplexer Systeme. Bern: Haupt Verlag, 10. Aufl. 2008.

Matt, D. (3C Networks):
Reducing the Structural Complexity of Growing Organizational Systems by Means of Axiomatic Designed Networks of Core Competence Cells. In: Journal of Manufacturing Systems, 26. Jg., Nr. 3-4, 2007, S. 178-187.

Meyer, A.; Grauer, M.; Rittner, M. (Integrale Auslegung):
Methodisches Vorgehen zur integralen Auslegung von Produkt und Montage. In: Montage in der Leistungselektronik für globale Märkte (Hrsg.: Feldmann, K.). Berlin: Springer Verlag, 2009, S. 5-82.

Mintzberg, H. (Five Ps for Strategy):
The Strategy Concept I: Five Ps For Strategy. In: California Management Review, 30. Jg., Nr. 1, 1987, S. 11-24.

Mintzberg, H.; Lampel, J. (Strategy Process):
Reflecting on the Strategy Process. In: Strategic Management Journal, 40. Jg., Nr. 3, 1999, S. 2-30.

Mintzberg, H.; Waters, J. (Of Strategies):
Of strategies, deliberate and emergent. In: Strategic Management Journal, 6. Jg., Nr. 3, 1985, S. 257-272.

Möller, K. (Wertschöpfung in Netzwerken):
Wertschöpfung in Netzwerken. München: Vahlen Verlag, 2006.

Moore, K. (Porter or Mintzberg):
Porter or Mintzberg. URL: http://www.forbes.com/sites/karlmoore/2011/03/28/porter-or-mintzberg-whose-view-of-strategy-is-the-most-relevant-today, abgerufen am 26. November 2013.

Müller-Stewens, G.; Fontin, M. (Innovation des Geschäftsmodells):
Die Innovation des Geschäftsmodells – Der unterschätzte vierte Weg. In: Frankfurter Allgemeine Zeitung, 172. Jg., 2003, S. 18.

Müller-Stewens, G.; Lechner, C. (Strategisches Management):
Strategisches Management. Stuttgart: Schäffer-Poeschel Verlag, 2. Aufl., 2003.

Müller-Stewens, G.; Lechner, C. (Strategisches Management):
Strategisches Management. Stuttgart: Schäffer-Poeschel Verlag, 3. Aufl., 2005.

Müller-Stewens, G.; Lechner, C. (Strategisches Management):
Strategisches Management. Stuttgart: Schäffer-Poeschel Verlag, 4. Aufl., 2011.

Normann, R.; Ramirez, R. (Value Constellation):
From Value Chain to Value Constellation: Designing Interactive Strategy. In: Harvard Business Review, 71. Jg., Nr. 4, 1993, S. 65-77.

North, K.; Reinhardt, K. (Kompetenzmanagement):
Kompetenzmanagement in der Praxis. Wiesbaden: Gabler Verlag, 2005.

Ohno, T. (Toyota Production System):
Toyota Poduction System. Portland, Oregon: Productivity Press, 1988.

Oskar Rüegg (Unternehmensdaten):
Unternehmensdaten der Oskar Rüegg AG. URL: http://www.oskar-ruegg.ch, abgerufen am 03. März 2014.

Österle, H. (Business Engineering):
Business Engineering – Prozeß- und Systementwicklung. Berlin: Springer Verlag, 2. Aufl., 1995.

o.V. **(Fähigkeit):**
Definition des Begriffs Fähigkeit im Gabler Wirtschaftslexikon. URL: http://wirtschaftslexikon.gabler.de/Archiv/86564/faehigkeit-v8.html, abgerufen am 28. November 2013.

o.V. (Ressource):
Definition des Begriffs Ressource im Gabler Wirtschaftslexikon. URL: http://wirtschaftslexikon.gabler.de/Archiv/4191/ressource-v11.html, abgerufen am 01. Dezember 2013.

Parolini, C. (Value Net):
The Value Net: A Methodology for the Analysis of Value-Creating Systems. In: 16th Annual Conference of the Strategic Management Society, 1996.

Parolini, C. (Value Net):
The Value Net. Chichester, New York: Wiley Publishing, 1999.

Patzak, G. (Systemtechnik):
Systemtechnik – Planung komplexer innovativer Systeme. Berlin: Springer Verlag, 1982.

Paul, H. (Industrie):
Industrie freut sich auf Kräftemessen mit China. URL: http://www.faz.net/aktuell/wirtschaft/hannover-messe-industrie-freut-sich-auf-kraeftemessen-mit-china-11726901.html, abgerufen am 28. November 2013.

Petrick, K; Graichen, F. (Zertifizierung):
Der Weg zur Zertifizierung eines Managementsystems In: Managementsysteme (Hrsg.: Kamiske, G.). Düsseldorf: Symposium Publishing, 2008, S. 83-106.

Pichler, J. (Management in KMU):
Management in KMU. Bern: Haupt Verlag, 3. Aufl., 2000.

Picot, A. (Transaktionskosten):
Transaktionskosten im Handel. Heidelberg: Verlag Recht und Wirtschaft, 1986.

Pitsch, M. (Vernetzung von Standorten):
Kompetenzfeldbasierte Vernetzung von Werkzeugbaustandorten. Dissertation der RWTH Aachen. Aachen: Apprimus Verlag, 2014.

Pitsch, M.; Schippers, M. (Wissensmanagment):
Forschungsprojekt Wissensmanagement. In: Werkzeugbau Akademie – Forschungsbericht 2011/2012 (Hrsg.: Schuh, G.; Boos, W.). Aachen: Apprimus Verlag, 2012, S. 54-62.

Poluha, R. (SCOR-Modell):
Anwendung des SCOR-Modells zur Analyse der Supply Chain. Dissertation Universität zu Köln. In: Wirtschaftsinformatik (Hrsg.: Seibt, D.; Kemper, H.-G.; Herzwurm, G.; Stelzer, D.; Schoder, D.). Lohmar: Eul Verlag, 5. Aufl., 2010.

Popper, K. (Sozialwissenschaften):
Die Logik der Sozialwissenschaften. In: Der Positivismusstreit in der deutschen Soziologie (Hrsg.: Adorno, T; Dahrendorf, R.). Neuwied: Luchterhand Verlag, 1975, S. 103-124.

Porter, M. (Wettbewerbsvorteile):
Wettbewerbsvorteile. Frankfurt: Campus Verlag, 3. Aufl., 1992.

Porter, M. (Competition):
Competition in Global Industries. Boston: Harvard Business School Press, 7. Aufl., 1986.

Prahalad, C.; Hamel, G. (Core Competence):
The Core Competence of the Corporation. In: Harvard Business Review, 68. Jg., 1990, S. 79-93.

Probst, G. (Kybernetische Gesetzeshypothesen):
Kybernetische Gesetzeshypothesen als Basis für Gestaltungs- und Lenkungsregeln im Management. Bern: Haupt Verlag, 1981.

Pümpin, C. (Erfolgspositionen):
Strategische Erfolgspositionen. Bern: Haupt Verlag, 4. Aufl., 1992.

Redlich, T. (Open Production):
Open Production Gestaltungsmodell für die Wertschöpfung in der Bottom-up-Ökonomie. Dissertation der Helmut-Schmidt-Univ. Hamburg: Springer Verlag, 2010.

Redlich, T.; Wulfsberg, J. (Wertschöpfung):
Wertschöpfung in der Bottom-up-Ökonomie. Berlin: Springer Verlag, 2011.

Regenthal, C. (Ganzheitlichkeit):
Ganzheitliche Corporate Identity. Wiesbaden: Gabler Verlag, 2003.

Reichwald, R.; Piller, F. (Interaktive Wertschöpfung)
Interaktive Wertschöpfung - Open Innovation, Individualisierung und neue Formen der Arbeitsteilung. Wiesbaden: Gabler Verlag, 2. Aufl., 2009.

Riggers, B. (Value System Design):
Value System Design. Wiesbaden: Deutscher Universitäts-Verlag, 1998.

Rittstieg, M. (Prozesssynchronisation):
Methodik zur Prozesssynchronisierung in der Auftragsabwicklung des industriellen Werkzeugbaus. Dissertation der RWTH Aachen. Aachen: Apprimus Verlag, 2012.

Ropohl, G. (Systemtheoretische Rekonstruktion):
Eine systemtheoretische Rekonstruktion der Dialektik. In: Repraesentatio Mundi (Hrsg.: Holz, H.; Klenner, H.). Köln: Dinter Verlag, 1997, S. 151-164.

Ropohl, G. (Systemtheorie):
Allgemeine Technologie – Eine Systemtheorie der Technik. München: Hanser Verlag, 2. Aufl., 1999.

Rohweder, D. (Informationstechnologie und Auftragsabwicklung):
Informationstechnologie und Auftragsabwicklung. Berlin: Schmidt Verlag, 1996.

Rüegg-Stürm, J. (St. Galler Management-Modell):
Das neue St. Galler Management-Modell. Bern: Haupt Verlag, 2. Aufl., 2003.

Sauer, A. (Intellectual Capital):
Machtbasierte Entwicklung von Intellectual Capital in Kollaborationen der produzierenden Industrie. Dissertation der RWTH Aachen. Aachen: Shaker Verlag, 2005.

Seeger, C. (Manager):
Manager – Was gute Führungskräfte ausmacht. Frankfurt: Redline Verlag, 2004.

Schanz, G. (Führungsforschung):
Wissenstheoretische Grundfragen der Führungsforschung. In: Handwörterbuch der Führung (Hrsg.: Kieser, A.; Reber, G.; Wunderer, R.). Stuttgart: Poeschel Verlag, 1987, S. 2039-2058.

Schiemenz, B.; Schönert, O. (Produktion):
Entscheidung und Produktion. München: Oldenbourg Verlag, 3. Aufl., 2005.

Schleyer, C. (Kooperationsmanagement):
Erfolgreiches Kooperationsmanagement im Werkzeugbau. Dissertation der RWTH Aachen. Aachen: Shaker Verlag, 2006.

Schmelzer, H.; Sesselmann, W. (Geschäftsprozessmanagement):
Geschäftsprozessmanagement in der Praxis. München: Hanser Verlag, 6. Aufl., 2008.

Schneider, J.; Minning, C.; Freiburghaus, M. (Strategische Führung):
Strategische Führung von Nonprofit-Organisationen. Bern: Haupt Verlag, 2007.

Schuh, G. (Virtuelle Fabrik):
Virtuelle Fabrik – Beschleuniger des Strukturwandels. In: Komplexität und Agilität – Steckt die Produktion in der Sackgasse? (Hrsg.: Schuh, G.; Wiendahl, H.-P.). Berlin: Springer Verlag, 1997, S. 293-307.

Schuh, G.; Millarg, K. ; Göransson, Å. (Virtuelle Fabrik):
Virtuelle Fabrik – Neue Marktchancen durch dynamische Netzwerke. München: Hanser Verlag, 1998.

Schuh, G.; Friedli, T. ; Kurr, M. (Kooperationsmanagement):
Kooperationsmanagement: Systematische Vorbereitung – Gezielter Auf- und Ausbau – Entscheidende Erfolgsfaktoren. München: Hanser Verlag, 2005.

Schuh, G. (Change Management):
Change Management – Prozesse strategiekonform gestalten. Berlin: Springer Verlag, 2006.

Schuh, G.; Boos, W.; Gaus, F. (Toolmaking for the Future):
Toolmaking for the Future – A Global Study of Today's Situation and Future Trends in the Tooling Industry. Aachen: WZL Aachen, 2009.

Schuh, G.; Boos, Völker, M. (Leistungsbündel):
Grundlage für hybride Leistungsbündel für den europäischen Werkzeugbau. In: Integration von Produkt & Dienstleistung – Hybride Wertschöpfung (Hrsg.: Böhmann, T.; Leimeister, J.). Norderstedt: Books on Demand Verlag, S. 71-82.

Schuh, G.; Boos, W.; Kuhlmann, K.; Rittstieg, M. (Operative Exzellenz):
Operative Exzellenz im Werkzeug- und Formenbau. Aachen: Apprimus Verlag, 2010.

Schuh, G.; Boos, W.; Breme, M.; Hinsel, C.; Johann, H.; Schoof, U.; Stoffel, K.; Kuhlmann, K.; Rittstieg, M. (Synchronisierung):
Synchronisierung im industriellen Werkzeugbau. In: Wettbewerbsfaktor Produktionstechnik – Aachener Perspektiven (Hrsg.: Brecher, C.; Klocke, F.; Schmitt, R.; Schuh, G.). Aachen: Shaker Verlag, 2011, S. 373-403.

Schuh, G.; Kampker, A.; Rittstieg, M. (Vernetzte Wertschöpfung):
Vernetzte Wertschöpfung und Kooperationsmanagement. In: Handbuch Produktion und Management 1 – Strategie und Management produzierender Unternehmen (Hrsg.: Schuh, G.; Kampker, A.). Berlin: Springer Verlag, 2. Aufl., 2011, S. 463-536.

Schuh, G. (Idealer Werkzeugbau):
Der ideale Werkzeugbau. Vortrag im Rahmen des 12. Internationalen Kolloquiums „Werkzeugbau mit Zukunft" in Aachen, 26. September 2012.

Schuh, G.; Kuhlmann, K.; Pitsch, M.; Schippers, M. (Knowledge Management):
Knowledge Management in the Tool and Die Making Industry. In: Proceedings of the 7th International Technology, Education and Development Conference 2012 (Hrsg.: Chova, L; Martínez, A.; Torres, I.). Valencia, 2012, S. 482-490.

Schuh, G. (Werkzeugbau 4.0):
Werkzeugbau 4.0. Vortrag im Rahmen des 13. Internationalen Kolloquiums „Werkzeugbau mit Zukunft" in Aachen, 17. Oktober 2013.

Schuh, G.; Kuhlmann, K.; Komorek, N.; Schittny, B. (Value Creation Depth):
Methodology for Adaptive Management of Internal Value Creation Depth in the Tool and Die Making Industry. In: Proceedings of the 2013 International Conference on Competitive Manufacturing (Hrsg.: Dimitrov, D.; Schutte, C.). Stellenbosch: Stellenbosch University, 2013, S. 183-190.

Schuh, G.; Kuhlmann, K.; Pitsch, M.; Komorek, N. (Digitalization):
Digitalization as a Key Enabler for Efficient Value Creation Networks in the Tool and Die Making Industry. In: Proceedings of the 2013 Portland International Conference on Management of Engineering and Technology (Hrsg.: Kocaoglu, D.). Piscataway: Portland International Center for Management of Engineering and Technology, 2013, S. 1976-1984.

Schuh, G.; Kuhlmann, K.; Pitsch, M.; Komorek, N.; Varnhagen, V.; Bechtold, J.; Stich, C.; Lauenstein., C. (Wertschöpfungsnetzwerke):
Fokus Automobilindustrie – Digitale Wertschöpfungsnetzwerke im Werkzeugbau. Aachen: Apprimus Verlag, 2013.

Schuh, G.; Pitsch, M.; Salmen, M. (EiP):
Excellence in Production – Transparenz im Wettbewerb. In: werkzeug + formenbau, Nr. 1, 2014. URL: http://www.werkzeug-formenbau.de/2014/02/transparenz-im-wettbewerb, abgerufen am 07. März 2014.

Schuh, G.; Boos, W.; Eßmann, V.; Fuchs, R.; Gärtner, R.; Hensen, T.; Hill, A.; Johann, H.; Komorek, N.; Pitsch, M.; Siebenwurst, C. (Globaler industrieller Werkzeugbau):
Globaler industrieller Werkzeugbau – Vernetzte Wertschöpfung als Erfolgsfaktor. In: Industrie 4.0 – Aachener Perspektiven (Hrsg.: Brecher, C.; Klocke, F.; Schmitt, R.; Schuh, G.). Aachen: Shaker Verlag, 2014, S. 221-243.

Schulte, H. (Strategische Standortplanung):
Strategische Standortplanung – Auswirkungen der Standortwahl auf die Unternehmensorganisation. In: Handbuch Unternehmensorganisation (Hrsg.: Bullinger, H.-J.; Spath, D.; Warnecke, H.-J.; Westkämper, E.). Berlin: Springer Verlag, 3. Aufl., 2009, S. 333-337.

Schulz, G. (Regelungstechnik):
Regelungstechnik 1. München: Oldenbourg Verlag, 2. Aufl., 2004.

Schwarz, P. (Kooperationen):
Morphologie von Kooperationen und Verbänden. Tübingen: Mohr Verlag, 1979.

Sedlacek, K.-D. (Emergenz):
Emergenz – Strukturen der Selbstorganisation in Natur und Technik. Norderstedt: Books on Demand Verlag, 2010.

Smith, A.; Sutherland, K. (Wealth of Nations):
An Inquiry into the Nature and Causes of the Wealth of Nations. Oxford: Oxford University Press, 2008.

Spur, G.; Mertins, K.; Jochem, R. (Unternehmensmodellierung):
Integrierte Unternehmensmodellierung. Berlin: Beuth Verlag, 1993.

Stabell, C.; Fjeldstad, O. (Value Shop):
Configuring Value for Competitive Advantage – On Chains, Shops, and Networks. In: Strategic Management Journal, Jg. 19., 1998, S. 413-437.

Stachowiak, H. (Modelltheorie):
Allgemeine Modelltheorie. München: Springer Verlag, 1973.

Sydow, J. (Netzwerke):
Strategische Netzwerke – Evolution und Organisation. Wiesbaden: Gabler Verlag, 6. Aufl., 2005.

Tamura, R.; Dwyer, G.; Devereux, J.; Baier, S. (Economic Growth):
Economic Growth in the Long Run. 2012. URL: http://mpra.ub.uni-muenchen.de/41324/1/MPRA_paper_41324.pdf, abgerufen am 05. Februar 2014.

Thommen, J.-P.; Achleitner, A.-K. (Betriebswirtschaftslehre):
Allgemeine Betriebswirtschaftslehre. Wiesbaden: Gabler Verlag, 7. Aufl., 2006.

Tomczak, T.; Reinecke, S.; Dittrich, S. (Kundenclubs):
Kundenbindung durch Kundenkarten und -clubs. In: Handbuch Kundenbindungsmanagement (Hrsg.: Bruhn, M.; Homburg, C.). Wiesbaden: Gabler Verlag, 6. Aufl., 2008, S. 423-345.

Tomczak, T. (Forschungsmethoden):
Forschungsmethoden in der Marketingwissenschaft. In: Marketing – Zeitschrift für Forschung und Praxis, Vol. 14., No. 2, 1992, S. 77-87.

Ulrich, P.; Hill, W. (Betriebswirtschaftslehre):
Wissenschaftstheoretische Grundlagen der Betriebswirtschaftslehre (Teil 1). In: WiSt Wirtschaftswissenschaftliches Studium, Vol. 5, No. 7, 1976, S. 304-309.

Ulrich, H. (Management):
Management. Bern: Haupt Verlag, 1984.

Ulrich, H. (Systembegriff):
Der allgemeine Systembegriff. Bern: Haupt Verlag, 2. Aufl., 2001.

Ulrich, H.; Probst, J. (Ganzheitliches Denken und Handeln):
Anleitung zum ganzheitlichen Denken und Handeln. Bern: Haupt Verlag, 2001.

VDMA (Präzisionswerkzeuge):
Statement zur Jahrespressekonferenz des Fachverbandes Präzisionswerkzeuge des VDMA. Frankfurt: Januar 2012.

VDMA (Präzisionswerkzeuge):
Statement zur Jahrespressekonferenz des Fachverbandes Präzisionswerkzeuge des VDMA. Frankfurt: Januar 2013.

VDMA (Präzisionswerkzeugbranche):
Jahrespressekonferenz des Fachverbandes Präzisionswerkzeuge des VDMA. Frankfurt: Januar 2013.

Vester, F. (Vernetztes Denken):
Die Kunst vernetzt zu denken. München: Deutscher Taschenbuch Verlag, 7. Aufl., 2008.

Völker, M. (Ganzheitliche Produktionssysteme):
Konzeption ganzheitlicher Produktionssysteme für Werkzeugbaubetriebe. Dissertation der RWTH Aachen. Aachen: Apprimus Verlag, 2012.

Wannewetsch, H. (Verhandlungsführung):
Erfolgreiche Verhandlungsführung in Einkauf und Logistik. Berlin: Springer Verlag, 3. Aufl. 2009.

Wallentowitz, H. (Automobilindustrie):
Strategien in der Automobilindustrie – Technologietrends und Marktentwicklungen. Wiesbaden: Vieweg + Teubner Verlag, 2009.

Warnecke, H. (Fraktale Fabrik):
Die fraktale Fabrik. Reinbek: Rowohlt Verlag, 1996.

Wegehaupt, P. (Produktionsnetzwerke):
Führung von Produktionsnetzwerken. Dissertation der RWTH Aachen. Aachen: Apprimus Verlag, 2004.

Westekemper, M. (Angebotspreisbildung):
Methodik zur Angebotspreisbildung, am Beispiel des Werkzeug- und Formenbaus. Dissertation der RWTH Aachen. Aachen: Shaker Verlag, 2002.

Wiener, N. (Cybernetics):
Cybernetics or Control and Communication in the Animal and the Machine. New York: Wiley, 1948.

Williamson, O. (Economics of Organizations):
The Economics of Organizations – The Transaction Cost Approach. In: The American Journal of Sociology, Jg. 87, Nr. 3, 1981, S. 548-577.

Wirth, S.; Baumann, A. (Vernetzte Wertschöpfung):
Wertschöpfung durch vernetzte Kompetenz – Schlanke Kompetenzkoordination. München: Huss Verlag, 2001.

Womack, J.; Jones, D.; Roos, D. (The Machine):
The Machine That Changed The World – The Story of Lean Production. New York: Scribner Publishing, 1990.

Womack, J.; Jones, D. (Lean Thinking):
Lean Thinking – Banish Waste and Create Wealth in Your Corporation. New York: Free Press, 2. Aufl., 2003.

Wunderer, R.; Jaritz, A. (Evaluation der Wertschöpfung):
Unternehmerisches Personalcontrolling: Evaluation der Wertschöpfung im Personalcontrolling. München: Luchterhand Verlag, 3. Aufl., 2006.

WZL/IPT (Datenbank Werkzeugbau):
Datenbank zum Werkzeugbau des Werkzeugmaschinenlabor WZL der RWTH Aachen und Fraunhofer-Institut für Produktionstechnologie. Stand Januar 2014.

Ziskoven, H. (Taktung):
Methodik zur Gestaltung und Auftragseinplanung einer getakteten Fertigung im Werkzeugbau. Dissertation der RWTH Aachen. Aachen: Apprimus Verlag, 2013.

FSC
www.fsc.org
MIX
Papier | Fördert gute Waldnutzung
FSC® C083411

Kolibri 360 GmbH
Ferdinand-Jühlke-Straße 7
99095 Erfurt, Deutschland
produktsicherheit@kolibri360.de